孕产育全程细节同步指南

0~3岁育儿细节同步指南

主编 王 琪

编者 李月英 徐雪梅 孙晓静 王 娜 杜 峥 李春光 李春明 常雅姣 马举红 郭庆明 赵 雷 李月玲

天津出版传媒集团

 天津科技翻译出版有限公司

图书在版编目（CIP）数据

0～3岁育儿细节同步指南/王琪主编．—天津：天津科技翻译出版有限公司，2013.2

（孕产育全程细节同步指南）

ISBN 978-7-5433-3187-7

Ⅰ.①0… Ⅱ.①王… Ⅲ.①婴幼儿-哺育-指南 Ⅳ.①TS976.31-62

中国版本图书馆CIP数据核字（2013）第004121号

出　　版：天津科技翻译出版有限公司
出 版 人：刘 庆
地　　址：天津市南开区白堤路244号
邮政编码：300192
电　　话：022-87894896
传　　真：022-87895650
网　　址：www.tsttpc.com
印　　刷：天津泰宇印务有限公司
发　　行：全国新华书店
版本记录：700×960　16开本　22印张　400千字
2013年2月第1版　2013年2月第1次印刷
定价：29.80元

CONTENTS 目录

第一篇 0～1岁 关注宝宝出生后每一个细节

第一章 新生儿的育儿细节

CONTENTS 目录

第二章 1～3个月的育儿细节

第三章　4～6个月的育儿细节

CONTENTS 目录

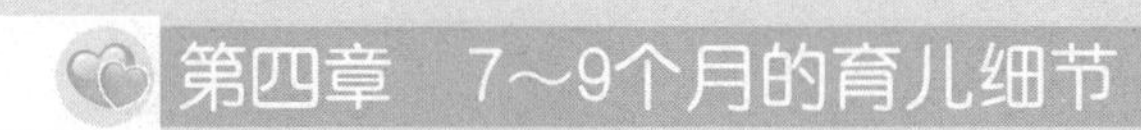

第四章 7～9个月的育儿细节

第五章 10～12个月的育儿细节

CONTENTS 目录

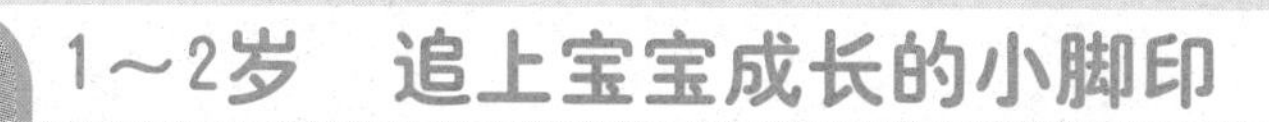

第二篇 1～2岁 追上宝宝成长的小脚印

第一章 13～18个月的育儿细节

第二章　19～24个月的育儿细节

CONTENTS 目录

2～3岁 智力开发要趁早

第一章 25～30个月的育儿细节

第二章 31～36个月的育儿细节

CONTENTS 目录

特别篇 防止宝宝意外伤害，细节做到家

第一章 注意家中危险细节

第二章 外出时不容忽视的危险细节

第一篇　0～1岁

关注宝宝出生后每一个细节

第一章 新生儿的育儿细节

细节1 新生儿期的概念及特点

自孩子出生后脐带结扎起至出生后28天内，称为新生儿期。正常新生儿的体重在2500～4000克，身长在46～52厘米，头围为34厘米，胸围比头围略小1～2厘米。这一时期孩子脱离母体来到一个完全崭新而陌生的世界，开始独立生活，内外环境发生了巨大的变化。但其生理调节和适应能力还不够成熟，容易发生一系列的生理和病理变化，这一阶段的新生儿不仅发病率高，死亡率也高，所以这一时期的护理非常重要。

新生儿体检

新生儿一出生就要在医院进行一次详细的全面身体检查，包括身体异常检查、健康状况检查、口腔内检查、头部检查等。项目虽然多，但对宝宝今后的健康成长是很有必要的。在检查中若发现有异常情况可及时进行处理，避免以后因为治疗不及时而留下遗憾。

细节2 "阿普加"评分

新生儿"阿普加"评分是判断新生儿出生后有无窒息以及窒息程度的方法。以出生后1分钟时胎儿的心率、呼吸、肌张力、喉反射和皮肤颜色等5项体征为依据，每项为0～2分（见下表）。

新生儿“阿普加（Apgar）”评分标准

10分	属正常新生儿
7~9分	需要进行一般处理
4~7分	缺氧较严重，需要清理呼吸道、进行人工呼吸、吸氧、用药等措施才能恢复
4分以下	缺氧严重，需要紧急抢救，行喉镜直视下气管内插管并给氧

注：缺氧严重和较严重的新生儿需要在出生后5分钟再次评分。

新生儿“阿普加（Apgar）”评分表

体征	分数		
	0分	1分	2分
每分钟心率	0	少于100次	100次及以上
呼吸	0	浅慢且不规则	佳
肌张力	松弛	四肢稍屈	四肢活动
喉反射	无反射	有些动作	咳嗽、恶心
皮肤颜色	苍白	青紫	红润

细节3 新生儿的呼吸

由于新生儿的肺活量较小，吸入的氧气少，因此远远不能满足其新陈代谢的需要，只能通过加快呼吸次数来弥补。由于呼吸中枢发育不健全，刚出生的宝宝呼吸表现为浅快、不匀。

细节4 新生儿的大便

新生儿大多在出生后12小时内开始排泄墨绿色的黏稠大便，称为胎便。如果超过24小时仍无胎便排出，应到医院检查是否有先天性肛门闭锁症或先天性巨结肠症。

开始喂奶后，一般2～4天胎便可以排干净。由于喂奶，大便逐渐转为黄色糊状，一般每日3～5次。母乳喂养的新生儿通常大便次数较多，有的几乎每次喂奶后均有大便排出，而且很软，有时会出现黏液或者排出绿色大便。人工喂养的宝宝则大便次数较少，有的甚至2～3天才排便1次，大便较干，颜色淡黄，只要新生儿吃奶后体温不超过37.5℃都属于正常。

细节5 新生儿的小便

新生儿出生时肾单位数量已和成人相同，但发育不成熟，过滤能力不足，肾脏浓缩能力差，故尿色清亮、淡黄，每天排尿10余次。新生儿出生后12小时应排第一次小便。如果新生儿吃奶少或者体内水分丢失多，或者进入体内的水分不足，可出现少尿或者无尿。这时应该让新生儿多吸吮母乳，或多喂些糖水，尿量会多起来。

细节6 体温

新生儿的正常体温在36℃～37℃，但由于其体温调节中枢功能尚不完全，所以体温不够稳定，一旦受到外界环境的影响体温变化就会较大。新生儿的皮下脂肪比较薄，体表面积相对较大，容易散热，所以新生儿要多注意保暖。

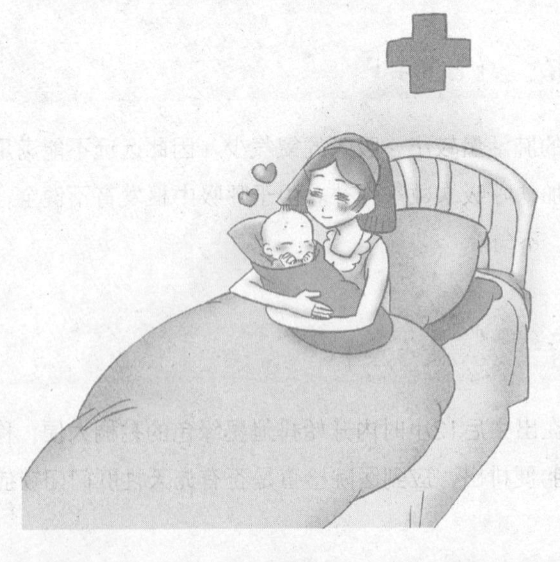

细节7 睡眠

一般新生儿每天大部分时间都在睡觉，有18～22小时是在睡眠中度过的，只有在饥饿、尿布浸湿、寒冷或者有其他干扰时才会醒来。但也有少部分“短睡型婴儿”，出生后即表现为不喜欢睡觉，或者说睡眠时间比一般婴儿少。

只要孩子睡眠有规律，睡醒后精力充沛、情绪愉快、食欲良好，其体重、身长、头围、胸围等在正常的范围内增长，就说明孩子没有睡眠不足。

细节8 新生儿的脐带

正常情况下，脐带会在结扎后3～7天干燥脱落，血管闭锁变成韧带，外部伤口愈合向内凹陷形成肚脐。由于新生儿脐带残端血管与其体内血管相连，如果发生感染则相当危险，容易发生败血症而危及生命。

父母必读

如果宝宝的肚脐发红，有分泌物排出，可用75%酒精棉球擦拭，然后涂一些抗生素软膏，2～3天即可治愈。如果感染严重，分泌物有臭味，应及早去医院治疗。

细节9 视觉

新生儿的视觉还未发育，看不清周围的物体，但对光有反应，眼球的转动是无目的的。半个月以后，他可以看到距离50厘米的光亮，并且眼球会追随亮光转动。

细节10 触觉

新生儿的触觉有些已经发育得很好了，尤其是嘴巴、舌头、眼、前额、手掌和脚底等处。当妈妈用乳头或手轻触宝宝嘴巴周围的皮肤时，宝宝马上就会出现吸奶动作，并将脸转向被触摸的一侧寻找触及他的东西。当你试图用手扳开宝宝的眼皮时，他就会把眼睛闭得紧紧的。但是，躯干、大腿等部位的触觉则比较迟钝。

育儿小百科：训练宝宝的皮肤感觉

新生儿离开母体后，会有很大的不安全感，特别需要妈妈的抚爱。妈妈可在喂奶、给宝宝洗澡或换尿布时，轻柔地抚摩宝宝的皮肤，尤其是面颊、手心等部位。通过抚摩既增加了母子感情，又增强了宝宝皮肤感觉的训练，可明显促进宝宝对客观事物的反应能力。

细节11 味觉

新生儿有吸吮、吞咽的本能。由于味觉神经发育较完善，所以味觉很灵敏，对酸、咸、苦、甜都能产生反应。如吃到甜味，宝宝会愉快地做吸吮动作；对于苦、咸、酸等味道，则可会有不快的感觉，甚至停止吸吮。

细节12 痛觉

新生儿已有了痛觉，但较迟钝，尤其在躯干、腋下等部位更不敏感，所以如果不小心把宝宝弄疼了，宝宝往往反应不明显。

细节13 温度感觉

由于宝宝的皮肤具有调节功能，所以新生儿可以感知到冷热。如果牛奶温度过高或过低，宝宝会产生哭闹等不舒服的反应，如果换上稍冷的衣服或尿湿的衣裤和尿布，宝宝也会以哭闹等反应来表达自己的不舒服。

细节14 新生儿生理性体重下降

新生儿出生后1周常会有体重减轻的现象，称为生理性体重下降，这是因为新生儿的进食还没有形成规律，加上每天排出的大小便、呼吸代谢及由皮肤排出肉眼看不见的水分等，会造成体重在出生后前3~4天减轻。减轻的量可能多达出生时体重的6%～9%，最多不超过10%。一般在10天左右恢复出生体重。

细节15 新生儿生理性黄疸

50%～70%的正常新生儿在出生后2～3天出现黄疸，4～5天达到高峰，10～14天消退。

新生儿为何出生后会出现黄疸？出生前，胎儿生长于子宫内，相对于大气来说是低氧环境。与生活在高原的人们一样，胎儿会出现红细胞增多现象，以增加血液携氧量。出生后，婴儿开始通过肺与大气进行气体交换。氧气增多，大量红细胞变为多余，体内衰变形成引起黄疸的物质——胆红素，因此皮肤变黄。

细节16 新生儿假月经

有些女婴在出生后5～7天出现少量的阴道出血，1～3天后可自行停止。这是由于母亲妊娠后期雌激素进入胎儿体内，新生儿出生后激素突然中断而形成的类似月经的出血，一般不用处理，可以自行消失。如果阴道出血量很多，则应去医院进行检查和治疗。

细节17 新生儿生理性乳腺增大

有些女婴在出生后3～5天出现乳腺肿胀，甚至可能出现乳汁分泌，这也是由于雌激素对胎儿的影响引起的。一般无需处理，大多数于2～3周内自行消退，切忌挤压，以免继发感染发生乳腺炎。

育儿小百科：“马牙”是怎么回事？

新生儿出生后往往在口腔黏膜上皮中线有黄白色的小点，称为上皮珠，俗称“马牙”或“板牙”。是上皮细胞堆积或者黏液腺分泌物潴留肿胀所致，数周至数月后可自行消失。注意不要挑破或磨损，以免发生感染。

细节18 新生儿鹅口疮

新生儿鹅口疮是由白色念珠菌引起的疾病，一般发生在新生儿或婴儿的口腔黏膜上。主要表现为口腔黏膜上附着一片片膜状的、奶块状的白色小块，分布于舌、颊内侧及腭部，有时会蔓延至咽部。边缘清楚，若用棉棒擦拭，不能擦掉。

轻者可无明显症状，不影响新生儿吮乳；严重者其口腔内黏膜各部均长满一层厚厚的白膜，周围充血、水肿且疼痛，会妨碍新生儿正常吮乳。

新生儿鹅口疮是可以治疗的，但重在预防。具体做法包括：新生儿用具（奶瓶、奶嘴、毛巾、手绢等）要注意清洁，坚持消毒。母亲喂奶前要用干净的湿毛巾将乳头擦洗干净，并注意给孩子多喂水，以利于病菌排出体外。

治疗新生儿鹅口疮要用1%甲紫或制霉菌素液体涂抹局部。

细节19 新生儿尿布疹

新生儿的尿布被大小便污染后没有及时调换，且长时间与皮肤接触，将会刺激新生儿皮肤，导致在尿布覆盖的臂部区域出现皮肤发红，并伴有斑疹、丘疹、糜烂、水脓疱等，称为新生儿尿布疹。

当新生儿患尿布疹时，要注意保持新生儿臀部皮肤干燥、清洁以及局部透气。必要时可以局部涂抹护臀膏或红霉素眼膏，如出现脓疱，则需要医生处理。

细节20 胎记

新生儿出生后可在皮肤或黏膜部位出现一些与皮肤本身颜色不同的斑点/块或丘疹，称为新生儿胎记。

细节21 产伤

胎儿产伤包括以下两种：

1. 产瘤（先锋头）

胎儿经过产道时，由于挤压而使头部某个部分形成肿胀，大都发生于头顶部，出生时即可见到，触摸有囊性感，数天后即会消失，不必特殊处理。

2. 头颅血肿

存在于头骨与骨膜之间的血肿，称为头颅血肿，类似产瘤。不同之处在于血肿限于一块骨头，不超越骨缝。出生后数小时至数天有增大趋势。

头颅血肿危害不大，有的患儿因血肿吸收可加重黄疸。一般不必处理，大约数月后自行消失。

细节22 颅内出血

常见原因为急产、缺氧、窒息等。症状表现为反应差、呻吟、尖叫，重者抽搐、昏迷，多有面色苍黄、贫血等。脑CT有确诊价值。大都是出生后出现症状，也可能出生后数天症状明显。

颅内出血是新生儿急症，应去医院住院治疗。部分患儿可留有后遗症。

细节23 缺氧缺血性脑病

缺氧缺血性脑病是指产前、生产过程中或产后新生儿窒息缺氧导致脑损伤。临床上出现一系列类似颅内出血的脑病表现，是导致早期新生儿发病和死亡的重要原因。头颅CT有确诊价值。缺氧缺血性脑病患儿应住院治疗。经正规治疗，轻、中度预后良好，重度者如能存活，多留有后遗症。

细节24 先天性感染（TORCH）

先天性感染包括一组疾病。TORCH是以常见病原体的第一个英文字母组成，分别为弓形虫（T）、其他病原体（O）、风疹（R）、巨幼细胞病毒（C）

和单纯疱疹病毒（H）。孕母妊娠期发生感染，如呼吸道感染、风疹和生殖道感染，或有狗、猫接触史，病原体可通过胎盘传给胎儿。除此之外，孕母被柯萨奇病毒、梅毒、肝炎等病毒感染时，也可通过胎盘导致宝宝先天感染。常见症状为早产、畸形、智力低下、黄疸、贫血、先天异常等。

要预防先天性感染，应做到以下几点：

■ 避免孕期感染，对生殖道有感染者，可行剖宫产。

■ 注射疫苗，如风疹疫苗、新生儿注射乙肝疫苗等。

■ 孕早期不宜饲养猫、狗等宠物。

细节25 新生儿溶血

胎儿与母亲血型不合致使胎儿的红细胞受到破坏，大量血红蛋白释放血中，称为溶血。一旦发生新生儿溶血，患儿多会出现较严重的黄疸。

血型不合主要见于Rh血型及ABO血型两大类。前者东方人发生率较低，后者发生率较高，每80个产妇就有1个发生新生儿溶血。

一旦发生溶血，主要症状是黄疸与贫血，黄疸如继续加重就会引起核黄疸，表现为惊厥、意识障碍。本病死亡率高，很容易遗留后遗症。

溶血患儿需住院治疗。若处理得当，治疗及时，能很快痊愈，一般不留后遗症。

细节26 新生儿黄疸

黄疸是新生儿期常见的临床症状，由于发病机制不同，它既可以是生理现象，也可以是病理现象。

生理性黄疸：大部分新生儿生后2～3天出现黄疸，于4～6天最重，足月儿在生后7～10天消退，不超过半月。早产儿持续时间稍长，但不超过3～4周。除黄疸外不伴有其他症状，精神、吃奶均正常。

生理性黄疸不需要治疗，适当提早喂奶或糖水，促进胎粪排出，减少胆红素的再吸收，可以减轻黄疸的程度。

病理性黄疸：原因较复杂，常见的有新生儿溶血、感染、先天性胆道闭锁等。近年来，母乳性黄疸的发生率呈增高趋势，本病发病稍晚，于生后5～6天出现黄疸，持续时间较长，可达4～12周。原因不确定，目前认为可能是由于母乳中含有葡萄糖醛酸苷酶水平较高，加重了宝宝肠道胆红素的再吸收。宝宝患母乳性黄疸时，除黄疸持续时间稍长外，无其他症状。如新生儿出生后24小时内即有黄疸，或是黄疸程度较重并持续2周以上，早产儿延至4周以上仍未消退，或是消退后再次出现黄疸，多为病理性，应送医院检查治疗。

细节27 接种乙肝疫苗与卡介苗

卡介苗

接种卡介苗可以增强宝宝对于结核病的抵抗力，预防肺结核和结核性脑膜炎的发生。目前我国采用活性减毒疫苗为新生宝宝接种，出生后24小时内接种第1针。接种后的宝宝对初期症状的预防效果可达80%～85%，可以维持10年左右的免疫力。

如果新生儿患有高烧、严重急性症状及免疫不全、出生时伴有严重的先天性疾病、低体重、严重湿疹、可疑的结核病时，不应接种。接种后10～14天在接种部位会有红色结痂，小结痂会逐渐变大，伴有痛痒感；4～6周变成脓包或溃烂，注意不要挤压和包扎，溃烂经过2～3月会自动愈合。有时接种后同侧腋窝淋巴结肿大，这时也不用担心，经过一段时间会自动消失。如果接种部位发生严重感染，需请医生检查和处理。

乙肝疫苗

乙肝在我国的发病率很高，慢性活动性乙型肝炎是造成肝癌、肝硬化的主要原因。如果怀孕时母亲患有高传染性乙型肝炎病，那么宝宝出生后的患病可能性达到90%，所以有必要让下一代接种乙肝疫苗。宝宝出生后24小时内注射第1针，满月后注射第2针，满6个月时注射第3针。

如果新生儿是先天性畸形及严重内脏机能障碍者，在出现窒息、呼吸困难、严重黄疸、昏迷等严重病情时不可接种。早产儿在出生一个月后方可注射。接种后局部会发生肿块、疼痛，少数伴有轻度发烧、不安、食欲减退，大都会在2～3天内自动消失。

细节28 警惕新生儿败血症

新生儿败血症是致病性细菌侵入血液循环并在血液中生长繁殖，产生毒素引起的全身性感染。由于症状隐蔽又缺乏快速特异的诊断方法，给早期诊断造成困难；又由于新生儿期免疫功能尚不成熟，体内的屏障功能尚不完善，细菌容易在全身扩散，当细菌通过血脑屏障进入中枢神经系统时，则可引起化脓性脑膜炎，使病情加重，甚至危及新生宝宝的生命。所以，父母应时刻警惕，一旦发现宝宝有任何异常，要及时就诊。

新生儿易患败血症的原因

新生儿的皮肤、黏膜薄嫩，容易破损。未愈合的脐部是细菌入侵的门户。更重要的是，新生儿免疫功能低下，感染容易扩散。当细菌从皮肤、黏膜进入血液循环后，极易向全身扩散而导致败血症。

孕期患感染性疾病时，某些细菌及其毒素可以通过胎盘传染给胎儿，此种情况多于出生后48小时内发病。

胎儿娩出时，由于母体胎膜早破、羊水污染、产程延长、助产过程消毒不严等，均可增加感染机会，从而导致新生儿患败血症。

新生儿反应能力低下，当有某些局部炎症时，如脐炎、口腔炎、皮肤小脓疱、脓头痱子、眼睑炎等未被及时发现，均可成为病灶。如不及时治疗，则可发展为败血症。

新生儿败血症的早期表现

常见的一般表现有精神不好、食欲不佳、吃奶量减少、哭声减弱、体温不正常、体重不增或降低。随着病情的发展或加重，很快出现不吃、不哭、不动、面色不好、精神萎靡、嗜睡或惊厥发作等。

其典型症状则表现为“三少、二不、一低下”。“三少”即少吃、少哭、少动。少吃是指吃奶量明显减少或吸吮无力；少哭是指哭的次数减少或哭声低微，正常新生儿在尿湿后、饥饿、身体不适等情况下都会哭闹，而且哭声响亮；而患败血症的宝宝常不哭闹，或是只哭几声就不哭了，而且哭声低微；少动是指新生儿四肢活动减少，或全身软弱。正常新生儿屈肌张力高，表现为四肢屈曲，将手指放在他的手心，他会紧紧抓住你的手指，而且四肢能自动活动。败血症的宝宝四肢及全身软弱，若父母将他的上肢抬起后再放下，他的上肢屈曲反应不明显。

“二不”即体温不正常及体重不增。体温不恒定，或发热或低温（温度35.5℃以下不升高）。平时宝宝的手足温暖，患败血症时手足发冷。体重不增是指新生儿出生后因败血症体重没有正常增长。

“一低下”即反应能力低下，或精神萎靡。正常新生儿在受到刺激时可做出适当反应，如微笑、注视、惊醒等；而患败血症的宝宝则表现为反应能力低下，昏昏欲睡，精神差。

新生儿败血症的预防

注意保护孕妇健康，积极治疗感染性疾病，争取做到100%无菌接生。

保持新生儿脐部卫生，注意对脐带的清洁消毒处理。

注意对患儿的皮肤、黏膜的清洁工作，避免造成损伤。

严禁病人与新生儿接触，母亲发热时也须与其隔离。

新生儿的衣服、被褥、尿布要保持干燥清洁，最好能暴晒或烫洗消毒。

注意室内空气新鲜、流畅，经常打开门窗通风换气，或用食醋每日蒸熏2次。

败血症不及时治疗会影响智力发育

新生儿败血症如果不能及时、彻底地治疗，可能导致高胆红素血症、核黄疸及化脓性脑膜炎的发生，也会影响宝宝智力发育。因此，当宝宝有皮肤脓疱疹、脐部发红化脓或臀部皮疹、破溃时应到医院诊治。如果宝宝吃奶量减少、嗜睡、哭闹不安、黄疸加重并出现腹胀、腹泻等情况，则应住院进行彻底的抗感染治疗，以便有效遏制病情发展。

新生儿败血症的治疗

抗菌疗法：在病原体未明时，选用抗菌谱较广且兼顾到革兰阳性和阴性的抗生素。血培养有结果后应根据细菌培养及药敏试验结果选用抗生素。严重感染可联合用药。应采用静脉途径给药，疗程视血培养结果、疗效、有无并发症而异，起码要7天以上，有并发症者应治疗3周以上。

支持疗法：包括良好的护理和保暖，特别是对早产儿、低出生体重儿更为重要；不能进食者，应给予静脉输液，保持酸碱平衡，若出现代谢性酸中毒应以碳酸氢钠纠正；还可视情况多次少量输入新鲜血液或血浆、血蛋白，有条件者甚至可以换血。同时还应补充维生素C、维生素E，以增加机体抵抗力。

切断感染源：对脐炎进行处理，有脓肿者要消毒引流。

细节29 新生儿肺炎的防治

新生儿肺炎是新生儿期常见的一种疾病，由于不像成人肺炎那样有明显的症状，所以不易察觉。但新生儿肺炎的危害相当严重，所以父母需要对其有一定的了解，以预防和及时发现病情并进行治疗。此病虽然发病率高，但如果及时到医院就诊，并得到合理的治疗、护理，治愈率较高。新生儿肺炎最好还是以预防为主。

肺炎的主要症状表现

新生儿肺炎的表现与婴幼儿或儿童患肺炎的症状有很大的区别，尤其是出生两周以内的宝宝，很少出现发烧、咳嗽、咳痰等肺炎常见的症状，主要表现为精神不好、呼吸增快、不爱吃奶、吐奶或呛奶等。大多数宝宝不发烧，有的有低烧，接近满月的新生宝宝可出现咳嗽的症状。如果观察到这些现象，父母应及时带宝宝去医院就诊，通过医生的检查和拍肺部X光片做出诊断。

新生儿肺炎重症时出现气促、鼻翼扇动、三凹征、心率加快。大部分患儿有口周及鼻根部发青，缺乏肺部阳性体征，在患儿深呼吸时能听到细小的水泡音。

肺炎的严重危害

新生儿肺炎不论是哪种类型、病情严重与否，都有一定的危险性。例如感染性肺炎，肺部可出现大片的感染，甚至形成脓肿、坏死，严重影响病儿的呼吸功能。病菌还可能扩散到全身，引起败血症、脑膜炎等严重的并发症。

多数新生儿肺炎经过积极有效地救治可以完全治愈，并且不会留下任何后遗症，也不会复发。但严重的肺炎由于合并了全身其他器官的感染或损害，如果是神经系统的损害，则会有留下后遗症的可能性。

感染性肺炎

新生儿感染性肺炎有两种情况：一种是宫内感染，另一种是出生后感染。宫内感染肺炎是由于母亲在怀孕过程中感染的某些病毒或细菌，通过血液循环进入胎盘后又进入胎儿的血液循环中。因此，在母亲怀孕期间，胎儿就患上了肺炎。而出生后感染性肺炎则可以发生在新生儿期的任何时间。

吸入性肺炎

吸入性肺炎又包括羊水吸入性肺炎、胎粪吸入性肺炎和乳汁吸入性肺炎。前两种肺炎主要发生在宝宝出生前和出生时，由于种种原因引起胎儿宫内缺氧，胎儿缺氧后会在子宫内产生呼吸动作，这时就可能吸入羊水和胎粪。这两种肺炎都比较严重，宝宝一出生就有明显的症状，如呼吸困难、皮肤青紫等，需要住院治疗。

更应该引起父母注意的是乳汁吸入性肺炎。由于新生儿，特别是一些出生时体重较轻的新生儿，口咽部或食道的神经反射还不成熟，肌肉运动不协调，常常发生呛奶或乳汁反流现象，乳汁被误吸入肺内，导致宝宝出现咳喘、气促、青紫等症状，误吸的乳汁越多症状越严重。

正确喂奶

在给新生儿喂奶时一定要仔细，如果用奶瓶喂奶，奶嘴的孔要大小合适；喂奶时宝宝最好是半卧位，上半身稍垫高一点。

喂奶后可以轻轻地拍打宝宝的背部，使其排出胃内的气体；然后观察一会儿，如发现有溢奶现象，应及时将其抱起并且轻拍后背。如果宝宝呛咳比较严重并有憋闷、气促等情况，要及时到医院就诊。

断绝病毒传染

在日常生活中，家庭成员是引起新生儿感染的主要原因，所以家庭成员都要积极避免感冒。平时注意室内空气流畅，避免受凉，衣被厚度要适中，室温不宜过高。

由于新生儿的抵抗力非常差，即使大人患的是普通感冒，宝宝也有可能被传染患上肺炎。因此，不要经常亲吻宝宝，以免病菌从呼吸道传入宝宝体内。同时尽量避免让宝宝与发热、咳嗽、流鼻涕等人员接触。

治疗方法

抗生素的应用：对细菌性肺炎，最好根据病原体选用抗生素。如无条件，一般可用青霉素或氨苄西林（须做皮试）。

对症治疗：镇静、吸氧、纠正酸中毒等。

支持治疗：为增强抗病能力，可对重症患儿输入血浆。

超声雾化吸入：有利于分泌物的排出。

细节30 突发呼吸异常的处理

新生儿的身体相当脆弱，若发生呼吸困难、呼吸暂停等异常现象时，父母需要仔细观察，不可轻易放过任何一个小细节，同时最好能够提前了解一些应对方法，这将对宝宝非常有帮助。

呼吸困难

新生儿呼吸困难的早期表现为呼吸次数增加，呼吸浅表、急促。若呼吸急促，持续时间超过每分钟70次，多为呼吸系统感染所致。

若呼吸缓慢，持续时间一般是每分钟15～20次，则为呼吸衰竭的表现，提示病情严重而危险；若呼吸增快，还有鼻翼扇动和“三凹”症状，说明宝宝呼吸困难，继续发展会出现皮肤颜色变暗，口周发绀，甚至出现呻吟样呼吸或呼吸暂停，这表明病情正在进一步恶化，需要立即去医院检查。

窒息

胎儿娩出后，若1分钟无呼吸或仅有不规则、间歇性、浅表呼吸者，则可断定为新生儿窒息。引起新生儿窒息的主要原因是呼吸中枢抑制、损害，或呼吸道阻塞等。

发现新生儿窒息时的应急处理：保持呼吸道通畅，可做人工呼吸、供氧等。多数宝宝经处理后情况能迅速好转，呼吸转为正常，但父母仍需仔细观察宝宝的呼吸状况，并注意保暖。

呼吸暂停

正常的新生儿有时可能会出现不规则的呼吸，有时两次呼吸间隔5～10秒，但不伴随心率和面色改变，成周期性呼吸。呼吸暂停是指呼吸停止10～15秒甚至更久，同时心率减慢，每分钟少于100次，并出现发绀和肌张力减低。

发作时，父母不要惊慌失措，最好是将宝宝平放在床上，保持呼吸道通畅，可以按压宝宝的胸部，以帮助其恢复呼吸。切忌将宝宝紧紧搂抱，使其强屈成团，特别是不要搂住宝宝的脖子，以免导致窒息等严重后果。若病情得不到缓解，应立即送医院就诊。

细节31 耳聋的早期发现

耳聋给宝宝带来的不仅仅是生理方面的障碍，对其心理方面也有很严重的影响，早期发现耳聋并采取适当的措施，是保证宝宝身心健康发展的重要前提。宝宝不会说话，不能自诉听力状况，与其朝夕相处的父母需要细心观察，及时发现宝宝的听力障碍，以便及时处理。

引起耳聋的原因

父母的遗传因素：父母双方或一方遗传因子传给子女，从而造成宝宝的听力障碍。

音乐胎教不当引起耳聋：妈妈怀孕期间给胎儿进行音乐胎教时，直接把传声器放在肚皮上，使体内胎儿的耳蜗受到了高频声音的刺激，造成不可逆转的损伤。母亲应注意把传声器和肚皮隔开一段距离，间接地让胎儿听音乐，以达到更好的胎教效果。

孕期用药不当：绝大多数新生儿的耳聋是由于妈妈不注意用药而导致的。常见的对听力有影响的药物有庆大霉素、阿司匹林、碘酒等。妈妈在用药前，应向医生了解药物是否会对胎儿不利。

早产、引产时外伤或产期的各种原因，如缺氧、新生儿黄疸等因素都极易引起感觉神经性耳聋。

婴幼儿的高热疾病对宝宝的听觉也有很大的影响，因此，若发现宝宝反复高烧或抽搐要及时就医，以获得有效的治疗。

判断耳聋的方法

宝宝一出生就应有听觉，只是反应没有那么敏感。虽然他不会做出主动的反应，但却能够在声音的刺激下产生有意识的反射动作。新生儿出生3~7天后听觉已相当好了，在其耳边大声呼叫、摇铃时可引起宝宝睁眼、闭眼、惊吓、呼吸加快或减慢等反应；突然听到声音时，宝宝还可出现两上肢外展并伸直，手指张开，然后上肢屈曲成拥抱反射。如果父母发现宝宝过分安静，睡觉不怕大吵大闹，对大人的呼叫、逗引声音毫无反应，只是眼睛炯炯有神地注视大人的面部表情和举止动作，对周围的环境突然发出的大声响没有寻找声源的企图，这时就应该检查宝宝是否有听力问题了。

尽早发现和治疗耳聋

如果宝宝错过了药物治疗的最佳时机，将会永远生活在无声的世界了。因此专家提醒，一旦发现宝宝对各种声音没有反应，应当立即请耳科医生做测听检查，查看宝宝的听力是否正常，以便及时进行治疗。

细节32 母乳是新生儿最理想的营养品

新生儿所需的营养素不仅要维持身体的消耗与修补，更重要的是要供给新生儿生长和发育之用。母乳是新生儿最科学、最合理的食品，母乳的作用是任何代乳品都无法比拟的。

母乳是母亲专为宝宝“生产”的天然食品和饮料，它具有以下优点：

- 母乳含有新生儿生长发育所必需的各种营养成分，营养丰富而且容易消化、吸收。
- 母乳中的蛋白质、脂肪和乳糖的比例适当，最适合新生儿的消化和吸收，不仅有利于宝宝体格的生长发育，更是大脑发育不可缺少的原料。所以，母乳被称为新生儿生命之本，是新生儿健康成长的源泉。
- 母乳内含有丰富的免疫球蛋白，尤其是初乳中含有大量的抗体，使新生儿在出生后接受了第一次被动免疫，可以保护其幼小脆弱的身躯免受病菌的侵袭。
- 母乳量随着婴儿的生长而增加，温度及泌乳速度适宜，喂养方便。
- 母乳喂养有利于增进母婴联系。母乳喂养使母婴有更多的肌肤接触，通过母亲对新生儿肢体的触摸、亲吻及身体的温暖等，有利于建立母婴依恋感情，也有助于更亲密的亲子关系的形成。
- 哺乳过程中，母婴间目光的对视，使新生儿最早看见的是母亲的笑脸和充满关爱的双眼。母亲的注视会激发强烈的情感，这对新生儿以后的心理、行为发育有着深远的影响。

- 母乳喂养经济、简便。
- 哺乳过程对新生儿各种感官的刺激，都是对新生儿最早的智力开发。
- 产后哺乳可以刺激子宫收缩，促进母亲早日恢复。
- 哺乳期可以推迟月经复潮，有利于避孕。
- 哺乳母亲较少发生乳腺癌和卵巢癌。

细节33 尽早开奶，多让宝宝吸吮

母乳喂养主张越早开奶越好，正常足月新生儿出生后半小时内就应母乳喂养。以后主张按需哺乳，即新生儿随时需要随时哺乳。每次喂奶时应先吸空一侧再吸另外一侧，下次喂哺则从未吸空的一侧开始，使两侧乳房轮流吸空，以刺激母乳分泌。

母乳喂养成功的关键是，在产后两周内，即使没有多少奶，也要坚持每天让宝宝吸吮8～12次。通常在3～5天内，产妇就会感觉有奶甚至奶胀。宝宝饿了想吃就喂，不必拘泥于几小时喂一次。宝宝愈是强烈吮吸乳房，乳汁分泌就愈旺盛。

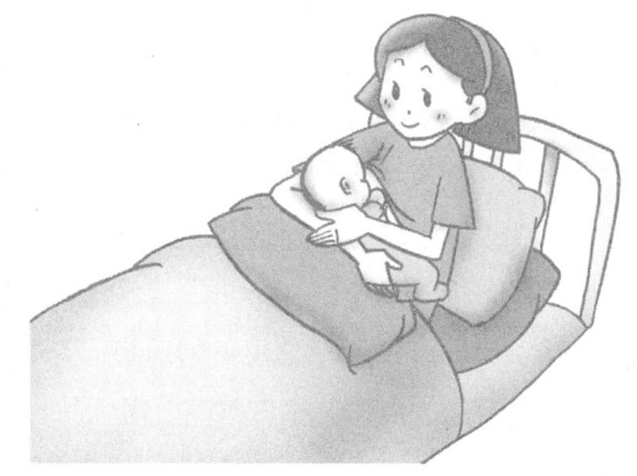

细节34 提高母乳质量的方法

1. 早开奶，勤哺乳

开奶时间越早，越能刺激乳母泌乳和排乳。断脐后，马上实行母子皮肤直接接触，24小时母婴同室。早开奶、多吸吮、按需哺乳是促进乳汁分泌的有效措施。不要因为最初几天乳汁不足就放弃哺乳。因为，母亲在分娩后2～7天正处在泌乳期，乳汁由少到多要有个过程，在此期间，只要给宝宝频繁哺乳，乳汁就一定会多起来。

2. 食量充足，营养丰富

母乳是由母体营养转化而成，所以喂奶的妈妈应该食量充足，多进食营养丰富的食物。因为她肩负双重任务，一是供给自身需要；二是泌乳需要。食物中蛋白质应该多一些，因为食物中的蛋白质仅40%转化成母乳中的蛋白质。食物中还应有足够的热量和水，较多的钙、铁、维生素B_1和维生素C。此外，乳母不应该偏食、挑食，否则影响母乳质量。如果肉、蛋、青菜吃得少，乳汁缺乏叶酸和维生素B_{12}，婴儿易患大细胞性贫血。乳母一般每天吃粗粮500克，牛奶250克，鸡蛋2个，蔬菜500克，水果250克，油50克，以及适量的肉类和豆制品。

3. 保持心情愉悦

泌乳和排乳受中枢神经系统和内分泌调节，不良刺激会干扰这种调节作用，所以乳母应尽量保持轻松、愉快的心情。家庭成员尤其是丈夫，要多为乳母创造宽松的环境，促进乳房泌乳和排乳。

4. 避免疲劳

孕妇在分娩时，精神、体力消耗极大，需要较长时间恢复。然而由于许多乳母需要昼夜照料孩子，得不到充分的休息，这就影响了泌乳的质量。所以，丈夫和家人要多为乳母分担孩子的护理工作，使乳母有较多时间休息。但要注意休息不等于卧床，乳母也应做适当活动，这样才有助于身体恢复，也有利于泌乳。

5. 谨慎用药

许多药物都能通过乳汁进入婴儿体内，所以，乳母用药要慎之又慎，最好按医生指导用药。应该避免用下列药物：安定、麦角安定、美撒痛、异烟肼、可待因、氯霉素、红霉素、磺胺类药、阿托品、阿司匹林等。

6. 不要喂水，不要吸橡皮奶嘴

宝宝出生头几天，虽然初乳分泌量较少，但是母乳中的营养成分和水分能满足从出生到4～6个月宝宝生长发育的全部需要，因此不必再加糖水、菜汁和其他代乳品。吸橡皮奶嘴会出现“乳头错觉”，使宝宝拒奶、烦躁而导致母乳喂养失败。

细节35 新生儿的衣着要求

新生儿的衣着要求主要是保暖、方便换洗、质地柔软、不伤肌肤。最好选用纯棉制成的软棉布或薄绒布，这两种面料不仅质地柔软，还有容易洗涤、保温性、吸湿性、通气性好的特点。颜色以浅色为宜，衣缝要少，要将缝口朝外翻穿。式样要简单，衣袖宽大，易于穿脱，便于宝宝活动。内衣最好不要衣领，因为婴儿的脖子较短，而且骨骼较软，不能将身体伸展开，衣领会磨破婴儿下巴及颈部的皮肤。另外，新生儿的内衣开口要在前面，但不要用纽扣，以免被宝宝吞入，用布条做成带子即可。外衣要宽松，不要过紧，以免影响血液循环。新生儿不必穿裤子，因为经常尿湿，可以用尿布裤。穿的衣服一般比妈妈多一层就可以。如果婴儿的胸、背部起鸡皮疙瘩或者脸色发青、口唇发紫，说明衣服穿得过少；如果婴儿皮肤出汗，则是衣服穿多了。

细节36 新生儿的居室要求

居室环境：婴儿居室应选择向阳、通风、清洁、安静的房间。

室内湿度要适宜：过于干燥的空气使婴儿呼吸道黏膜变干，抵抗力低下，容易引发上呼吸道感染，故应注意保持室内一定湿度。加湿方法，如有空气加湿器更好，冬季时可在暖气片上放些干净的湿布，夏季时可在地面上洒些清水。

居室的装修布置：婴儿居室的装修、装饰要简洁、明快，可吊挂一个鲜艳的大彩球及一幅大挂图，以刺激婴儿的视觉，为以后的认物打基础。但不要将居室搞得杂乱无章，这样容易使婴儿的眼睛产生疲劳。不能让婴儿住在刚粉刷或刚油漆过的房间里，以免中毒。婴儿的居室最好不铺地毯，因地毯不易清洗、清洁，易藏污垢，不仅是致病源还可能是过敏源，另外也不利于婴儿日后的行走练习。

细节37 新生儿的保暖

由于新生儿体温调节中枢尚未发育成熟，体温变化易受外界环境的影响，所以应选择能使新生儿保持正常体温以及耗氧代谢最低的环境。婴儿居室的室温在18℃~22℃，湿度在50%~60%为佳。寒冷的冬季应注意居室保暖，可用暖气取暖，也可用热水袋保暖，但要防止烫伤婴儿。夏季炎热时应注意室内通风，可使用电风扇和空调，电风扇不要直接对着婴儿吹，空调不宜将室内温度制冷太低或长时间开放。婴儿居室应禁止吸烟，同时要避免有呼吸道感染的人探视。

细节38 给宝宝一张单独的小床

宝宝出生后，最好为其准备一张单独睡觉的小床。宝宝的小床一般放在母亲的床旁边，便于大人随时可以抱出来喂奶、换尿布、盖被等，这对宝宝的成长发育和养成良好的睡眠习惯有好处。

婴儿床宜用木床、平板床，不要用弹簧床，以保证婴儿脊柱、骨骼的正常发育。床的高度以便于父母照看为宜。一般床离地约76厘米、长约120厘米、宽约75厘米（可以用到5岁左右）。床的四周应有床栏，两侧可以放下，栏杆之间距离不宜过大，也不可过小，以防夹住宝宝的头和脚。床栏的高度离床褥70厘米，宝宝站立时肩部应在栏下。床的四周应是圆角，无突出部分。婴儿床可以放在紧挨着墙或者离墙50厘米左右的地方，以防止宝宝跌落后夹在墙壁和床之间发生窒息。床的涂料中不要含铅，以防宝宝用嘴咬床栏后发生铅中毒。

细节39 新生儿脐带的护理

新生儿出生后脐带即由医护人员给予消毒并结扎，24小时之内要密切观察有无出血，每天洗浴后要用75%的酒精消毒，而且用无菌纱布包扎。正常情况下，脐带结扎剪断后3~7天会干燥脱落，血管闭死变成韧带，外部伤口愈合向内凹陷形成肚脐。如果脐带发红且有臭味的分泌物等，很可能是脐部感染，应立即请医护人员协助处理。

细节40 新生儿尿布的选择与使用

应为新生儿选择细腻柔软的棉布做尿布，如大人的旧棉毛衫、棉毛裤、旧棉被里、旧床单等，将其剪成合适的大小，洗干净后用开水烫一烫，在太阳下晾晒干后即可使用。而一次性纸尿裤虽然方便，但不适宜整天给宝宝使用，以免损伤宝宝的肌肤。此外，一次性纸尿裤价格较贵，而且不够环保，可以作为临时应急或外出时使用。

清洗尿布时最好不要用碱性太强的肥皂，更不要用洗衣粉，以免刺激婴儿肌肤，引起过敏，出现湿疹、瘙痒等症状。清洗尿布时可以加几滴醋，洗净的尿布在晾晒前可用沸水烫一烫，既干净又消毒。

细节41 让宝宝体验多种睡姿

许多家长都喜欢让宝宝仰卧着，偶尔让其侧卧，一般不会采取俯卧，认为俯卧可能会使宝宝憋气，这种担心是不必要的。宝宝的潜能是很惊人的，让他多几种睡姿的体验，他会很快适应并做出相应的调整。

让宝宝体验多种睡姿，既有利于保持宝宝脸型和头型好看，又可以锻炼宝宝的活动能力，如侧卧可以帮助宝宝练习翻身，俯卧可以锻炼宝宝的颈部肌肉。至于俯卧位能睡多长时间，不必硬性规定，只要宝宝高兴即可，俯卧位睡眠也能使宝宝睡得踏实而舒服。对于溢乳的小宝宝来说，侧卧位是防止误吸的好办法，以免造成宝宝窒息。

有的家长担心宝宝头型会睡歪，其实只要不是固定一侧卧位，左右侧卧位勤更换就不会睡成歪头。

细节42 不要“蜡烛包”

我国北方一般用棉被包裹新生儿，而且为了防止新生儿蹬开被子而受凉，家长还常常将包被捆上几道绳带，像个“蜡烛包”，认为这样包裹既保暖又可以使孩子睡得安稳。其实这种包裹法会给新生儿造成许多不利。

新生儿离开母体后，四肢仍处于伸展屈曲状态，“蜡烛包”强行将婴儿四肢拉直，紧紧包裹，不仅会妨碍新生儿的四肢运动，还会影响其皮肤散热，甚至可能造成髋关节脱位。另外，新生儿被捆绑后，手足不能触碰周围的物体，不利于新生儿触觉的发展。因此提倡用婴儿睡袋替代包裹，这样既可以保暖，又不会影响宝宝的四肢运动，具有宽松、舒适的优点。

细节43 抱新生儿的姿势

父母温暖的怀抱胜过世界上最舒服的摇篮，但是抱宝宝看似容易，实际上却是新手父母的一大难题。这个时期宝宝的身体很柔软，父母抱的姿势不对或者用力不当都可能伤害到宝宝。因此，父母应掌握抱宝宝的正确姿势。

抱起时：婴儿要等到4周以后才能够完全控制自己的头，因此，每当你抱起他的时候，一定要托着他的头部。把手伸过婴儿的颈部下，托起他的头。把另一只手放入他的背部和臀部下面，安全地支持着婴儿的下半身。

抱持时，把婴儿抱在你的任何一只臂弯上，婴儿的头部比躺在你的手臂上部的身体其余部分稍高，用前臂和手环绕着婴儿支托着他的背部和臀部。这样可以对婴儿讲话和微笑，婴儿亦可以注视你的一切表情和注意着你的讲话。

用你的前臂把婴儿紧靠着你的上胸部，让他的头伏在你的肩上并用手扶托着。这样，你可以腾出一只手来。不放心的话可以用手支托着婴儿的臀部。

放下时必须做到要把他的头托住。1个月内的婴儿不适宜频繁抱起，可以在喂奶之后将其抱起，轻轻拍打背部，使之打嗝，将吸入的空气排出，以防溢奶。

育儿小百科：囟门闭合与疾病

正常的囟门外观平坦或稍微下陷，触及时还会搏动。随着宝宝颅骨的不断生长，颅骨边缘不断生长新骨，使囟门逐渐缩小，直至闭合。一般来说，前囟门应于出生后18个月前闭合，后囟门在出生后3个月内闭合。囟门的闭合状况反映了宝宝的健康状况。

囟门关闭延迟：如果宝宝出生后18个月囟门还未闭合，说明宝宝存在骨骼发育及钙化障碍，可能患佝偻病、呆小症（甲状腺功能减退症）、脑积水等。

囟门关闭过早：提示宝宝有脑发育不全、头小畸形的可能。对于囟门关闭略早的宝宝，主要应测量其头围是否正常，并定期检查了解其头围增长的速度是否正常，同时还应评价宝宝的神经发育情况。如果均正常，则不必担忧。

囟门饱满或明显隆起：提示颅内压增高，多见于脑积水、颅内感染（脑膜炎、脑炎）、硬脑膜下血肿、颅内肿瘤，也可见于口服四环素后及维生素A中毒。

囟门明显凹陷：常见于严重脱水，如急性腹泻等。

宝宝出生时，由于头颅受产道的挤压，颅骨常常相互重叠，所以囟门比较小。出生后由于脑的迅速生长，重叠的颅骨被渐渐撑开，囟门于是就变大了。

细节44 呵护宝宝的前囟门

新生儿出生后，颅缝尚未长满，形成一个菱形空间，没有骨头和脑膜，医学上称为囟门。头顶常有两个囟门，位于头前部的叫前囟门，位于头后部的叫后囟门。前囟门大于后囟门。前囟门在1岁到1岁半时闭合；后囟门一般在出生后2～4个月自然闭合。

有的母亲把新生儿囟门列为禁区，不能摸碰，也不能洗，结果造成囟门皮肤上形成结痂。如果不及时洗掉，这些结痂不仅会影响皮肤的新陈代谢，还会引发脂溢性皮炎，对宝宝健康不利。注意保护囟门是对的，但及时清洗污垢也是一种保护。

清洗囟门时，动作要轻柔、敏捷，不可用手抓挠；用具和水要保证清洁卫生，而且水温和室温都要适宜。如果囟门有结痂，可用消毒植物油或0.5%金霉素软膏涂敷结痂上，24小时后用细梳子轻轻梳12次即可除去，然后再用温水、婴儿香皂洗净。婴儿囟门平时不可用手压按，也不可用硬物碰撞，以防碰破出血和感染。

细节45 新生儿眼、耳、鼻的清理

眼：新生儿眼屎多为白色的黏液状。清理时应洗净双手，取一条干净小毛巾，用生理盐水或凉开水浸湿，用一角包住食指，由内往外轻轻擦拭眼角，不要来回反复擦；毛巾四角均使用过后，需将毛巾洗净，重复前面的步骤。也可以用棉花棒蘸生理盐水将眼屎清除干净。

耳：洗净双手，用湿布将宝宝外耳道（耳洞之外的部分）擦拭干净；用干净的棉花棒插入宝宝耳朵不超过1厘米处，轻轻旋转，即可吸干黏液、清除秽物。

鼻：将婴儿抱到灯光明亮处，用婴儿专用消毒棉花棒蘸一些凉开水或生理盐水，轻轻伸进鼻子内侧顺时针旋转，可达到清洁目的。如果宝宝流鼻涕，可以使用吸鼻器进行清洁。

从预防感染的角度考虑，剪发要比剃发更安全，用剪刀剪去过长的头发，既可以让宝宝显得精神又不会对头皮造成损伤。

细节46 给新生儿洗澡

给新生儿洗浴有以下目的：

第一，清洁皮肤，使宝宝感到舒适。

第二，预防感染，做好新生儿皮肤和脐部的护理。

第三，借洗浴的机会，可以观察新生儿全身情况，早期发现病症。

洗浴前首先要做一些必要的准备：

关闭门窗，避免空气对流，要求室温最好在24℃~25℃，水温最好在38℃~40℃。如果没有温度计，可将水滴在前臂或手背上，以感觉水温不冷不热为宜。

洗澡时间最好选择在宝宝吃完奶后2小时左右，以减少吐奶；洗澡前要准备好用品，如浴巾、毛巾、纱布、棉棒、尿布、换洗的衣服、婴儿肥皂、浴液、爽身粉等。洗澡前还要清洁双手，清洁浴盆等。

洗浴的程序：

先倒冷水再倒热水，直至水深达10厘米为止，然后用温度计或肘部测水温，感觉温暖为宜。为宝宝脱去衣服，用一只手臂托住宝宝的头，手掌扶住腋下，另一只手托着双足，轻轻放入盆内，注意先让臀部入水。

先洗头发，把洗发水均匀地涂抹于宝宝的头上并轻轻揉搓，然后用清水冲洗干净，接着再把沐浴露涂抹在宝宝身上，轻轻揉搓后用纱布蘸水洗净全身。

新生儿洗澡时间不要超过2~3分钟。浴后一手紧托其腋下，一手紧托其下身，用双手紧抱宝宝离开浴盆。然后用浴巾包裹起宝宝，将爽身粉轻轻抹于宝宝全身，尤其是颈下、两腋窝、大腿内侧等有褶皱的地方。最后穿好衣服，换上新尿片。

宝宝洗澡不要过于频繁，天冷时可2~3天洗1次，天热时可每天1次。注意洗澡时要紧抱宝宝，或者与宝宝说话，给以微笑，让宝宝有安全和轻松的感觉。

育儿小百科：5种情况下不要立刻洗澡

（1）打预防针后：宝宝打过预防针后，皮肤上会暂时留有肉眼难以看见的针孔，这时洗澡容易使针孔受到污染。

（2）频繁呕吐时：洗澡时难免搬动宝宝，这样会使呕吐加剧，不注意时还会造成呕吐物误吸。

（3）发热或退热48小时内：发热后宝宝的抵抗力极差，马上洗澡很容易遭受风寒引起再次发热，甚至有的还会发生惊厥，故主张退热48小时后才给宝宝洗澡。

（4）皮肤损害时：宝宝有诸如脓疱疮、疖肿、烫伤、外伤等皮肤损害时不宜洗澡。因为皮肤损害的局部会有创面，洗澡会使创面扩散或受污染。

（5）喂奶后：喂奶后马上洗澡会使较多的血液流向被热水刺激后扩张的表皮血管，而腹腔血液供应相对减少，这样会影响宝宝的消化功能。另外由于喂奶后宝宝的胃呈扩张状态，马上洗澡容易引起呕吐。所以洗澡通常应在喂奶后1~2小时进行为宜。

细节47 男婴生殖器的清洗

很多父母在为男宝宝清洗的时候，怕宝宝会疼，不舍得将包皮翻开来洗；有的父母给宝宝翻过来洗时，又不知道那些白白的东西是什么，该不该洗掉。更多的父母不知道该怎样给宝宝洗，翻到什么程度合适。

正确的清洗方法是：用右手的拇指和食指轻轻捏着阴茎的中段，朝宝宝腹壁方向轻柔地向后推包皮，让龟头和冠状沟完全露出来，再轻轻地用温水清洗。由于宝宝的龟头平时都被包皮遮盖，龟头的黏膜很娇嫩，对外界触觉非常敏感，因此要用毛巾浸着温水轻轻地洗，水温不能太高，力量不能太大，洗后要注意把包皮回复原位。

细节48 女婴生殖器的清洗

女婴的生殖器官特别容易受到外来病菌的感染，因此，应掌握清洗女婴生殖器的正确技巧和方法。从小就要注意宝宝的卫生，以抵御病菌侵袭。

由于女性的生理结构，尿道口、阴道口与肛门同处于一个相对“开放”的环境中，交叉感染的机会也比较大。所以，给女宝宝清洗阴部的时候，要从中间向两边清洗小阴唇部分，就是小便的部位；再从前往后清洗阴部及肛门，一定要将肛门清洗干净，大便中的细菌最容易在褶皱部分积存。

平时女宝宝大便后用清水洗就可以了，不要总使用肥皂，肥皂具有刺激性。洗澡时用的沐浴露，最好是用100%不含皂质、pH值中性并且不会破坏皮肤的天然酸性的婴儿沐浴露。还可以用脱脂棉、棉签或柔软纱布蘸水给宝宝擦拭，但每次父母事先都应洗净双手。注意，不必每次都要拨开阴唇清洗，清洗干净外部就可以了。

细节49 女婴生殖器的护理

要注意保持女宝宝的外阴清洁和干燥。应选用纯棉质地的尿布，不出门或不睡觉时最好不用纸尿裤。小便后要及时更换尿布，用湿纸巾按照“从前往后”的原则，擦一遍换一张纸巾，切忌重复使用。便后能用温水清洗一下最好。

给女宝宝清洗外阴的盆子和毛巾一定要专用，不应再有其他用途，以防交叉感染。最好使用金属质地的盆子，以便用其加热洗涤用水，也可以将毛巾放入水中，将水加热至沸腾，待水温凉至40℃左右后使用。这样做能将自来水、毛巾和水盆上的杂菌彻底杀灭。注意不要一半热水加一半凉水。最好也不要将爽身粉扑到宝宝的下身，以免爽身粉进入阴道深处，甚至是内生殖器。

细节50 新生儿不要清除胎毒、胎脂

不要清除胎毒：在一些科学文化落后的地方还存在一种传统的习俗，认为婴儿出生时身上带有胎毒，要给刚出生的婴儿吃些清热解毒的排毒药，如黄连、黄柏之类的中药，以去掉宝宝身上的“胎毒”。其实胎毒并不存在。胎儿在母亲的子宫内时，一切营养都是由母亲的血液通过胎盘提供，分娩过程也是无菌操作，所以根本不存在什么胎毒。“胎毒”之说的主要原因是有人看到刚出不久的新生儿有某些特殊表现，而实际上这些表现属于正常现象，而不是什么“胎毒”。

不要清除胎脂：皮肤的结构是很致密的，完整的皮肤微生物是不能侵入的；另外皮肤表面呈酸性，也不利于细菌繁殖和生长。皮脂腺分泌皮脂增多，产生的脂肪酸也多，能抑制真菌的生长。皮肤黏膜分泌物中含有乳酸、脂肪酸、溶菌酶和各种分解酶，有杀灭微生物的作用。

新生儿皮肤细嫩，在逐渐生长发育中达到成熟，而其不成熟时，角质层薄嫩，容易损伤，可成为全身感染的门户，因此家长最好不要清除覆盖在其表面的胎脂。

细节51 怎样去除宝宝的头垢

有些婴儿特别是较胖的婴儿在出生后不久，头顶前囟门上会有黑色或褐色鳞片状融合在一起的痂皮，这些痂皮是由皮脂腺所分泌的油脂以及灰尘等形成的，一般不痒，对孩子健康无明显影响，无需清除。有些家长用肥皂、香皂清洗，但大都很难洗掉，而且还会刺激孩子的娇嫩皮肤。最好的办法是用消毒后的植物油（加热后冷却）或液态石蜡局部擦拭，或涂抹0.5%的金霉素软膏，24小时后用小梳子轻轻梳理几下即可除掉。有些老人认为“天灵盖”上的“护身符”不能揭，否则孩子会变成哑巴，会受凉生病，这种说法是没有任何科学依据的。

细节52 学会观察新生儿的大便

新生儿出生不久会排出黑绿色的焦油状物，即胎粪。这种情况仅见于宝宝出生的头2～3天，属于正常现象。宝宝出生后1周内，大便呈棕绿色或绿色半流体状，充满凝乳状物。宝宝大便的变化说明其消化系统正在适应所喂食物。

母乳喂养的宝宝的粪便，呈橙黄色，似芥末样，多水，有些奶凝块，量常常很多。

人工喂养的宝宝的粪便，呈浅棕色，有形，成固体状，有臭味。

出现绿色或间有绿色条状物的粪便，也是正常现象。但是，少量绿色粪便持续几天以上，可能是喂得不够。

有时候宝宝放屁带出点儿大便污染了肛门周围，或者偶尔大便中夹杂着少量奶瓣，颜色发绿，这些都是偶然现象，妈妈不要紧张，关键是要注意宝宝的精神状态和饮食情况。只要宝宝精神佳，吃奶香，一般没什么问题。

如果宝宝出现异常大便，如水样便、蛋花样便、脓血便、柏油便等，则提示宝宝存在疾病，应及时去咨询医生并进行治疗。

细节53　新生儿需要剃满月头吗

有人认为剃“满月头”有助于婴儿头发的生长，其实，这种说法是没有科学依据的。

头发是人体皮肤的附属结构之一。人体皮肤除手掌和足底外，均有毛发分布，毛发有长毛、短毛和毳毛三种。毛发的粗细、长短与所在部位、年龄、性别及生理状况有关。分布在头皮的毛发最粗，俗称为头发。头发在头皮以上的部分称为毛干，在头皮以下的部分称为毛根，毛根下段膨大的部分称为毛球，这是头发的生长点。突入毛球底部的部分称为毛乳头，其内含有丰富的血管和神经，以维持头发的生长和营养。如果毛乳头被破坏或退化，头发即停止生长或脱落。

婴儿刚出生时的毛发，由于是从胎内带来的，所以也可以称之为胎毛，但其基本结构与生长规律和以上所述相同。也就是说婴儿出生后头发生长的好坏与头发的毛根的结构，尤其是毛球是否健全、营养是否充分、局部有无病损等因素有关，而与是否剃“满月头”无关。

婴儿是否需要剃满月头，医学上并无明确的要求，也就是说满月头可以剃也可以不剃，我们权且把剃满月头当做一次理发对待就可以了。但是如果婴儿头皮有某些皮肤病变，则可根据医生的建议，具体情况具体对待。

细节54　给女婴抹爽身粉要谨慎

宝宝洗完澡后，尤其是夏天时，母亲往往会给其涂上一些爽身粉。但是在给女宝宝涂抹爽身粉时，最好不要将爽身粉扑在大腿内侧、外阴部、下腹部等处。

爽身粉的主要成分是滑石粉，由于爽身粉的颗粒很小，在往女宝宝的腹部、臀部及大腿内侧等处涂擦时，粉尘极易通过外阴进入阴道深处。据调查表明，如果女性长期使用爽身粉，卵巢癌的发病危险将增加3.88倍。卵巢癌很难早期发现，它在妇女肿瘤中的死亡率仅次于宫颈癌。

爽身粉怎么会与卵巢癌有关系呢？这与女性的身体结构有关。因为女性的盆腔与外界是相通的，尤其是妇女的内生殖器官与外界直接相通，外界环境中的粉尘、颗粒均可通过外阴、阴道、宫颈、宫腔、开放的输卵管进入到腹腔，并且附着在卵巢的表面，这样就会刺激卵巢上皮细胞增生，进而诱发卵巢癌。虽然目前还不能完全得出爽身粉一定会诱发卵巢癌的结论，但是，为慎重起见，年轻的妈妈应避免用爽身粉为女宝宝扑下身，即使是成年女性也最好不要用爽身粉扑下身。

细节55 宝宝为什么啼哭

宝宝为什么哭：哭对宝宝来说是最正常不过了。在其会讲话以前，哭是他唯一能让大人感觉到他的方式。在刚开始的时候，妈妈肯定觉得宝宝的各种哭声都一样，但是细心的妈妈会发现哭声是宝宝的一种独特的“语言”，宝宝是在利用这种语言来表达他的需要，并和周围的人进行交流。

学会分辨宝宝的哭声

饥饿：当宝宝饥饿时，哭声很洪亮，哭时头来回活动，嘴不停地寻找，并做着吸吮的动作。只要一喂奶，哭声马上就停止。而且吃饱后会安静入睡，或满足地四处张望。

感觉冷：当宝宝冷时，哭声会减弱，并且面色苍白、手脚冰凉、身体紧缩，这时把宝宝抱在温暖的怀中或加盖衣被，宝宝觉得暖和就不再哭了。

感觉热：如果宝宝哭得满脸通红、满头是汗，一摸身上也是湿湿的，被窝很热或宝宝的衣服太厚，这时应减少铺盖或衣服，宝宝就会慢慢停止啼哭。

便便了：有时宝宝睡得好好的，突然大哭起来，好像很委屈，打开包被一看，原来是大便或者小便把尿布弄脏了，这时候换块干的尿布，宝宝就安静了。

不安：宝宝哭得很紧张，你越不理他，他的哭声会越来越大，打开尿布查看，尿布并没湿，究竟是怎么回事？其实这很可能是宝宝做梦了，或者是宝宝对一种睡姿感到厌烦了，想换换姿势可又无能为力，所以只好哭了。这时妈妈可以轻轻拍拍宝宝，告诉他“妈妈在这，别怕”，或者给宝宝换个体位，他就会又接着睡了。

就是想哭：一些宝宝常常在每天的同一个时间“发作”，没有任何原因，只是你的宝宝就是想哭。这时候妈妈要学会安抚宝宝，可以带宝宝出去散步、给他唱歌、帮助他打嗝等，都能有效地让宝宝停止哭泣。如果宝宝哭的时间较长，可以叫家人在你累的时候来帮忙照顾孩子。

有的时候，宝宝不停地哭闹，用什么办法也没用。有时哭声尖而直，伴发热、面色发青、呕吐，或是哭声微弱、精神萎靡、不吃奶，这就表明宝宝生病了，需要尽快请医生诊治。

细节56 要关注宝宝的微笑

婴儿出生后就会笑，这是一种“生理性微笑”，是与生俱来的。以后，宝宝慢慢地学会了对人脸和玩具微笑，这时产生了社会的需要，转变为“社会性微笑”。宝宝们喜欢有人逗引，有人接近就笑，离开就哭，和他们讲话会咯咯地发音应答。当宝宝失去微笑时，其发展也就停止了，所以说，新生儿的微笑是其健康成长的重要表现。

家长要十分关注宝宝的微笑。当宝宝哭时口角经常只向一侧歪，另一侧鼻唇沟浅时，要注意宝宝有没有面部神经麻痹症。当宝宝失去了微笑时，应立即去医院诊治。

育儿小百科：宝宝太安静不是好事

宝宝出生后充满生命力的动作和表情都给家人带来无比的喜悦，而有的新生宝宝四肢伸直、活动少、面部表情少、吃奶吮吸力不强、很少哭闹等不正常现象，容易被误认为是宝宝很乖很安静的表现，殊不知宝宝安静也不一定是好事。

表现为安静、动作少的新生宝宝，往往肌张力低下，下肢强直呈交叉状。这种宝宝往往精神呆滞，反应不灵敏，而且随着月龄的增大，智力发育落后逐渐明显，这种现象可能是由于宝宝营养不良导致肌肉发育不良或患有先天性脑发育不全症造成的，需要去医院检查以明确诊断。

如果宝宝由原来的活泼好动突然变得安静了，或轻轻呻吟或异常安静，很可能是急性病的表现。呻吟是宝宝生病痛苦的另一种表现形式，它和啼哭不同，不带有情绪和要求，是疾病严重时的自然症状。

细节57 在家自测宝宝视力

家长可以通过在家自测宝宝的视力，了解宝宝视力正常与否。家长要了解宝宝在每个发育阶段应有的视力反应，以正确判断宝宝的视力是否正常，并及早发现视力异常的情况。

21天内的宝宝，其视觉反应是瞳孔对光的反应。父母可以手持手电筒，先遮住宝宝一侧的眼睛，用手电筒的光照射宝宝的另一只眼睛。这时如果被光照射的瞳孔立即缩小，则是正常反应。用同样的方法检查另一只眼睛，有同样反应则属正常。

1~2个月时，宝宝的视觉反应是瞬目反应和固视反应。把奶瓶或无响声的玩具放在宝宝面前，宝宝看到眼前物体的一瞬间，会出现眨眼动作，即瞬目反应。随后宝宝的眼睛会对眼前的物体凝视一段时间，即固视反应。家长用一只手在离宝宝面孔20厘米的地方晃动，如果宝宝能用眼睛盯着移动的手指，说明视力正常。父母在家给宝宝检测视力的时候，一旦发现宝宝的视力不正常，应及时到医院检查，以便及早发现宝宝视觉发育是否异常。

细节58 新生儿不能剪睫毛

有的父母为了让宝宝的睫毛长得又长又密，在宝宝生后不久就将其睫毛剪掉，希望再长出的睫毛更粗、更长。其实，睫毛的长短、粗细、漂亮与否主要与遗传等因素和营养状况有关，而剪睫毛的方法是不起任何作用的。

睫毛是眼睛的保护屏障：人的睫毛不是为美丽而生的，其有着特殊的作用。上下睑睫毛在眼睛前方形成一个保护屏障，起到遮挡灰尘和过强光线的作用，对眼睛的保护有重要的意义。人为剪掉睫毛后，在新睫毛长出以前，眼睛暂时失去了这种天然的保护屏，容易受到伤害。如尘沙较大的天气人们要眯起眼睛，睫毛便可起挡住尘沙的作用，而人又能清楚地看到一切。没有睫毛者在这时只能闭起眼睛才能不被风沙迷眼，但就不能看到东西了。

剪掉睫毛会给宝宝造成痛苦：剪掉睫毛后，刚长出的粗、短、硬的新睫毛容易刺激结膜和角膜等，从而使眼睛产生怕光、流泪、眼睑痉挛等异常症状，严重者会继发眼部感染。另外，在剪睫毛的过程中，如果宝宝的眼睑眨动或者头部摆动都可能造成外伤，这些会给宝宝带来不必要的痛苦。所以，家长千万不能用这种方法实现自己希望宝宝更美的心愿。

细节59 给新生儿换尿布

传统的换尿布法：一手将宝宝屁股轻轻托起，一手撤出尿湿的尿布，换上干尿布后将尿布扎在宝宝腰间的松紧带上。扎尿布的松紧带不宜过紧或过松，过紧不仅有碍宝宝活动，也影响宝宝的呼吸；过松粪便会外溢污染周围。

现代换尿布新招：将宝宝洗干净后，将干净的尿布叠成三角形放在宝宝的身体下面，尿布的底边放在宝宝的腰部，然后将尿布下面的一个角从宝宝两腿之间向上兜至脐部，再将两边的两个角从身体的两侧兜过来，最后再用别针将尿布的三个角固定在一起，这样宝宝就像穿了条三角小内裤。

如果是男孩，把尿布多叠几层放在阴茎前面；如果是女孩，则可以在屁股下面多叠几层尿布，以增加特殊部位的吸湿性。另外，不宜将塑料布包裹在尿布外面，否则易发生红臀和尿布疹。尿布要经常更换。

育儿小百科：怎样预防佝偻病

佝偻病是由于维生素D不足引起的一种慢性营养性缺乏病，主要见于3岁以下婴幼儿。本病在我国发病率高，尤其是在北方地区。

孕妇和乳母应多晒太阳，饮食中应含有丰富的维生素D、钙、磷和蛋白质等营养物质。多食海鲜、虾皮、豆制品等高钙食物。妊娠晚期可以补充维生素D和钙剂。

新生儿期提倡母乳喂养，对于早产儿、双胎儿、人工喂养儿或冬季出生儿可以进行药物预防。足月儿每天需要维生素D 400~800国际单位（鱼肝油5滴左右，贝特令1丸），可在生后第二个月服用，早产儿加倍，提前半个月服用，可直接滴入嘴里或放在牛奶中喂服。另外，可服一些钙粉或钙片，每日服用钙量不超过500毫克。

细节60 新生儿的户外活动

一般来说，未满月的新生儿不必到户外去，可以打开窗户让新鲜空气进来。如果天气非常暖和，也可以将其抱出去散步5分钟左右。

户外活动春秋季最好，冬天要在无风或风很小的时候进行，夏天要在阳光不太强的树阴下活动，但不要隔着玻璃晒太阳，因为紫外线大多不能穿透玻璃，这样起不到晒太阳的作用。

细节61 新生儿按摩

新生儿按摩可以促进母子交流，增加新生儿体重，有利于新生儿身体健康和发育，同时可以减少新生儿哭闹，增加睡眠。

新生儿的注意力不能长时间集中，因此，每个按摩动作不要重复太多。按摩时间应选择在新生儿不太饥饿或者不烦躁的时候，最好在婴儿沐浴后或在给婴儿穿衣服前进行。按摩前短时间的准备也很重要，可以放一些柔和的音乐以帮助放松，使婴儿感到更加舒适。按摩前要先温暖双手，倒一些婴儿润肤油或爽身粉于手掌心，然后轻轻地在婴儿肌肤上滑动，开始时轻轻按摩，逐渐增加压力，宝宝慢慢地就适应了。

按摩没有固定的模式，可以不断地调整，以适应婴儿需要，对于新生儿，每次按摩10分钟即可；对于大一点的婴儿，可以延长时间至20分钟左右。

新生儿按摩手法

头部：用双手拇指从前额中央向两侧滑动；用双手拇指从下颏中央向外侧、向上滑动；两手掌面从前额发际向上、后滑动，至后、下发际，并停止于两耳后乳突处，轻轻按压。

胸部：两手分别从胸部的外下侧向对侧的外上侧滑动。

腹部：左手扶在宝宝右大腿处，右手自宝宝肚脐的右上方按照顺时针方向滑动；右手扶在宝宝左大腿处，左手自宝宝肚脐的左上方按逆时针方向滑动。

四肢：双手抓住上肢近端，边挤边滑向远端，并揉搓大肌肉群及关节。下肢与上肢相同。

手足：两手拇指指腹从手掌面跟侧依次推向指侧，并提捏各手关节，足与手相同。

背部：婴儿呈俯卧位，两手掌分别由背部中央向两侧滑动。

细节62 面部及皮肤的护理

宝宝的皮肤同其他器官的组织一样尚未发育完全，不具备成人皮肤的许多功能。因此，父母在照料时一定要细心，稍有不慎，便会惹出不少麻烦。

面部护理

宝宝的皮肤会因气候干燥缺水而受到伤害，可以在宝宝洗脸之后，擦上婴儿护肤品，形成保护膜。

宝宝嘴唇干裂时，要先用湿热的小毛巾敷在嘴唇上，让嘴唇充分吸收水分，然后涂抹润唇油，同时要注意让宝宝多喝水。

宝宝经常流口水及吐奶，应准备柔软的毛巾，替宝宝擦净面颊，秋冬时更应及时涂抹润肤膏防止皮肤皲裂。

宝宝睡觉后眼屎分泌物较多，有时会出现眼角发红的状况，所以每天最好用湿药棉替宝宝洗眼角。

宝宝的鼻腔分泌物易塞住鼻孔而影响呼吸，可用湿棉签轻轻卷出分泌物。

身体皮肤护理

父母要注意保持宝宝皮肤的清洁。秋冬季节要防止皮肤皲裂受损，可在宝宝皮肤上涂抹润肤油或润肤露；夏季要预防和治疗痱子，可涂抹爽身粉或宝宝金水等，同时还要保持房间的通风和凉爽。

不论宝宝的脐带是否脱落，都应在每天洗澡后清洁脐部，用消毒棉签蘸75%的医用酒精，从脐部的中央按顺时针方向慢慢向外轻抹，抹去污物、血痂，保持脐部干爽和清洁，重复3次，更换3次棉签。当脐部红肿或有脓性分泌物出现时，应立即去医院就诊。

宝宝的臀部非常娇嫩，应勤洗勤换尿布，更换尿布时要用婴儿柔润湿纸巾清洁臀部残留的尿渍、粪渍，然后涂上婴儿护臀霜。

若宝宝经常出汗，应常备柔软的毛巾为他擦干身体，以防着凉，并经常更换棉质内衣，还应坚持每天给宝宝洗澡。

细节63 保护好宝宝的头发

爸爸妈妈都很关心宝宝的头发，担心宝宝头发太少了、变黄了，不知道怎么清洗、怎么打理。在日常生活中，正确地护理宝宝的头发也是重要的环节。

给宝宝洗头的方法

洗头的方法：把宝宝的头部放在你的一只手上，背部靠在你的前臂上，同时把宝宝的腿藏在你的肘部，用手掌扶住其头部置于温水盆上。另一只手涂抹洗发水并轻轻按摩头皮，千万不要搓揉头发，以免头发缠在一起，然后用清水冲洗干净，最后用干热毛巾将头发轻轻吸干。很多宝宝不喜欢洗头，每次洗头都会哭闹。所以，给宝宝洗头时，父母可以给予适当的情感安慰，来消除宝宝的紧张感和恐惧感。抱着宝宝洗头时，妈妈可以尽量贴近宝宝；不要把宝宝的头部过分倒悬，稍微倾斜一点即可；洗头的同时，可以轻轻地和宝宝说：“宝宝乖，现在妈妈给你洗头，妈妈在身边……”等类似的话，以增加宝宝的安全感，待宝宝适应后就不再哭闹了。

洗头时的注意事项：水温应保持在37℃～38℃；应选用宝宝专用的洗发水；用棉花塞住宝宝的耳朵，防止水溅入；不要用手指抠挠宝宝的头皮，应用整个手掌轻轻按摩头皮；不能剥掉宝宝头上的皮脂痂，可在前一天先在头部涂适量的油，24小时后头痂会自行软化浮起，洗头时就很容易脱落洗掉了。

洗头的次数：给宝宝洗发尽可能勤快些，由于宝宝生长发育速度极快，新陈代谢非常旺盛。因此，最好经常给宝宝洗头发。

理发

宝宝的颅骨柔软，发丝细柔，理发推子使用不慎容易损伤头发，诱发感染，所以出生3个月内的宝宝最好不要理发。

梳理头发

经常给宝宝梳头发能够刺激头皮，促进局部的血液循环，有助于头发的生长。不过最好选用橡胶梳子，因为它既有弹性又很柔软，不容易损伤宝宝稚嫩的头皮。父母若有时间，也可以给宝宝做头部按摩，但动作一定要轻。

细节64 新生儿指甲的修剪

很多宝宝都不喜欢剪指甲，剪指甲时往往很不配合，让父母无从下手。父母应该掌握好时机和技巧，给宝宝剪指甲时最好使用专用的指甲钳，以免无意中伤到宝宝。

勤剪指甲

宝宝的小手整天东摸西摸闲不住，指甲缝就成了细菌、病毒藏身的大本营。由于大多数宝宝往往又爱吮吸手指，这样就很容易把细菌、病毒吃到肚子里，从而引起腹泻或肠道寄生虫。另外，如果宝宝的指甲太长，还容易抓伤自己，引起炎症。因此，父母一定要经常或定期给宝宝剪指甲。

剪指甲的技巧和方法

剪指甲的姿势有两种。一种是可以让宝宝平躺在床上，父母支撑靠在床边，握住宝宝靠近父母这边的小手，最好是同向、同角度，这样不容易剪得过深而伤到宝宝；另一种是父母坐着，把宝宝抱在身上，使其背靠着父母，然后也是同方向地握住宝宝的一只小手。握着宝宝的手时，分开他的五指，捏住其中一个指头剪，剪好一个换一个。最好不要同时抓住一排指甲剪，以免宝宝突然挥动整个小手而误伤其他手指。

避免给宝宝剪出“嵌甲”

父母在给宝宝修剪指甲时，指甲两侧的角不能剪得太深，否则长出来的指甲容易嵌入软组织内，成为“嵌甲”。嵌甲会损伤指甲周围的皮肤，造成皮下组织化脓性感染，从而引发甲沟炎或其他炎症。

修剪顺序应该是，先剪中间再剪两头。因为这样比较容易掌握修剪的长度，避免把边角剪得过深。剪完后，仔细检查一下是否有尖角，务必要剪得圆滑，以免尖角长长后成为抓伤宝宝的“凶器”。

对于一些藏在指甲里的污垢，最好在修剪后用清水洗的方式来清理，不宜使用坚硬物来挑。

如果不慎伤了宝宝，应立刻用消毒纱布或棉球止血，然后涂上消炎药膏即可。

选择最佳剪甲时机

最好在宝宝熟睡时修剪指甲，此时宝宝对外界敏感度大大降低，可以放心进行修剪；还可以在宝宝吃奶时进行，因为此时宝宝的注意力全部集中在吃奶上。需要注意的是，尽量不要在宝宝情绪不佳时强行剪指甲，以免使其产生反感或抵触情绪，甚至伤到宝宝。

细节65 培养良好的睡眠习惯

睡眠占宝宝生活的大部分时间，可以说这一时期宝宝的主要任务就是睡觉。父母应了解睡眠对于宝宝生长发育的重要性，从小就培养宝宝良好的睡眠习惯。

了解宝宝的睡眠规律

新生儿睡觉时常出现下列情形：嘴角上翘，有时皱眉，有时眼球来回转动，眼睛时闭时睁，嘴一张一合在吸吮着，面部表情十分丰富，四肢有时也会活动。这时千万别以为宝宝已经醒了，其实这只是他的大脑还醒着的缘故，所以，上述情况属于正常现象。这些动作未通过大脑皮层的指令，是大脑皮层下的中枢活动所致。

正常人睡眠时有浅睡和深睡两种状态，新生儿的浅睡眠占睡眠总时间的2/3，而成人则为1/5。上面所说的新生儿睡眠中出现的各种表情是浅睡眠的表现，而深睡眠（熟睡）则是呼吸均匀，脉搏次数减少，很安静，没有那么多动作，又称静态睡眠。

让宝宝有安全感

想要让宝宝独自睡觉，首先要为宝宝建立安全感的睡眠环境。新生宝宝可能会由于周围环境的变化而产生不安情绪，所以最重要的是让宝宝听见父母的声音，使他清楚地知道父母就在附近。而对于宝宝在白天的情绪反应，也要有所反应，让宝宝知道父母是可以完全相信的。

睡眠姿势

新生儿出生时保持着胎内姿势，四肢仍屈曲，为使其在阴道内咽进的水和黏液流出，生后24小时以内要采取低侧卧位。侧卧位睡眠对重要器官既无过分的压迫，又有利于肌肉的放松，万一宝宝溢乳也不至于呛入气管，是一种应该提倡的睡眠姿势。但是新生宝宝的头颅骨缝还未完全闭合，如果经常朝同一个方向睡，可能会引起头颅变形。如长期仰卧会使宝宝头型扁平，长期侧卧会使宝宝头型歪偏，这些都会影响宝宝的外观仪表。正确的做法是经常为宝宝翻身，变换体位，更换睡眠姿势。吃奶后不要仰卧，要侧卧，以减少吐奶。左右侧卧时要当心不要把宝宝耳郭压向前方，否则耳郭经常受压容易变形。

舒适的环境

舒适的环境是宝宝睡得香甜的前提。首先是被褥要清洁、舒适，薄厚要适合季节的特点。新生儿的睡衣应选择纯棉、柔软、宽松的睡袍，长度要长过脚面，以保证宝宝手足的温暖，但以不出汗为宜。室内空气应新鲜、流畅，但不要让风直接吹向宝宝。宝宝睡觉时应拉上窗帘，关上大灯，不要让室内光线太亮，以免因光线太强而影响宝宝睡眠。应适当减轻周围的声响，但也不必寂静无声，以免宝宝对声音过于敏感，稍有响动便立即惊醒。

查明宝宝睡眠不稳的原因

如果宝宝入睡不深，时睡时醒，应细查原因。首先，确定宝宝有无疾病如发热、腹泻，皮肤有无创伤等。其次，看一下尿布是否湿了，母亲的乳汁是否充足，宝宝是否饥饿。此外，周围的环境也不可忽视，气温过低或过高都会影响睡眠。

了解宝宝的睡眠规律

要了解宝宝的睡眠规律，但不要过多地打搅他。当宝宝在睡眠周期之间醒来时，不要立刻抱起、哄、拍或玩耍，这样很容易让宝宝形成每夜必醒的毛病。如果不是喂奶时间，则不要开灯，可轻拍宝宝或轻唱催眠曲，让夜醒的宝宝尽快入睡。3～4个月的宝宝，夜间可不用再喂奶了。所以切不可宝宝一醒就喂奶，以免养成宝宝夜间多次醒来和含奶睡觉的习惯。

建立一套睡前模式

给宝宝洗个热水澡，换上睡衣，然后喂奶。吃完奶后不要马上入睡，应待半小时左右，其间可拍嗝，顺便与宝宝说说话，念1～2首儿歌，把一次尿，然后播放固定的催眠曲（可用胎教时听过的音乐）。关灯以后就不要再去打扰宝宝了。

调整白天的睡眠时间

试着限制宝宝白天的睡眠时间，以1次不超过3小时为宜。弄醒宝宝的办法包括打开衣被换尿布、触摸皮肤、挠脚心、抱起说话等。白天父母可以有规律地带宝宝外出玩耍使他适度疲劳，但不可过分减少宝宝的睡眠时间，让宝宝过于疲劳。如果一时间难以纠正，也不要太着急，几周以后就会好的。

让宝宝自己入睡

在宝宝入睡之前，父母最好不要抱着宝宝又拍又摇或让宝宝含着乳头入睡，这样入睡的宝宝很难养成自动入睡的习惯。而学会了自己入睡的宝宝夜间醒来后能继续自然入睡，进入下一个睡眠周期。但如果宝宝养成了需要哄着或含着奶头才能入睡的习惯，夜间醒来也会要求同样的方式，一旦不能满足他的需求，就会哭闹不休。

避免夜醒、夜间多次吃奶的办法

白天让宝宝吃饱、玩好。夜哭时不要开灯，也不要立刻抱起或喂奶，可以用其他安抚办法拖延一段时间，如把手放在宝宝身上，轻拍、抚摸、搂抱一会儿或轻哼催眠曲、换换尿布等。若半小时后宝宝仍哭闹不止，这时再给他喂奶。这样一天一天地将时间拉长，吃奶次数就会越来越少，从而逐渐过渡到整夜只吃一次奶，直至停止。

细节66 预防宝宝眼睛斜视

许多宝宝由于种种原因，眼睛无法相互配合成组运动，即两只眼睛无法同时注视同一物体，这种情况被称为“斜视”，属于宝宝最常见的眼疾之一。有的斜视是先天性的，因为宝宝的眼球发育还没有成熟，直径很短，缺乏用双眼注视物体的能力，这样就会出现暂时性的两眼斜视。有的则是后天形成的，多半是由于抚养方法不当引起的，所以，父母应该积极采取预防措施，避免宝宝出现斜视。

经常变换宝宝躺着的姿势

父母要注意变换宝宝睡眠的体位，有时向左有时向右，这样可以使光线投射的方向改变，宝宝的眼球就不会经常只转向一侧，从而避免斜视。

增加宝宝眼球转动的频率

将宝宝放在小床上的时间不能太长，父母应时不时地将宝宝抱起来，走动走动，使宝宝能够看到周围的事物，产生好奇心，从而增加眼球的转动，增加眼肌和神经的协调能力，避免产生斜视。

多角度地悬挂玩具

在宝宝的小床上悬挂彩色玩具时不能挂得太低，应在40厘米以上，而且不应在一个方向悬挂，避免宝宝因长时间注意一个点而发生斜视。

斜视简易测试法

如果父母发现宝宝有时有斜视的状况，可以在家里进行一项简单的测试：准备一把手电筒，在光线较暗的地方让宝宝仰卧，然后在距双眼大约50厘米的正前方用小手电筒照射双眼。如果光点同时落在宝宝的瞳孔中央，说明没有斜视或者是假性斜视；如果光点一个落在瞳孔中央，另一个落在瞳孔的内侧或外侧，说明宝宝有斜视，应该及时去医院治疗。

斜视应早治疗

很多父母会有一种错误的观点，认为斜视只是影响宝宝的外貌，等他长大以后自然就会好的。其实这是错误的，父母一旦发现宝宝患有斜视应该及早诊治，帮助宝宝纠正眼位、提高视力，为他提供良好的发育条件。反之，如果错过了最佳的治疗期就会造成弱视，宝宝正常的视觉功能就不能完全恢复了。

细节67 新生儿的早期教育

心理学家认为，儿童的潜在能力遵循着一种递减规律。生下来具有100分潜在能力的儿童，在出生后就进行教育，可成为具有100分能力的人；如果5岁开始教育，只能成为有80分能力的人；如果10岁开始教育，只能成为有60分能力的人。教育越晚，儿童生来具有的潜在能力越难以发挥。

周岁以内的婴儿身心发展最快，也蕴含着巨大的发展潜能。1~3个月，训练重点是在充分利用先天性条件反射的同时，建立后天的条件反射，且越多越好，如定时喂奶、自然入睡等。训练宝宝的感觉器官，让宝宝听各种声音，看鲜艳的物品。发展宝宝的运动功能，练习俯卧、抬头、抓握东西，做婴儿体操。

细节68 不可忽视的情感交流

交流是自然的真情流露，对父母和宝宝来说都是一种心灵的需要。宝宝出生后随着大脑的迅速发育以及与外界的广泛接触，不仅身体在长大，精神活动也开始萌芽。宝宝的行为和感情的发育需要父母共同来关怀和引导，所以父母要学会用心教育自己的宝宝，用自己的爱心与耐心与宝宝进行情感交流，进行早期智力开发和行为锻炼，以利于培育出聪明和健康的宝宝。

和宝宝肌肤相亲

哺乳时，妈妈应尽量与宝宝肌肤相亲，使宝宝感受到妈妈的怀抱是他最安全的场所。这时宝宝会安静地享受这种依恋，并形成早期记忆。

温柔地抚摸宝宝是一种爱的交流。父母可以轻轻抚摸宝宝的小手，在传递爱意的同时还能让宝宝感受到皮肤的触觉，有利于宝宝的抓握反射，提高其灵敏度。

妈妈和宝宝多说悄悄话

妈妈每次给宝宝喂奶、换尿布、洗澡时，都可以利用这些时机与宝宝谈话。如“宝宝吃奶了”、“宝宝乖”等，以此传递母亲的声音，增进母子间的交流。虽然宝宝不会说话，但他们天生就具有听觉能力，能感知到妈妈的语言。

用丰富的表情刺激宝宝

宝宝出生后，对人脸表现出明显的兴趣，如果父母的脸在宝宝的视线范围内出现，他就会饶有兴趣地注视。而且宝宝天生具有模仿能力，如果父母对着他微笑，他也会露出浅浅的微笑来回应。虽然新生宝宝的微笑可能不太明显，只是嘴角稍微抽动一下，但这就是他和父母交流的一种方式。这种交流能够促进宝宝模仿能力的提高。

注重爸爸和宝宝之间的交流

在与宝宝的交流中，千万不要忽视爸爸的作用。爸爸和宝宝的交流风格常常不同于妈妈，妈妈可能更多的是使用语言、温柔地抚摸和宝宝进行交流，爸爸则更爱在玩耍中与宝宝交流。爸爸的拥抱能使宝宝感受到爸爸有力的臂膀是他安全的港湾；爸爸用带有胡楂的脸轻轻地亲亲宝宝，会让他感受到不一样的皮肤触觉；爸爸的幽默风趣通常能赢得宝宝的欢笑，惊人的感情共鸣会渗透在爸爸与孩子之间。

细节69 游泳有助于促进宝宝身心的发育

婴儿游泳能有效地促进脑细胞的发育，可以为提高婴儿未来的智商、情商打下了良好的基础。同时游泳还能提高免疫力，增加肺活量，减少呼吸道感染。宝宝游泳后吃得饱、睡得香、营养吸收更好，身高和体重增长快。坚持一段时间游泳的宝宝和不进行游泳的同龄宝宝相比，游泳的宝宝明显地显得健康、活泼。

足月正常分娩的剖宫产儿、顺产儿，一般在产后当天就可以开始游泳了。游泳前要给宝宝使用防水护脐贴保护脐部干燥，还要对游泳圈进行安全检查。在新生儿颈部套上特制的游泳圈后，将其放进水温37℃～37.5℃的特制游泳池内。注意，室温要控制在28℃左右。

一般新生儿游泳以10分钟左右为宜，时间太长容易疲劳。游泳后，应取下防水护脐贴，用安尔碘消毒液或75%的酒精消毒脐部两次，并用一次性护脐带进行包扎。

新生儿游泳不是简单的体育活动，必须到儿保、妇保等专业婴幼儿游泳馆由专业人士进行正确指导，而且早产儿、低体重儿、出生阿普加（Apgar）评分低于8分的新生儿不宜游泳，有皮肤破损或有感染的新生儿也不宜游泳。

细节70 新生儿视力的发展

为了发展新生儿的视力，首先可以吸引宝宝注意灯光，进行视觉的刺激，然后让宝宝的眼睛跟踪有色彩或者发亮和移动的物体。周围可见的刺激物越多，越能丰富新生儿的经验，促进其心理的发展。

视力分辨与记忆：在宝宝卧位的上方，挂一些红色、绿色或能发出响声的玩具。触动这些玩具，能引起宝宝的兴趣，使其视力集中到这些玩具上。每次几分钟，每日数次。边说话边逗笑以缓解疲劳，使这种视力分辨与记忆训练成为快乐的活动。

视听定向：在距宝宝眼睛20～25厘米处，将彩色带响声的玩具边摇边缓慢移动，宝宝的视线会随玩具移动；和宝宝面对面，待宝宝看清你的脸后，边呼喊宝宝名字，边移动脸，宝宝会随着你的脸和声音移动。

追视：将宝宝放在清洁、明亮、空气新鲜的环境中（当然光线不能太强），并经常在其视线内走动，让孩子看到亲人的陪伴，同时对宝宝说话和微笑，使他注视你，并让他的视线追随你移动的方向。

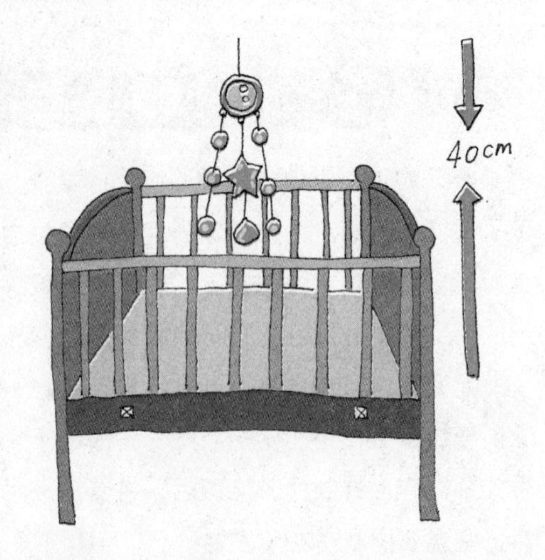

熟悉环境：新生儿出生半个月后，每天可将其竖抱片刻，使他能看到房间内各种形态的物品，并向他介绍周围景物。这样能够训练宝宝的注意力，并能够使宝宝对自己生活的环境感觉熟悉。

细节71 新生儿听觉的训练

听觉的发育十分重要，它直接影响到宝宝语言的发展。新生儿不仅具有听力，还具有声音的定向能力，能够分辨出发出声音的地方。当父母和孩子说话时，他会高兴地看着父母，眼睛和头会不时地跟着动，脸上还会出现非常愉快的表情。所以，父母应给宝宝提供适当的听觉刺激，以促进其听觉和发音器官的发育和健全。

新生儿出生后，很快便可以利用其在胎儿期积累起来的经验，去探索周围丰富多变的声音世界。一般是出生后几分钟就有听觉反应；出生后2～3天就能对不同的声音建立起条件反射；5天就能辨别声音的位置，而且表现出对声音集中的现象，即听见声音就能完全停止他正在进行的动作。为了发展新生儿的听力，可以通过听音乐来训练宝宝的听觉、乐感和注意力，陶冶宝宝的性情。妈妈可以在给宝宝喂奶时放一段旋律优美、节奏舒缓的乐曲，也可以经常与新生儿进行交谈，为其创造一个训练听力和语言能力的好机会，并通过这种交谈方式进行母子感情的交流。

让宝宝学着欣赏音乐

人的左脑负责管理逻辑和语言，而右脑是感受音乐的脑组织。在宝宝学会说话之前，优美健康的音乐能不失时机地为宝宝右脑的发育增加特殊的“营养”。

最好选择优美、轻柔、明快的音乐，比如中外古典音乐、现代轻音乐和描写儿童生活的音乐，这些都是训练宝宝听觉能力的好素材。最好每天固定一个时间，播放一首乐曲，每次5～10分钟为宜。播放时先将音量调到最小，然后逐渐增大音量，直到比正常说话的音量稍大一点即可。

用有声音的玩具刺激听觉

父母可以用有声音的玩具对宝宝进行听觉能力训练，这样的玩具品种很多，如各种音乐盒、摇铃、拨浪鼓、各种形状的吹塑捏响玩具，以及能拉响的手风琴等。在宝宝醒着的时候，父母可以在宝宝耳边轻轻摇动玩具，使其发出响声，引导宝宝转头寻找声源。在进行听觉训练时，需注意声音要柔和、动听，不要持续很长时间，否则宝宝会失去兴趣而不予配合。

细节72 新生儿触觉的训练

新生儿最敏感的部位是皮肤，如果用手轻摸宝宝的脸，他会转动头部，寻找刺激源。通过触觉的训练，可以扩大宝宝认识事物的能力。父母可以把粗细、软硬、轻重不同的物体以及圆、长、方、扁等不同形状的物体拿给宝宝触摸，还可以让宝宝体验冷热等温度的感觉，让宝宝碰一碰那些没有危险的物体。这样通过多听、多看、多触摸，在日常生活中发展宝宝的智力和生活能力。

细节73 训练宝宝的注视能力

新生儿具有活跃的视觉能力，能够看到周围的东西，甚至能够记住复杂的图形，分辨不同人的脸型。因此父母可以趁宝宝醒着的时候，帮助宝宝发展视觉功能。

看红光

准备一个手电筒，外面包一块红布，在距离宝宝约20厘米处上下左右慢慢移动手电筒，速度以每秒移动3厘米左右为宜，大约每分钟摇动12次，每次距离为30~40厘米，让宝宝的目光追随和捕捉红光，从而训练宝宝的目光固定及眼球的协调能力。这种训练每天1次，每次进行1分钟。

看图片

黑白图形对新生儿最有刺激性，一般宝宝最喜欢的就是模拟妈妈脸的黑白挂图，也喜欢看条纹、波纹、棋盘等图形。挂图可放在床栏杆左右侧距宝宝眼睛20厘米处，每隔3~4天应换一幅图。父母可观察宝宝注视新画

适合新生儿的玩具

父母可以为新生儿准备一些色彩鲜艳夺目的玩具，以吸引宝宝的注意力，并进一步引导他伸手去触摸这些玩具，这样能够促使宝宝肌肉伸展。还可以考虑购买能挂在床边的带音乐的娃娃或小动物造型的玩具。要注意，玩具要经常换位置，免得宝宝因长时间向一个点凝视而引起一些生理上的小问题。

的时间，一般宝宝对新奇的东西注视的时间比较长，对熟悉的图画注视的时间比较短。

看红色毛绒球

给新生儿看红色毛绒球时，一般是在距离宝宝15～20厘米处，慢慢抖动红球，以引起宝宝的注意，然后再慢慢移动红球，让宝宝追视，这种方法可以训练宝宝的注意力。

看玩具

在宝宝的房间悬挂一些能发出悦耳声音的彩色旋转玩具，让宝宝看和听。悬挂的玩具品种可多样化，悬挂高度为30厘米左右，同时要经常更换玩具和位置。当宝宝醒来时，父母可把他竖起来抱抱，让宝宝看看墙上的玩具，同时告诉他这些玩具的名称。

细节74 发展宝宝的感觉功能

味觉、嗅觉和触觉是宝宝感知觉体系中必不可少的组成部分，是宝宝认识外界事物、探索世界奥秘的重要途径。因此，父母要重视发展宝宝的感觉功能。

味觉训练

虽然新生儿只能吃奶，但是酸、甜、苦、辣、咸和各种怪味还是应当让他尝尝。父母可以用筷子蘸各种菜汤给宝宝尝，如酸辣汤、苦瓜汤和各种蔬菜汁等，这样宝宝的味觉就会丰富而灵敏起来，对促进宝宝认知能力的发展是极有好处的。

嗅觉训练

新生儿期，宝宝能对各种气味做出不同的反应。比如，让宝宝嗅到刺激难闻的气味，他会做出打喷嚏、皱眉、摆头等动作；若闻到咸味、酸味，他会表现出皱眉、闭眼、不安的神情，甚至会出现恶心或呕吐的反应；当宝宝闻到妈妈身上的奶味时，会做出舔嘴的动作，脸上呈现出愉快的表情。自然界和生活中的气味是很丰富的，可以让宝宝多闻一闻各种各样的、无害的气味，以促进其嗅觉的发展。

触觉训练

新生儿全身肌肤都有灵敏的触觉能力，有舒适、冷热、疼痛等各种感觉。所以父母应用各种方法刺激宝宝的触觉，以促进宝宝心智的发展。

喂奶时可以将奶头或奶嘴在宝宝嘴边晃动，让他主动寻找奶水，以锻炼宝宝主动探求事物的能力。喂完奶或醒来时，父母要经常抚摸宝宝的头、四肢及身体其他部位。让宝宝的手握住大人的食指，大人用手指勾拉宝宝的手掌，以训练宝宝手掌的抓握能力。经常按摩宝宝的四指、手掌和手背，用力勾拉宝宝的手指，让宝宝手掌充分活动。

细节75 新生儿语言训练

宝宝一生下来就应该注意训练其语言能力，父母要有意地在不同的场合、不同的时间对宝宝进行语言训练。在宝宝睡醒、吃奶、玩耍、做游戏、被爱抚时要和宝宝说话。

逗笑：宝宝在快乐的情绪中，各感官（眼、耳、口、鼻、舌、身等）最灵敏，接受能力也很好。大人逗乐是一种外界刺激，婴儿以笑来回答是他学习的第一个条件反射，这种微笑与他在睡觉时脸部肌肉收缩的笑不同。美国的伊林沃夫认为：越早出现逗笑的婴儿越聪明。

回声引导发音：在宝宝啼哭时，父母如果发出与宝宝哭声相同的声音，宝宝就会试着再发声，几次回声对答后，宝宝一般会喜欢上这种游戏似的叫声，并且逐渐学会了叫而不是哭。这时父母可以把口张大一点，用“啊”来代替哭声诱导宝宝对答，渐渐地宝宝发出第一个元音。如果宝宝无意中出现另一个元音，无论是“噢”或“咿”，都应以肯定、赞扬的语气用回声给予巩固强化。

细节76 对新生儿进行大动作能力训练

竖抱抬头：喂奶后，将宝宝竖直抱起，让他的头部靠在父母肩上，轻拍几下背部，使其打个嗝以防吐奶。然后不要扶住头部，让头部自然立直片刻。每日4~5次，以促进其颈部肌肉张力的发展。

俯腹抬头：宝宝空腹时，将他放在妈妈（或爸爸）胸腹前，并使宝宝自然地俯卧在妈妈（或爸爸）的腹部，把双手放在宝宝背部轻轻按摩，逗引宝宝抬头，宝宝不但能抬头，而且十分高兴父母抓他的足心。

俯卧抬头：两次喂奶中间，让宝宝俯卧，抚摩宝宝背部，用摇铃逗引宝宝抬头并左右侧转动。抬头运动可以促进宝宝颈部肌肉张力的发展，使宝宝扩大视野，智力得到开发。

体操运动：体操运动能让宝宝感到舒适，并能使宝宝的皮肤得到良好的触觉刺激，促进宝宝大脑的发育。宝宝清醒状态时，将宝宝置于铺好垫子的硬板床上，双手轻轻握住宝宝的手或脚，和着音乐节拍做四肢运动。如果宝宝紧张、烦躁，可暂缓做操，改为皮肤按摩，使之适应。

练“走路”：走路运动可使宝宝提早学会走路，促进脑的成熟和智力发展。做完体操后，托住宝宝的腋下，用两个大拇指控制好头部，让其光脚板接触硬的床面或桌面，宝宝会做出踏步的动作。

细节77 对新生儿进行精细动作能力训练

手的运动：把宝宝平放在床上，让他自由挥动拳头，看自己的手，玩手，吸吮手。

抓握训练：轻轻抚摩宝宝的双手，按摩手指，不断引起抓握反射，输入刺激信息。当你用手指（或细棒）接触宝宝的手掌时，他的小手能握住不放。

手不仅是动作器官，而且是智慧的来源。多动手大脑才能聪明，切不可因为害怕宝宝抓脸便给他戴上手套，或将宝宝的小手捆起来不让动。爸爸妈妈应当为宝宝创造条件，在其不同生长发育阶段，让他充分地去抓、握、拍、打、敲、叩、击打、挖、画……使孩子心灵手巧。

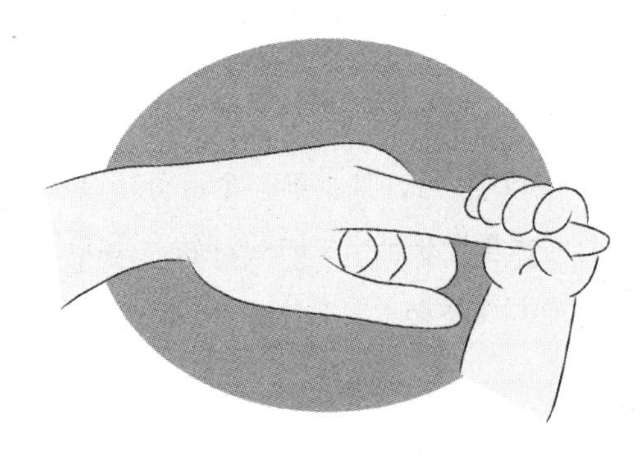

第二章 1~3个月的育儿细节

细节1 1~3个月婴儿的生长发育特征

通常将婴儿出生后28天起到1周岁的这段时期称婴儿期，这是宝宝出生后生长发育最迅速的时期。身长在1年中增加50%，体重增加2倍；脑发育也很快，1周岁时已开始学会走，能主动接触周围事物，并能听懂一些话和有意识地发几个音。这一阶段宝宝生长迅速较快，对营养素的需要量相对较大，但由于其消化吸收功能尚不够完善，容易发生消化吸收功能紊乱和营养不良；而且后半年由于经胎盘所获得的母体的免疫球蛋白逐渐消失，容易患感染性疾病。

对此阶段宝宝的喂养、护理、疾病预防、早期教育、智能开发是保证宝宝健康生长的关键。

细节2 1~3个月婴儿的体重、身长、头围和胸围

婴儿出生后头3个月是生长发育最旺盛的时期。宝宝体重增长是不等速的，年龄愈小，增长越快，生后头3个月是体重增长的第一个高峰，头3个月体重增长700～800克/月，其中第一个月可超过1000克，一般每天体重增长30～40克，3个月时体重增长至出生时的2倍，约6000克。出生时身长约为50厘米，至满2个月时约为60厘米。

正常男婴2个月时发育标准	身长平均为59.6厘米，体重平均为5.59千克，头围为37.4厘米，胸围为35.7厘米。
正常男婴3个月时发育标准	身长平均为62.3厘米，体重平均为6.27千克，头围为38.8厘米，胸围为38.2厘米。
正常女婴2个月时发育标准	身长平均为58.4厘米，体重平均为5.49千克，头围为36.3厘米，胸围为35.1厘米。
正常女婴3个月时发育标准	身长平均为60.9厘米，体重平均为6.23千克，头围为37.8厘米，胸围为37.3厘米。

细节3 1个月婴儿的视觉和听觉

1个月的婴儿已经有视觉集中的表现，能够注视大人的脸和鲜艳明亮的物体。开始能头眼协调，头可跟随移动的物体在水平方向转动。有初步的颜色分辨能力，可区分白色和红色。但视觉距离很近，最佳视距为25厘米左右。听觉有了发展，对听到的声音能做出反应，对突如其来的响声会表现出惊恐。

细节4 2个月婴儿的视觉和听觉

2个月的婴儿视觉集中现象越来越明显和频繁，特别喜欢集中看活动的物体和大人的脸，并能跟随追踪物体。正常婴儿1个半月到2个半月会有眨眼反射，将手掌慢慢逼近他眼前时，他就会眨眼。听觉渐渐加强，能辨别声音的方向，能安静地听较快或柔和的音乐，并表现出愉快的情绪，喜欢大人和他说话，对噪音表示不快。

细节5 3个月婴儿的视觉和听觉

3个月的婴儿视觉功能比较完善，头眼协调较好，视线能跟随鲜明的物体移动，逐渐能够集中看距离较远的带有声音、色彩鲜艳、活动的物体，最远视觉距离逐步达到4～7米。常注视自己的小手。听觉也有了明显的发展，头可转向声

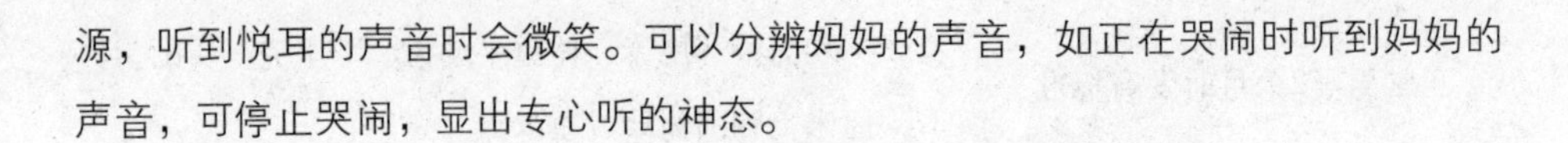

源，听到悦耳的声音时会微笑。可以分辨妈妈的声音，如正在哭闹时听到妈妈的声音，可停止哭闹，显出专心听的神态。

细节6 婴儿的运动功能

1个月的婴儿活动仍然是全身无规律的活动，头稍能转动，尝试着抬头数秒，腿脚喜欢弯曲。

2个月的婴儿竖抱时，头稍能挺直，并能随视线转动。婴儿的双手活动也很频繁、有力。经常本能地将手伸到头部，用手抓搔眼睛、耳朵，并将手伸进口中吸吮。情绪愉快时，手臂和腿能做较大幅度的舞动。

3个月的婴儿头能挺直，能更灵活地随视线转动。俯卧时能稳固地抬头。手能抓起身旁的衣被，经常把手放在嘴里，吸奶时能用手扶奶瓶。蹬腿动作比较有力，经常把腿脚举高又放下。新生儿所能见到的拥抱反射经3~4个月消失。

细节7 婴儿早期社会行为与语言发育

新生儿对大人的声音和触摸可产生反应，包括看、听，表现安静和愉快等。2~3个月时，宝宝以笑、啼哭、伸手等行为以及眼神和发声表示情绪变化。2个月的婴儿有愉快或不高兴的面部表情。3个月的婴儿，当感到愉快时可有意识地微笑，并可以发声大笑。有意识地微笑是婴儿社会行为的表现，称为“社会性”微笑，它是婴儿智能发育的重要标志，这一阶段是人生“社会化”的开始。

婴儿期是语言发育的准备阶段和开始阶段。1个月是反射性发声阶段，由于生理上的需要而做出哭喊反射。1个月后出现条件反射发声，可以用不同的声音表示不同的意思。2~3个月开始“咿呀”做语，以发声为快乐，可以发出“啊”、“咿”、“唔”等声音。

细节8 继续坚持母乳喂养

母乳是宝宝最理想的天然食品。母乳不仅营养丰富，容易被婴儿消化吸收，而且还含有多种免疫成分，所以母乳喂养的婴儿患病率较低。另外，母乳喂养经济、方便，温度适宜，不易过敏，并能加快乳母的子宫复原。所以，母乳喂养是婴儿喂养的最佳选择。一般健康母亲的乳汁分泌量常可满足4～6个月以内婴儿营养的需要。在婴儿满月前应提倡按需哺乳，以促进乳汁分泌。1个月以后的婴儿，只要母乳充足，每次吸奶量增多，吸奶的间隔时间会自然延长，此时可逐渐采取定时喂养，但时间不能规定得过于呆板，否则会造成母亲精神紧张。一般情况下，2个月以内的婴儿每隔3～4小时喂奶1次，一昼夜吃6～8次；3～4个月的婴儿每日喂6次左右；以后逐减。

细节9 母乳不足的判断

哺乳时，首先要观察婴儿吃奶情况，以此来判断母乳是否充足。若婴儿吸吮时能听到咽奶的声音，一次吃10～15分钟，而且喂哺后能安静入睡，体重增加正常，则表示奶量充足。反之，若宝宝吃吃停停，体重增长慢，则提示母乳不足。

判断母乳不足的最简便方法是给孩子称体重。出生后最初2个月内可以每周测一次体重，以后每2周或每一个月测一次。若母乳不足且婴儿体重增长很慢，就要进行混合喂养。

细节10 部分母乳喂养

母乳不足时应选用配方奶或其他代乳品加以补充，进行部分母乳喂养，又叫混合喂养。这种方式虽然比完全人工喂养好，但其长期加用奶瓶喂养容易使婴儿产生乳头错觉，而不愿吸吮母亲乳头。因此，母乳分泌量不足时，应先尽量设法增加乳汁分泌（如保证母亲营养与睡眠充足，必要时进行催乳治疗），而不应轻易改为部分母乳喂养。只有在母乳确实不足而又无法改善时，才不得不实行部分母乳喂养。一般应力争母乳喂养到4

妈妈可在早晨起床后先喂1次母乳，上午10点和下午2点喂配方奶，下班以后，在6点左右和睡觉之前喂2次母乳。但母亲上班或外出时仍应按时将乳汁挤出或用吸奶器吸空，以保持乳汁的分泌。

个月后才改为部分母乳喂养或人工喂养。

部分母乳喂养的过程一般是先喂母乳再喂牛奶（乳房的奶排空后能刺激母乳的再分泌和增加乳量）。开始时可不限制喂牛奶的量，任由婴儿吃，直到满足其食欲，然后通过观察婴儿大便情况来确定是否需要增加乳量。若母亲外出工作或白天上班无法喂奶，则可以每天喂数次配方奶代替母乳，但每天喂哺母乳不宜少于3次，否则乳母分泌会有迅速减少的可能。

细节11 人工喂养

母亲因有疾病或其他原因不能喂母乳，而全部用其他奶类或代乳品喂养婴儿，称为人工喂养。人工喂养常选用牛奶、羊奶和奶粉。目前，有多种配方的奶粉，分别适用于不同月龄的婴儿。

人工喂养的主要特点是：调整了牛奶中的某些成分，使酪蛋白、无机盐含量减少，使之适合于婴儿的消化能力和肾脏功能；添加了一些重要营养素，使其营养成分尽量接近于“人乳”，可供不同月龄婴儿选用。羊乳中叶酸含量很少，长期喂羊乳易发生巨幼红细胞贫血，所以喂羊奶粉的婴儿需添加叶酸。

细节12 人工喂养的量和次数

牛奶用量可按每日每千克体重110～120毫升计算，也可任其吸吮，以满足食欲为度。通过观察婴儿大便和体重增长情况，判断是否合适（每周体重增长150～200克即属正常）。

一般情况下，1～2个月的婴儿，每次可喂150～180毫升；2～3个月的婴儿，每次180～200毫升。

1～2个月的婴儿，每日应喂6～7次，每次喂奶的间隔，白天以3～4小时为宜，夜晚可间隔6小时左右；3个月的婴儿，每日可喂奶5次，间隔3～4小时，夜间可停喂一次，两次奶中间可喂1次水。

有的宝宝到了这个月龄会有少吃多餐的习惯，每次只吃50多毫升，过不了多久又闹着要吃。如果遇到这种情况，可在宝宝闹的时候喂些白开水，尽量使吃奶的间隔时间拉长到3～4小时。通过这种方式，一般只需2～3天就能纠正这种少吃多餐的习惯。

细节13 食具的消毒

食具被细菌污染是导致婴儿腹泻的主要原因，因此，要做好食具的消毒。婴儿用的食具，如奶瓶、奶头、水瓶、小碗、小勺等，每日都应进行消毒。

消毒方法：将奶瓶洗干净后放入锅内，锅内放入凉水，水面要盖过奶瓶，加热煮沸5分钟，用夹子夹出，盖好待用。橡皮奶头可在沸水中煮3分钟。每次用完后立即取下清洗干净，待下次用时沸水烧烫即可。

消毒完毕的食具应该妥善收放，以防二次污染。应将消毒后的食具放在清洁的地方，并用消毒巾蒙好以备用。

要定期更换奶瓶和奶嘴

奶瓶是有使用期限的，塑胶的奶瓶品质较不稳定，使用一段时间后，瓶身就会因为刷洗和氧化而出现模糊雾状及奶垢不易清除等情况，所以建议6个月左右更换一次。而奶嘴属于消耗品，长期使用后会有变硬、变质等情况，而且在清洗过程中也可能使奶嘴变大，导致宝宝喝奶时发生呛奶危险，因此建议3个月左右更换一次。

细节14 人工喂奶的方法

首先应根据宝宝的月龄和具体消化情况，按比例配制好需要的奶。奶头孔的大小以瓶内盛水倒置可连续滴出为宜；奶的温度不宜过烫，以奶汁滴在大人手臂内侧感到不冷也不过热为宜。喂奶时应先把宝宝抱起，让宝宝斜卧在大人怀里，切忌平卧时喂奶、喂水，以免奶、水呛入气管。喂奶时要使整个奶嘴充满奶液，以避免吞入空气而引起溢乳。每次喂完奶后要将宝宝竖抱起，头斜靠在大人肩上，轻轻拍其背部，使宝宝打嗝以便将吃奶时咽下的空气排出，稍后将宝宝放下并使其略右侧卧，以防止溢奶呛入气管。

给宝宝喂奶时不要让宝宝睡着了。给3个月前的宝宝喂奶，要选择在宝宝清醒、比较兴奋的时间进行，但宝宝仍常常吃着吃着就睡着了。母亲在喂奶时要注意观察宝宝的动静，如发现他吮吸无力，节奏缓慢，就应适当地活动一下宝宝。

一般是用手轻轻地揪搓耳朵，也可以改变一下抱姿，或有意将奶头从宝宝嘴中抽出等，以此唤起宝宝的兴奋，继续吃奶。如果仍不能唤醒宝宝则不必勉强，可让他安然入睡，并视其需要提前下次喂奶的时间。

细节15 辅食的添加

由于母乳中所含的维生素C、维生素D、B族维生素和铁质都比较少，不能满足婴儿生长发育的全部需要，所以哺乳期内需要及时添加各种营养素和辅食，以防止宝宝营养素缺乏。

果汁与菜汁的添加：母乳中维生素C的含量不稳定，若母亲偏食，摄入维生素C（水果、新鲜蔬菜）较少，其乳汁中的维生素C含量就会偏低。牛乳中的维生素C含量只有人乳的1/4，且于煮沸后破坏殆尽。所以，人工喂养的宝宝更容易发生维生素C缺乏。一般于出生后1～2个月开始添加新鲜果汁、菜汁，以补充维生素C。

果汁的做法：选用富含维生素C的新鲜、成熟的水果，如柑橘、草莓、西红柿、桃子等，洗净，去皮，用小刀把果肉切成小块或直接搅碎放入碗中，用汤匙背挤压出果汁，或用消毒的纱布挤出果汁，柑橘类亦可用榨汁器制作果汁。

菜汁的做法：选用鲜嫩的蔬菜，洗净，切碎，置于沸水中，稍凉后将菜汁滤出。

果汁、菜汁的喂法：开始时可用温开水将果汁稀释一倍，第一天每次只喂1汤匙，第二天每次2汤匙，第三天每次3汤匙，这样一天一天地逐渐增加，满10汤匙时就可以用奶瓶喂。等宝宝习惯后就可以用凉开水稀释，一天可喂3次，每次喂30～50毫升。喂奶前不要喂果汁或菜汁，最好在奶间或洗澡、活动后喂。

在喂养时要注意，若宝宝出现呕吐、腹泻应暂停添加，待正常后可再从少量开始添加或改变果汁的种类。在水果中，苹果、西红柿有收敛作用，可使大便变硬，柑橘、西瓜、桃子有使大便变软的功能。

宝宝大便稍稀时可添加苹果汁、西红柿汁；便秘时可喂柑橘、西瓜、桃子等果汁。因为果汁能使大便变成酸性，所以吃了果汁后大便会变绿，此时家长不必担心。

细节16 水分的补充

婴儿期新陈代谢旺盛，对水的需求量相对也较多。母乳和牛奶中虽然含有大量水分，但远远不能满足其生长发育的需要，因此，吃母乳或牛奶的宝宝都应补充水。一般情况下，宝宝每日每千克体重需水120～150毫升，应去除喂奶的量，余量一般在一日中每两顿奶之间补充水分。可给宝宝喝白开水、水果汁、蔬菜汁等，夏季可适当增加喂水次数。

细节17 营养素的补充

宝宝在半岁以内长得最快，大多数宝宝在大约4个月的时候体重就能比出生时增长1倍。身体的所有部位都生长得很快，变化越来越大。当然，宝宝对营养的需求也相应增加。为了满足宝宝生长发育的需求，宝宝的食物中应该含有足够的营养素，如蛋白质、维生素、碳水化合物和矿物质等。

维生素D和钙

无论是母乳喂养还是人工喂养的宝宝，都容易缺乏维生素和钙，因此父母需要及时给宝宝喂适量的鱼肝油和钙类产品，以补充维生素A和维生素D。婴儿从生后2周就要开始添加鱼肝油，早产儿可于生后1～2周添加。维生素D的生理需要量为400～800国际单位，采用强化维生素D配方奶喂养的婴儿可给予半量。添加时应从少量开始添加，并观察大便性状，有无腹泻发生。此外还应让宝宝多晒太阳，以促进钙的吸收。如果宝宝缺乏维生素D和钙，骨骼发育就会受到影响，易患佝偻病。

宝宝所需的热量

对于宝宝来说，热量的摄入量大约是成人的2.5～3倍。这个时期的宝宝每日所需的热量是每千克体重100～110千卡，如果每日摄取的热量超过120千卡，就有可能造成肥胖。母乳喂养的宝宝，每周可用体重计测量宝宝的体重。如果宝宝每周的体重增长超过250克，就有可能是摄入热量过多造成的；如果宝宝每周的体重增长低于100克，则有可能是摄入热量不足所致。

脂肪酸DHA和AA

良好的营养是大脑发育的物质基础。DHA和AA是大脑和视网膜的重要组成部分，DHA是二十二碳六烯酸，又称“脑黄金”；AA是花生四烯酸，两者都是长链多不饱和脂肪酸。它们是宝宝大脑生长发育所必需的营养物质，也是构成神经细胞膜且在神经细胞膜中发挥重要作用的“结构性”脂肪。饮食均衡的妈妈母乳中含有丰富的DHA和AA，可以满足宝宝的需要。但当母乳不足或妈妈因故无法进行母乳喂养时，宝宝就得从其他途径来获得DHA和AA。可以选择含有这两种成分的奶粉，如果奶粉中没有这两种物质或含量不充足，还可以加入DHA奶粉伴侣，以满足宝宝大脑发育的需要。但是DHA和AA的摄入量并不是越多越好，应该以接近母乳为原则，这样才可以使宝宝充分而安全地摄入DHA和AA。

细节18 形成有规律的喂养

宝宝有规律的吃奶、睡觉对其成长和妈妈的休息都是很有必要的，这个时期的宝宝吃奶的时间变得有规律了，妈妈就可以借机对宝宝进行规律化哺喂训练。如果宝宝醒来后规定的哺喂时间还未到，父母可以先逗他一会儿，到时间再给他哺喂，渐渐地宝宝就会有规律地醒来，按时吃奶了。

正确把握喂食规律

父母应把握宝宝正确的喂食规律，但这并不是指每隔3～4小时就必须喂1次奶，而是需要根据每个宝宝的实际情况培养良好的喂食规律。首先，喂食相隔的时间不要太长，因为宝宝体力消耗过大后，吃东西时也可能会感觉累。其次，易醒的宝宝会经常寻找乳房或奶瓶，因为他喜欢吸吮，父母可以用安抚奶嘴来代替。

根据宝宝的食量调整喂养方法

2个月的宝宝可以完全只靠吃母乳来摄取所需的营养。如果宝宝持续吸吮30分钟以上或者吃奶不到1个小时肚子又饿了，同时体重不增加，这说明母乳不足了，此时最好用人工喂养或混合营养的方法来喂养宝宝。吃母乳和奶粉的同时，还可以适当地喂一些菜汁、果汁以补充水分和维生素C，对贫血等也有一定的治疗效果，还可以软化大便，使之易于排出。

把握好每次哺乳的时间

一般认为一侧乳房的哺乳时间只需用10分钟，吃奶最初的两分钟，宝宝可以吃到总奶量的50%，4分钟就可以吃到总奶量的80%～90%，再后来的4分钟几乎就吃不到多少奶了，由此可见并非吃奶的时间越长吃进的奶越多。若哺乳时乳汁起初排出不顺畅，可将一侧乳房的哺乳时间延长至15分钟，但是不可超过20分钟。

细节19　妈妈生病或上班时的喂养

许多妈妈都会遇到这样的问题，如果自己突然生病了或是要上班了，该如何给宝宝喂奶？特别是生病的时候是不是应该停止喂奶？

上班时的喂养

首先，在妈妈上班的前1～2周由家人给宝宝试着用奶瓶喂奶，开始的次数少些，每天1～2次，让宝宝慢慢地适应用奶瓶喝奶。其次，往返公司与家里时间过长的妈妈可以选择把母乳储存起来喂宝宝的方式，但是要注意储存方法。最多见的做法是早、晚各挤一次，以备白天不在时有足够的奶留给宝宝。另外，工作场所也可以挤奶，但要找一个比较适当的地方，比如在私人的办公室、储藏室或化妆室，凡是觉得较轻松且隐蔽的地方都可以。

储奶方法

妈妈可准备：吸奶器、奶瓶、集乳袋或挤乳杯、冰块、保温桶，以供储奶。因为母乳不易产生细菌，挤出来的乳汁可在室内放置6～10小时；若要放置更长的时间，则应放在保鲜容器内。储存母乳要用干净的容器，如消过毒的塑料瓶、奶瓶、塑胶奶袋。若是冷冻保存，应记录一下挤奶的时间、日期和奶量，以防记得不准确。解冻母乳时注意不要使用微波炉加热，这样会破坏母乳中所含的免疫物质。

生病时的喂养

妈妈患一般疾病，如乳头皲裂、乳腺炎、感冒、肠胃不适等，原则上并不影响母乳喂养。此时母体内的抗体可以通过乳汁传给宝宝，也可以提高宝宝抵抗疾病的能力。但妈妈要注意谨慎用药，应告诉医生自己正在哺乳，请医生帮助选择对宝宝无不良影响的药物。

如果妈妈患急/慢性传染病、心脏病、肾脏疾病、糖尿病等，或慢性病需用药治疗时，或需使用抗生素、四环素等药物治疗期间，应暂停母乳喂养。妈妈患病期间，仍要坚持按时、按需吸空乳房，以促进乳汁的快速分泌。待妈妈身体恢复后就能立即给宝宝哺乳，而不会出现乳汁分泌减少甚至没有的情况了。

细节20 吐奶现象的处理

吐奶和溢奶，其实都是指牛奶从宝宝嘴里面流出来的现象，一般来说，轻微吐奶和溢奶并没有太大的区别，不用采取特别的治疗方式。随着宝宝逐渐长大，这种情况将会有明显的改善。但是，如果宝宝出现了严重的喷射性吐奶状况，父母就必须特别注意了。

吐奶的原因

宝宝吐奶现象较为常见，主要是因为宝宝的胃呈水平位，容量小，但连接食管处的门较宽，关闭作用差，而连接小肠处的幽门却又较紧，食物不易下行。宝宝吃奶时若吸入空气，容易使奶液倒流入口腔，从而引起吐奶。

喂奶方法不当也会引起宝宝吐奶，如让宝宝仰卧喂奶、人工喂养时奶瓶的奶嘴未充满奶水有空气进入、吃奶后马上让宝宝躺下等均会引起吐奶。

防止吐奶的方法

吃奶量不宜过多，时间间隔不宜过短。尽量抱起宝宝喂奶，让宝宝的身体处于45° 左右的倾斜状态，这样宝宝胃里的奶液会自然流入小肠，比躺着喂奶时发生吐奶的机会要小。喂完奶后要把宝宝竖直抱起靠在肩上，轻拍宝宝后背，让他通过打嗝排出吸奶时一起吸入胃里的空气，然后再把宝宝放到床上。此时不宜马上让宝宝仰卧，而是应当侧卧一会儿，然后再改为仰卧。

严重吐奶的紧急处理

因为食道的开口与气管的开口在咽喉部是相通的，宝宝吐奶时最怕的就是奶水由食道突然反逆到咽喉部时误入气管，这就会导致喷射性吐奶的发生，大量的奶水从嘴里和鼻子里同时喷出。量少时，可直接吸入肺部深处造成吸入性肺炎；

量大时将造成气管阻塞，不能进行呼吸，宝宝会因缺氧而有生命危险。

若宝宝平躺时发生呕吐，应迅速将宝宝的脸侧向一边，以免吐出物因重力而向后流入咽喉及气管；还可用手帕、毛巾卷在手指上伸入口腔内甚至咽喉处，将吐、溢出的食物快速清理出来，以保持呼吸道的顺畅，以免阻碍呼吸。如果发现宝宝憋气不呼吸或脸色变暗时，表示吐出物可能已经进入气管，这时应马上使其俯卧在大人膝上或硬床上，用力拍打其背部4～5次，使其能将奶咳出。最后，父母应尽快将宝宝送往医院，让医生做进一步检查和处理。

细节21 婴儿的衣着

婴儿的衣服及尿布应选用浅色、柔软的纯棉织物，宽松而少接缝，以避免摩擦宝宝柔嫩的皮肤，同时也便于穿、脱。要随季节气候的变化给婴儿更换及增减衣服。冬季服装应保暖、轻柔，婴儿穿棉衣时里面需穿内衣，以利于保暖和换洗。棉衣不宜穿得过厚，以免影响婴儿四肢的血液循环和活动；襁褓不应包裹过紧，应让婴儿活动自如，能够保持下肢屈曲姿势，这样有利于髋关节的发育；婴儿最好穿连衣裤和背带裤，不宜穿松紧腰裤，以利于胸廓发育。棉袄可做成和尚领，不用纽扣，只用两条带子松松系上即可。棉裤可用腈纶棉代替棉花，便于经常清洗，也可做成系背带的连脚开裆裤。

细节22 给婴儿洗手和脸

由于婴儿皮肤柔嫩，皮下血管丰富，容易受损伤和并发感染，因此要经常进行皮肤清洁护理。

给3个月前的婴儿洗手、洗脸时，要有专用的脸盆和毛巾，水温不要太热，以和体温相似为宜。清洗时动作要快、轻，不要把水弄到婴儿的眼、耳、鼻、口中。注意给3个月前的婴儿洗脸时不要用肥皂，以免刺激皮肤。但婴儿经常会把手放到嘴里，也会用手去抓东西，因此洗手时可适当用些婴儿皂。

给1～2个月的婴儿洗手、洗脸时，大人可用左臂把婴儿抱在怀里，或让婴儿平卧在床上，也可让他坐在大人的膝头，使他的头靠在大人左臂上，由大人蘸水擦洗。顺序是先洗脸后洗手，洗完后要用毛巾擦去婴儿脸上的水，但不要太用力。

细节23 给婴儿理发

婴儿颅骨比较软，头皮柔嫩，如理发不慎极易擦破头皮发生感染。因此，最好在婴儿3个月后再开始理发。夏季时为避免婴儿头上生痱子，可适当理发。给婴儿理发的工具最好先用75%的酒精消毒，不要用剃头刀为婴儿剃头。

细节24 如何洗涤婴幼儿内衣

买回来就要洗：因为经过洗涤后，一些化学物质如甲醛的残留量会有所减少；同时也可将棉絮、细小纤维及内衣在制作、搬运、出售等过程中因经过许多人的手而带来的部分细菌和脏污除去，更能保证卫生，保护宝宝皮肤健康。

使用专用洗衣液：内衣直接接触宝宝娇嫩的皮肤，而洗衣粉、肥皂等对宝宝而言碱性都比较大，不适于用来洗涤宝宝的内衣，所以应该选用专为宝宝设计的洗衣液来清洗。这些洗衣液一般是无磷、无铝、无碱、不含荧光剂的环保产品，去污力强，易漂洗，对奶渍、汗渍等有特效，而且对皮肤无刺激，无副作用；没有专用洗衣液的时候，也一定要选用纯中性的肥皂或者皂粉。

成人衣服与宝宝衣服分开洗：这是为了防止病菌的交叉感染，一定要做到。

洗涤方式要正确：要按照产品标签上的洗烫方法处理，这才是对宝宝最贴心的呵护。

育儿小百科：宝宝房间不宜点蚊香、喷杀虫剂

蚊虫可传播痢疾、乙脑、肝炎等多种疾病，因此保持住所周围及宝宝室内的环境卫生，做好灭蚊防蚊工作很重要。

蚊香的主要成分是杀虫剂，通常是除虫菊酯类，其毒性较小。但也有一些蚊香选用了有机氯农药、有机磷农药、氨基甲酸酯类农药等，这类蚊香虽然加大了驱蚊作用，但它的毒性相对就大得多。电蚊香毒性较小，但由于婴幼儿的新陈代谢旺盛，皮肤的吸收能力也强，使用电蚊香对宝宝身体健康有碍，最好也不要常用，如果一定要用，应尽量放在通风好的地方，切忌长时间使用。

宝宝房间绝对禁止喷洒杀虫剂。婴儿如吸入过量杀虫剂，会发生急性溶血反应、器官缺氧，严重者导致脏器受损或转为再生障碍性贫血。夏季宝宝最好采用纱门纱窗、蚊帐等物理方法避蚊。

细节25 防止宝宝睡偏头

婴儿的骨质很松，受到外力时容易变形，如果长时间朝同一个方向睡，其头部重量会对接触床面的那部分头骨产生持久的压力，致使那部分头骨逐渐下陷，最后导致头型不正。

避免这种后果的方法比较简单，即在出生后的头几个月，让宝宝经常改变睡眠方向和姿势。具体做法：每隔几天便让宝宝由左侧卧改为右侧卧，然后再改为仰卧位。如果发现宝宝头部左侧有些扁平，应尽量使其睡眠时脸部朝向右侧；如果发现宝宝头部右侧有些扁平，则应尽量让其睡眠时脸部朝向左侧。有的宝宝已习惯脸朝同一个方向睡觉，那么父母每隔一段时间就应给宝宝转个方向。还可以在宝宝头下垫些松软的棉絮等物，这样也可以避免偏头的发生。

细节26 给婴儿准备合适的枕头

3个月以前的婴儿不睡枕头，因为出生不久的婴儿脊柱是直的，生理性的弯曲还没有形成，平躺时背部和头部在同一平面上，肩和头基本同一宽度，所以仰卧与侧卧都不需要枕头来垫高头部。为防止溢奶，还可以将上半身垫高一些。

随着月龄的增长，3个月以后，婴儿的脊柱开始弯曲，颈部开始向前，背部向后，躯干发育远比头发育得快，肩部也逐渐变宽许多。这时睡枕头可将头部稍垫高，让婴儿睡得舒服些。同时也便于头在枕头上活动，头和肩保持平衡。所以适时地使用枕头有利于婴儿的生长发育。

婴儿的枕头以高3厘米、宽15厘米、长30厘米为宜。应以松软不变形的物品做枕芯，一般为谷子、蚕沙、饮后晒干的茶叶、干柏树叶，枕套多用棉布制品，外罩应经常换洗。

细节27 眼睛的日常护理

注意悬挂玩具的方式：很多父母喜欢在宝宝的床栏中间系一根绳，上面悬挂一些可爱的小玩具。如果经常这样做，宝宝的眼睛较长时间地向中间旋转，就有可能发展成内斜视。正确的方法是把玩具悬挂在围栏的周围并经常更换玩具的位置。

注意喂奶姿势：喂奶时最好不要长期躺着或总用一个姿势喂，也不要长期固定一个位置喂奶，宝宝往往会窥视固定的方向，容易造成斜视。

不要随意遮盖宝宝的眼睛：婴儿期是视觉发育最敏感的时期，如果有一只眼睛被遮挡几天时间，就有可能造成被遮盖眼永久性的视力异常。

细节28 耳朵的日常护理

由于耳朵的外层面直接接触外界环境，加上宝宝经常吐奶、流汗，很可能在耳朵附近结成块儿，因此，父母要像重视洗脸一样重视给宝宝洗耳朵。

清洗时，先将婴儿沐浴液在手上搓出泡沫，再用手指轻轻揉搓耳后和耳郭，最后用拧干的纱布擦拭干净。耳朵入口处，可用消毒棉做成的棉条轻轻擦拭，注意不要随便伸进耳道中去，防止宝宝头部突然乱动而导致耳道黏膜受伤。

细节29 养成良好的排便习惯

宝宝出生2个月开始，就可以有意识地训练宝宝定时大小便，因为良好的排便习惯可以使宝宝的胃肠蠕动规律化。在训练过程中，父母应该保持轻松、宽容、多支持和鼓励的态度，且不可操之过急，以免引起宝宝的逆反心理。

建立条件反射

当发现宝宝脸红、不动或发出“嗯嗯”声时，表示要排便了，此时父母要对宝宝的排便要求及时做出反应，将宝宝抱成排便的姿势，并配合“嘘嘘”、“嗯嗯”的诱导声，宝宝就会排便了。

帮助宝宝形成条件反射可以从大便开始，因为大便次数少，时间相对固定，排便前信号比较明显，容易捕捉时机且成功率高，也容易增强父母对宝宝排便训练的信心。

掌握大小便的信号

学习辨认宝宝何时将要排便就像学习辨认宝宝在饥饿时号啕大哭一样。细心的父母只要不断地观察、学习、记录、总结经验，就一定会找到宝宝大小便时发出的特殊信号。预示宝宝排便的信号是多种多样的，可以是哼哼声、左右摆动、发抖、皱眉、哭闹、烦躁不安、放气、不专心吃奶等。

训练小便的方法

这个时期宝宝每天排尿次数增多、间隔短，具体次数因人而异。一般宝宝会在刚睡醒、吃完奶或饮水后15分钟左右就有尿液。连续两次后，间隔会长一些，父母了解规律后可有意识地把尿。如此连续执行15～30天，即可养成习惯，注意不要随意更改训练时间。把尿的便盆最好放在固定的位置，这样有利于形成条件反射。把尿的时间不宜过长，一般3～5分钟即可。如果宝宝没有便意就过一会儿再试，不要让宝宝长时间处于把尿的姿势，这样会使宝宝产生排斥和厌倦的情绪，结果会适得其反。

细节30 抱宝宝的正确姿势

肩靠式的抱法

将宝宝抱起时，先把头部轻轻托起，以一只手稳定地支持宝宝的头颈，再以另一只手托起他的下半身，将宝宝抱起来。顺势将宝宝立起，用手肘稍稍夹着他的臀部，另一只手则扶住他的颈背。

还可以略作变化，将宝宝斜放在肘弯，贴近父母的胸前，一只手支持着他的上半身，另一只手环抱着他的下半身，放下宝宝时，必须先支撑住他的头部，另一只手托住他的下半身。

吃奶时的抱姿

妈妈坐着将一条腿抬高10～15厘米，将宝宝搂抱在抬腿一侧的臂弯中，头部放在肘关节内，一只手托住宝宝的背部和臀部。在喂奶的过程中，妈妈一定不要大幅度地弯腰或用力向前探身，以免乳头过度送入宝宝口中，引起宝宝呛咳。

宝宝吃奶时，为了避免乳头离宝宝的嘴巴太远，妈妈可是试着让他坐在小枕

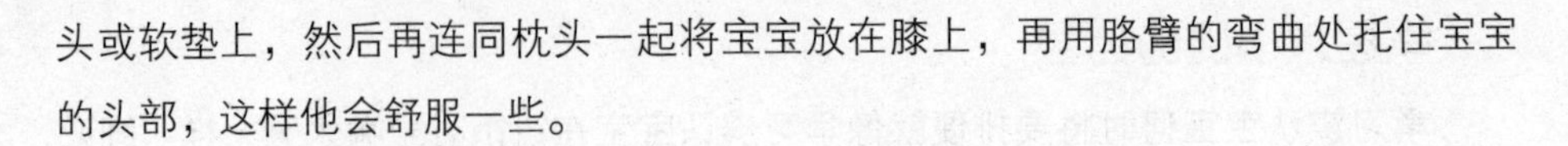

头或软垫上，然后再连同枕头一起将宝宝放在膝上，再用胳膊的弯曲处托住宝宝的头部，这样他会舒服一些。

扩展视野的抱姿

抱宝宝时，可将他的脸朝外，让他的背靠在父母的胸前，父母的手放在宝宝的胸前与臀部两腿之间的部位，防止他向前翻，造成脊椎及腰部扭伤。这种抱姿可以拓宽宝宝的视野，增强对大脑的刺激。

不要摇晃宝宝

宝宝哭闹、睡觉和醒来的时候，父母都会习惯性地抱着宝宝摇晃，以为这是宝宝最想要的。但是，父母很难掌握摇晃的力度，如果力度过大，很可能给宝宝头部、眼球等部位带来伤害。

温馨提示

端正抱宝宝的态度

父母抱宝宝时，每次抱3～5分钟即可，让宝宝感受到父母对他的关爱，使他有安全感。但千万不要一抱就抱很久，甚至睡着了还抱在身上，这样会养成宝宝不抱就哭的不良习惯。

细节31 及时服用小儿麻痹糖丸

小儿麻痹糖丸的学名叫脊髓灰质炎减毒活疫苗，它是一种色彩鲜艳、又香又甜的口服活疫苗，能在肠道细胞内繁殖并刺激肠壁中的淋巴细胞、浆细胞，使其产生抗麻痹症病毒的抗体，这种免疫功能的建立可以预防宝宝麻痹症。宝宝第一次服用糖丸的时间是出生后的第2月，所以在宝宝2个月时父母应及时带他去医院服用。

服用糖丸的方法

为了使疫苗有效地发挥作用，宝宝服用小儿麻痹糖丸时应先用勺或筷子将糖丸压碎，或用勺将糖丸溶于冷开水中后再服用，不能用开水融化服，以免糖丸失效。同样的道理，宝宝服用糖丸前、后半个小时内不准吃母乳，也不能喝热水及热奶。若宝宝在服用时出现呕吐现象，应重新服用。因为母乳中含有的抗病毒抗体，对疫苗病毒有一定的中和作用。所以宝宝在服用疫苗后，如能在4小时内暂停吸吮母乳，用奶粉或其他代乳品喂宝宝则效果更佳。

接种后的反应

服用脊髓灰质炎糖丸疫苗后一般无任何不良反应，但是个别宝宝服用后可能会出现发热、呕吐、皮疹或轻度腹泻等反应，不用特殊治疗，一般症状可自动消失。

不适合接种的宝宝

如果宝宝正患肠道疾病如严重腹泻，则应暂缓服用疫苗。何时服用应由医生检查后决定。如果宝宝患有高烧、免疫缺陷疾病或正在接受免疫抑制剂治疗，以及有其他急、慢性严重疾病，也应暂缓服用。

如果宝宝对牛奶或奶油严重过敏，应告知接种医生，因为糖丸是用奶油糖包裹核心疫苗制成的。

细节32 全面的身体检查

宝宝3个月时父母应带其到当地的儿童专业医院做全面的身体检查。做定期的健康体检，不仅可以了解宝宝的体格生长发育情况，而且还能及时发现宝宝的身体异常情况，使一些症状不明显的疾病得到早期发现、早期诊断和早期治疗。另外，做定期体格检查时还能从保健医生处获得科学的育儿指导，了解许多有关宝宝喂养、护理、卫生保健和早期教育等方面的新理念，促使宝宝更加健康地成长。

检查项目

医生首先会询问宝宝的喂养方式、吃奶量、断奶时间、辅食添加情况以及一些相关的问题，然后还会询问疫苗接种和疾病情况（呼吸道感染、腹泻、贫血、佝偻病、湿疹、药物过敏等）。

应检查的项目有：测头围、胸围、身高，称体重，对宝宝进行视觉、听觉、触觉等测试。还要进行

一些必要的项目检查，如医生会摸摸宝宝的脖子，看有无斜颈、淋巴结肿大的状况；听听宝宝的心跳速度及规律性是否在正常范围内，以及有无杂音；检查宝宝有无疝气、淋巴结肿胀；男宝宝检查阴囊有无水肿（睾丸下降到阴囊），女宝宝检查大阴唇有无鼓起或有无分泌物；追踪有无身体关节脱位的状况等等。

体检前的准备

日常生活中，父母最好能记录下宝宝的喂养和添加辅食的情况，如每天的吃奶次数及每次的奶量，添加维生素D和钙的时间、添加菜汁和果汁的时间等。还应注意记录宝宝体格发展情况，如宝宝会笑出声的时间、抬头的时间、发出单字的时间、伸手抓玩具的时间等。如果发现宝宝有异常情况，要记录发生的时间、部位、变化等，写出需要咨询的问题。这样在带宝宝去医院做体格检查时，医生就能够很清楚地了解到宝宝的生长发育情况，父母也能得到切实的医学指导。

细节33 婴儿湿疹的护理与预防

婴儿湿疹即常说的奶癣，它是一种常见的、多发的、反复发作的皮肤炎症。

湿疹的形成多数是由于宝宝属于过敏体质，或喂养不当，或宝宝受到周边环境、湿度、日光、紫外线的影响，或营养过高，肠内异常发酵等种种因素造成的。

湿疹开始是红色的小丘疹，有渗液，最后可结痂、脱屑，反反复复，长期不愈，宝宝会感到瘙痒难耐。湿疹主要分布在面部、额部、眉毛、耳郭周围及面颊处，严重的可蔓延到全身，尤其是皮肤褶皱处居多，如肘窝、腋下等处。

湿疹的护理

轻度的湿疹可不做特别的治疗，只要注意保持宝宝皮肤清洁，用清水清洗就行了。等到宝宝长大渐渐不以奶粉为主食后，湿疹常常会不治而愈。

注意保护宝宝已患湿疹的皮肤，避免各种因素刺激皮肤。不要用肥皂水洗患处，由于肥皂碱性大，容易刺激皮肤使湿疹加重；要勤给宝宝换衣服，所穿的衣服不宜太紧太厚；不要让太阳直晒有湿疹的部位；不宜给宝宝频繁洗澡，洗澡时要用温开水洗没有湿疹的地方；不要滥用药物，特别是不要乱用偏方或抗生素等，因为如果使用不当，不但没有效果，反而会使湿疹加重，另外滥用抗生素还会引起不良反应。

在宝宝的湿疹急性期，患部发红流水时，可用生理盐水或1：10000的高锰酸钾水或2%的硼酸水浸湿纱布拧干后在患部湿敷，每0.5～1小时更换1次。这样治疗1天左右，红肿即可消失，流水也会相对减少。此时再用氧化锌膏涂在纱布上，贴在长湿疹的部位，每天换2次药，一般治疗2～3天红肿即可消退。湿疹完全消退后，可适当擦些滋润皮肤的油。

预防湿疹

多数含蛋白质的食物容易引起宝宝过敏反应而发生湿疹，如牛奶、鸡蛋、鱼、肉、虾米、螃蟹等，妈妈在哺乳期要谨慎食用这些食品，以免给宝宝造成不良影响。

灰尘、羽毛、蚕丝以及动物的皮屑、植物的花粉等有时也会使宝宝发生湿疹，所以父母要多留意和避开宝宝的过敏源。

另外，宝宝穿得太厚、吃得过饱、大便干燥、室内温度太高等也都会使湿疹复发或加重病情。

脂溢性皮炎

脂溢性皮炎实为湿疹的脂溢型，多见于1～3个月的肥胖婴儿，其前额、颊部、眉间皮肤潮红，表面覆盖有黄色油腻性鳞屑，头皮上可见较厚的黄浆液痂，痂下有炎症合并糜烂和渗出。清洗结痂是护理的重点，不要用肥皂洗，可用甘油、植物油或润肤油涂抹于痂皮上，两个小时后待痂皮软化后再用婴儿洗发精清洗即可。

细节34 痱子的预防和护理

肥胖或衣服穿得过厚的宝宝，当室内通风不良或夏季炎热时容易生痱子。痱子常见于面、颈、背、胸及皮肤褶皱处，并可见成批出现的红色丘疹、疱疹，有瘙痒感。

夏季要适当调节宝宝所穿衣服的薄厚度，尽量选择透气性、吸水性好的面料。宝宝的衣着应宽松、肥大并经常更换。不要让宝宝长时间光着身子，以免皮肤受到不良刺激。宝宝睡觉时要常换姿势，出汗多时要及时擦去，避免皮肤受压过久而影响汗腺分泌。宝宝的房间应注意通风，保持凉爽。

加强皮肤护理，勤洗澡，保持皮肤清洁。洗澡时温热水要合适。水温太低，皮肤毛细血管骤然收缩，汗腺孔随即关闭，汗液排泄不出会使痱子加重；水温过热则会刺激皮肤，使痱子增多。也不要给宝宝多抹粉类爽身护肤品，以免与汗液混合堵塞汗腺，导致出汗不畅，引起炎症。

如果宝宝出现痱子，可以在洗浴后涂炉甘石洗剂，但忌用软膏、糊剂、油类制剂。另外，不能随便用手挤痱子，以免痱子扩散。如果出现脓肿，则应到医院诊治，遵医嘱给予口服抗生素治疗。

痱子的中医治疗方法

金银花浸泡液：金银花6克，用开水浸泡约1小时即可，以棉签或纱布蘸金银花浸泡液轻抹患处，每天3次。

败酱草煎液：败酱草9克，将其放入砂锅中，加水约500毫升，用大火煎开后再用小火煎5分钟即可，以棉签或纱布蘸败酱草煎出的液轻抹患处。每天2次，第二次抹洗液时仍可由前一份败酱草煎取。

冬瓜贴片：鲜冬瓜适量，去皮切片，外擦患处，每天3次。

细节35 消化不良与腹泻的应对

消化不良与腹泻是宝宝们最容易患的婴儿病之一。在宝宝出现消化不良和腹泻时，父母该如何应对才能让宝宝尽快好转起来呢？

新生儿的腹泻

新生儿的免疫功能较差，肠道的免疫能力更低，当肠道受到感染时没有能力去减弱和中和细菌的毒力。由于抵抗力过低，消化功能和各种系统功能的调节机能也比较差，因此新生儿易发生消化功能紊乱，同时也易患感染性腹泻。

生理性腹泻

有的宝宝从一生下来就开始出现腹泻，表现为大便次数较多，每天都在 4 次以上，甚至6~7次，但不吐奶，食欲好，体重和身高增长正常。同时，大便除了较稀以外并无其他异常，在医院化验正常，无黏液、无脓血。这种腹泻称为生理性腹泻，一般不需要特殊治疗，待添加辅食后大便就可逐渐恢复正常，次数也会减少。

感染性腹泻

不同的细菌和病毒引起的腹泻症状也不一样。轻症的宝宝表现为单纯的胃肠道症状，拉稀每日5～6次或10余次，同时还出现低烧、食欲差、呕吐、精神不振、轻度腹胀、哭闹、唇干、前门凹陷。严重时大便呈水样，每日可达到10～20次，同时还伴有高烧、呕吐、尿少、嗜睡等。

父母应仔细观察宝宝情况，如果出现手足凉、皮肤发花、呼吸深长、口唇呈樱红色、换尿布时宝宝反应差、口鼻周围发绀、唇干、眼窝凹陷等种种情况，千万不要大意，需要立即送医院抢救。

轻微肠炎引起的腹泻

如果宝宝的大便次数多，呈黄色，有蛋花汤样，且常伴有血丝和黏液，虽然宝宝并未进食许多奶，但是仍有腥臭味，排便时出现哭闹、烦躁不安，这类腹泻大多是由一种致病性大肠杆菌引起的，是新生儿时期比较常见的腹泻，需要加用消炎药和消化药来治疗。

鼠伤寒沙门氏菌感染引起的腹泻

这类腹泻可危及生命安全，需要及时治疗。其主要是由于食物污染引起的，多发于早产儿及体重偏轻的新生儿。一般的症状有发高烧，大便呈黑绿色，黏稠，也有白色样便、胶冻样便、稀水样便，有明显的腥臭味。父母一旦发现宝宝出现上述症状，应尽快隔离，要防止传染，并送医院治疗。

腹泻的护理方法

调整饮食：对于轻微腹泻的宝宝，可继续母乳喂养，但需酌情减少哺乳次数和时间。重型腹泻的宝宝则需暂停进食6～12小时，待腹泻、呕吐好转后再逐步恢复母乳喂养。人工喂养的宝宝可先喂米汤或将奶粉稀释（一份奶粉加两份水或米汤），然后由少到多，由稀到稠，逐步过渡到正常饮食。

纠正脱水：腹泻时由于上吐下泻，大便次数多，容易产生脱水，严重脱水时尿少或无尿。此时应立即给宝宝口服补液盐，以补充丢失的水分和盐分。需要注意的是，不要一下子给宝宝服用太多，要少量多次，使胃内易于吸收。严重脱水者要立即送医院进行静脉输液。

做好家庭护理：父母应仔细观察宝宝大便的性质、颜色、次数和大便量的多少，将大便异常部分留做标本以备化验查找腹泻的原因；要注意腹部保暖，以减少肠蠕动，可以用毛巾裹腹部或用热水袋敷腹部；注意让宝宝多休息，排便后用温水清洗臀部，防止红臀发生；应把尿布清洗干净，煮沸消毒，晒干再用。

不要滥用抗生素：许多轻型腹泻不用抗生素等消炎药物治疗就可自愈，也可服用妈咪爱等微生态制剂。但秋季腹泻是因病毒感染所致，应用抗生素治疗不仅无效，反而有害。细菌性痢疾或其他细菌性腹泻，可以应用抗生素进行治疗，但必须在医生指导下进行。

细节36 宝宝发热的处理

当宝宝前额发烫或有不舒服的表情时，父母应该考虑到宝宝可能在发热，这时要用体温计测量宝宝的体温，并根据发热的不同原因和不同类型采取不同的处理方法。另外，对于宝宝的高热要格外注意，若高热持续不退将会对宝宝的健康造成损害。

怎样判断新生儿发热

发热是指体温的异常升高。正常宝宝腋下体温为36℃～37℃，如超过37.4℃即可以认为是发热。但是，宝宝的体温在某些因素的影响下，常常会出现一些波动。比如傍晚时宝宝的体温往往比清晨高一些；宝宝进食、哭闹、运动后体温也会暂时升高；衣被过厚、室温过高等原因也会使体温升高。这种暂时的幅度不大的体温波动对宝宝没有什么影响。只要宝宝整体情况良好，精神活泼，没有其他的症状和体征，一般不是病态。

注意观察发热并发症状

若宝宝出现发热，父母应及时查

发热后的紧急处理法

发热是许多疾病的初起症状，在没有明确诊断前，先不要急于为宝宝退热。因为不同病原微生物引起的发热在热度、程度和类型上各有不同，可反映病情的变化，因此是诊断疾病、评价疗效的重要参考。正确的做法是马上带宝宝到医院，让医生检查来找出发热的原因。

看宝宝的皮肤是否出现了皮疹。既要观察皮疹首先出现的部位，又要了解皮疹发展的顺序。

宝宝发热时常伴有流涕、喷嚏及咳嗽，这是由于患急性上呼吸道感染引起的。需要特别注意的是，如果在上述表现加重的同时又出现了呼吸快而急促的症状，则说明病情有所发展，可能是得了肺炎。

发热的宝宝多伴有哭闹、不安等表现，一旦转为嗜睡或烦躁，特别是高热持续不退并伴有呕吐，往往提示可能存在中枢神经系统感染，最常见的是脑膜炎。

宝宝出现发热后，又伴有腹泻或呕吐症状，说明宝宝的消化系统受到影响。

宝宝发热后最常见的表现为吃奶少、食欲缺乏。通过改变饮食和喂养方式后还不能缓解时，应考虑宝宝的口腔是否有感染，也可能已经形成了溃疡。

物理降温

这种方法降温速度较慢，但对宝宝没有任何副作用，比较安全。具体方法是：用温水浸湿毛巾，然后拧去水分，擦脖子、胳膊、前胸、后背、大腿等部位，位于肘窝、腋窝、颈部的大血管部位要多擦几下，以微红为适度。这样水的蒸发可带走大量的热，起到降温的作用。还可以将冰袋或冷毛巾放在宝宝的额头上，可降低脑部的耗氧量，起到降低体温，保护大脑的作用。

药物退热

一般在宝宝体温达38.5℃时才给予退热药。常见的退热药有泰诺、百服宁等，它们大都含有阿司匹林、咖啡因、非那西丁，因此有较大的副作用，如刺激胃黏膜、破坏食欲、引发贫血、损坏肝脏和肾脏，有的还可引起过敏反应如起皮疹。所以每次用药量不可过大，应严格按宝宝的体重或年龄服用。另外，使用退热药物要慎重，如果连续用了一天体温仍在上升则应马上就医。

多喝水

发热时呼吸快，蒸发的水分多，要及时补充水分。多喝水还可促使多排尿，排尿有利于降温和毒素的排泄。最好饮温开水，有利于发热。

合理饮食

宝宝发热时新陈代谢加快，营养物质的消耗大大增加，同时由于消化液的分泌减少，胃肠蠕动减慢，消化功能明显减弱。因此宝宝发热时的饮食安排必须合

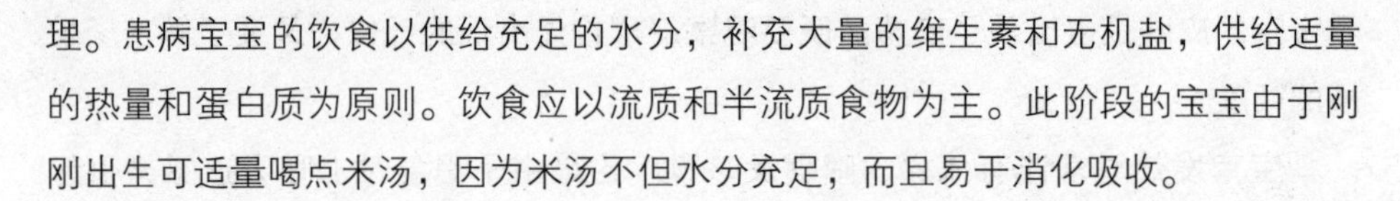

理。患病宝宝的饮食以供给充足的水分，补充大量的维生素和无机盐，供给适量的热量和蛋白质为原则。饮食应以流质和半流质食物为主。此阶段的宝宝由于刚刚出生可适量喝点米汤，因为米汤不但水分充足，而且易于消化吸收。

身体护理

发热的宝宝容易出汗、烂嘴、眼睛发红或发炎，因此应该注意口腔、眼睛及皮肤的护理。勤用棉签蘸些凉开水涂抹宝宝的口腔，让口腔保持湿润；嘴唇干燥时涂抹些稀甘油或无色唇膏；口腔溃烂时可涂碘甘油或使用口腔溃疡膜、口腔溃疡散等；眼睛发红或有分泌物时可滴些氯霉素眼药水或红霉素眼膏，以消炎和保护眼睛；同时还要适当擦浴，勤换衣服或被单，以保持宝宝皮肤清洁。

细节37 小儿关节脱臼的处理

1～3个月的宝宝正处于骨骼的发育阶段，如果父母平时给宝宝穿衣服或者进行户外活动时不下心，则很容易造成宝宝关节脱臼。另外，还存在一种先天性的髋关节脱臼，因为是先天性的，父母往往不知道是怎么回事，所以早期的检查就显得非常重要。

关节脱臼的处理

若宝宝的手臂单边不动但没有疼痛感，则可用三角巾或布将脱臼部位稍做固定，然后立刻送医院；但若宝宝活动手臂时有疼痛感或手臂无力垂下，则应立即送医院急救。当宝宝脱臼时，千万不要随意移动宝宝的患肢，以免在移动过程中对患部造成二度伤害，可固定患部后施以冰敷并迅速到医院治疗。

先天性髋关节脱臼

髋关节是介于大腿骨和骨盆之间的大关节。先天性髋关节脱臼是小儿

不可把宝宝包得太紧

把刚出生的宝宝包得过紧，会使髋部处于伸直、内收姿势，而且不易活动，如此便使得不稳定的髋关节无法稳定下来，甚至发生脱臼。改变包裹宝宝的方式，使其能自然屈伸、外张，则能使脱臼的发生率降低。老式背宝宝的方式对髋关节是有稳定作用的。

骨科中相当常见的问题之一，也是造成宝宝跛行、长短腿、成人骨性关节炎的重要原因，父母应给予足够的重视。

先天性髋关节脱臼的发生，一般认为是胎儿在胎内受到压迫所引起的。也就是说，关节在早期发育是正常的，但怀孕最后一两个月胎儿长到相当大时，因胎儿受到压迫固定在某种姿势，导致关节不能活动才造成关节发育不稳定，所以它是一种变形，而不像兔唇、多指畸形等是一种畸形。女宝宝特别容易罹患此症，一般认为是受女性激素的影响，使得关节韧带特别松弛而易致脱臼。家族中曾有人患此症的新生儿罹患的可能性较一般人高。

细节38 新生儿泪囊炎

新生儿泪囊炎是比较常见的眼疾，表现为宝宝的眼睛经常泪汪汪的，眼睛里有脓性分泌物流出。发病年龄可早可晚，有的是出生以后第一天就有症状，有的是出生一周后或者一个月以后出现。一旦发现应尽早治疗，如长时间拖延可导致结膜和角膜炎症，引起角膜溃疡，甚至发展为眼内炎症，对眼球构成严重的潜在威胁。

新生儿泪囊炎

正常的泪液由泪腺和副泪腺分泌后，一部分分布于眼球表面以湿润和保护眼睛，一部分蒸发到空气中，还有一部分汇集于大眼角，再经一个管状结构（医学上叫做泪道，包括泪小点、泪小管、泪囊和鼻泪管）进入鼻炎部。如果管状结构被堵塞，泪液不能正常进入鼻咽部，就会有过多的泪液积在眼睛里，眼睛就会水汪汪的。由于泪液和泪囊内的分泌物无法排出，细菌得以在泪道中聚集和繁殖，继而形成泪囊炎。泪囊炎是新生儿常见的眼疾之一。

新生儿泪囊炎，多数是由于刚出生的一段时间内，鼻泪管下端还没有完全发育好，被一层先天性残膜封闭或是被上皮细胞残屑阻塞。还有少部分患儿是由于鼻泪管骨性管腔狭窄或鼻部畸形引起的。因为新生儿泪囊炎是由于先天性泪道发育不全所致，所以又叫做先天性泪囊炎。

新生儿泪囊炎的治疗

如果宝宝被确诊为新生儿泪囊炎，家长也不要太着急，因为大多数宝宝在6

个月内泪道仍处于不断发育的阶段，可先采用保守治疗法。一般是局部用抗生素眼液，配合做大眼角皮肤（泪囊部）按摩，以促进泪液往鼻泪管方向流动，每天做2~3次，病情较重者可增加至4~6次，每次1分钟。这样治疗一段时间以后，薄膜就会自行破裂，泪道也就畅通了。如果经过一段时间后，症状仍未缓解，可以去医院加压冲洗泪道，将薄膜冲破。如果以上两种方法均无效，则可采用泪道探通术，用深针将薄膜刺破，使泪道畅通。但如果是骨性狭窄或鼻子畸形造成的泪道堵塞，就要考虑手术或者其他方法来使泪道通畅了。

细节39 婴儿日光浴

阳光中的紫外线照射皮肤，可促使皮肤合成维生素D，利于钙质吸收，并且可以预防和治疗佝偻病。根据宝宝的身体情况，一般可以从出生后2个月左右开始日光浴。开始时可在气温高于20℃时进行，在风和日丽的天气里抱宝宝出去晒太阳，时间最好是在上午9~11点或下午3~5点。开始先晒手和脸，每日1~2次，每次5~10分钟。以后逐渐让宝宝身体更多的部分暴露在外面晒太阳，时间逐渐延长至每日1~1.5小时。

做日光浴时应注意以下几点：

不要让阳光直射在宝宝头部和脸部，要给宝宝戴上遮阳帽，特别要注意保护眼睛。在室内做日光浴时，不能隔着玻璃窗（因为紫外线不能穿透玻璃），必须打开窗户照晒，而当阳光强烈时应注意不要灼伤皮肤。日光浴后要用干毛巾或纱布擦干汗水，注意及时补充果汁或白开水等。天气不好和生病时要停止，中间停顿时应恢复2~3天，待宝宝身体习惯后再重新开始。

细节40 婴儿按摩操

第一节：婴儿仰卧，妈妈用左手轻轻握住宝宝的脚，用右手从内向外、从上往下轻轻按摩宝宝的腿，两只脚交替按摩，最后轻轻地揉腿上的肌肉。

第二节：婴儿俯卧，妈妈用手顺着宝宝脊椎骨从头部往臀部按摩，然后再从下往上按摩。

细节41 婴儿俯卧练习

婴儿睡醒后活动时，可让他俯卧在床上，两臂屈肘在胸前支撑身体。父母可以在婴儿面前用温柔的声音和他说话，并摇晃鲜艳的、带响声的玩具逗引他抬头。训练婴儿抬头可增强婴儿颈部和背部肌肉的力量，对呼吸和血液循环也有好处。趴着时可以扩大婴儿的视野，使他能更好地熟悉环境，加深与家庭成员的密切关系。婴儿从低头俯视的最近距离到抬头所见到的远距离会越快越远，由此能逐渐培养出婴儿观察事物的兴趣，进一步促进大脑的发育。

细节42 婴儿抓握练习

2个月的婴儿能拿住放在他手里的东西；3个月的婴儿当手触到玩具时，偶尔能抓住。这一阶段父母可用带响声、彩色鲜艳的玩具如摇铃等训练婴儿的抓握动作。开始可将玩具放在婴儿手中让他抓住，逐步地再用玩具的声音和色彩逗引他注意，同时触碰他的手，吸引他去抓握。每天可做多次练习，通过手的动作来发展婴儿最初的感知和认识事物的能力。

细节43 婴儿直立蹬脚练习

将婴儿抱起，放在大人腿上或手掌上扶他站起，让小腿自然绷直，然后扶他上下自然地蹬脚蹬腿，父母可用亲切、柔和的声音与他说话，如说“宝宝跳跳，宝宝跳跳”。开始每天可练习4～5次，以后逐渐增加次数。这样可以练习宝宝腿脚的肌肉。

细节44 婴儿被动操

2～6个月婴儿运动功能发育还较差，身体各部分还不能充分地活动。由父母帮助婴儿做体操可以促进其大运动的发育，改善血液循环及呼吸功能，促进体力和智力的发展。父母在帮助婴儿做操时，动作要轻柔而有节律，每日可做1～2次。

婴儿被动操的做法：

准备活动：婴儿仰卧，父母两手轻轻地从上而下按摩婴儿全身，并亲切、轻柔地对他说话，使他情绪愉快，肌肉放松。

第一节：扩胸运动。父母双手握住婴儿的手腕，大拇指放在婴儿手心里，使其握拳，做扩胸样运动。

第二节：伸展运动。将婴儿两臂向外平展，掌心向上。拉婴儿两臂在胸前交叉，轻拉其两臂上举过头，掌心向上，然后将双臂放回身体两侧，使手背贴于床上。

第三节：屈腿运动。婴儿仰卧，大人双手握住婴儿脚腕使其两腿伸直、屈曲。

循序渐进地练习健身操

婴儿健身操适合在宝宝2个月后进行，房间要有良好的通风条件，冬季室内的温度不得低于20℃，夏季室内的温度应该控制在26℃左右。由于练习健身操会使宝宝的呼吸和脉搏加快，一般情况下做完操恢复常态的时间大约需要2分钟，如果不能恢复就说明运动量过大，每节体操的次数应减半，以后再根据宝宝的体能状况逐渐增加次数。

第四节：举腿运动。婴儿仰卧，两腿自然伸直，父母扶住婴儿膝部做直腿抬高动作。

第五节：整理运动。扶婴儿四肢轻轻抖动，让婴儿仰卧在床上自由活动，使其肌肉及精神逐渐放松。

细节45 婴儿动作智商的发展规律

从大到小原则

婴儿最初会挥动上肢、下肢踢蹬，然后才开始手的小肌肉动作能力的发展，其精细动作能力一般沿着下列顺序发展：

1个月：双手紧握拳头

2个月：伸开手

5个月：伸手满把抓物

6个月：双手握积木

7个月：传手

8个月：拇指、食指、中指捏

9个月：拇指、食指捏

10个月：食指扣、按、抠

10个月后：盖瓶盖

从无意识到有意识原则

从无意识活动向有意识支配的方向发展。在获得某些相当成熟的技能前，必须去掉原本的原始反射活动，如抓握反射、觅食反射、惊吓反射、踏步反射、游泳等。

连续性和阶段性原则

宝宝的动作发展水平是一个连续的系统成熟的内在制约，而环境是其发展的催化剂。

从整体到局部原则

新生儿动作是全身性的、笼统的、泛化的。比如，宝宝刚出生时的体态呈蛙状，四肢屈曲于身体两侧，有需要时总是全身运动。不论是哭还是笑，也不论是吃奶还是想睡觉，总是在舞动四肢。随着年龄的增长，宝宝的动作能力进一步发展分化为局部的、准确的、专门化的。

从头到脚原则

新生儿早期发展的是与头部有关的动作，如喜怒哀乐的面部表情、追声追人的转头、觅食活动等；其次是躯干部的扭动，下肢踢蹬；最后才是脚的动作。任何一个宝宝大动作能力总是沿着抬头→翻身→坐→爬→站→走→跑→跳→攀登的顺序发展的。

细节46 合理选择宝宝的玩具

也许有些父母认为这么小的宝宝不需要什么玩具，因为宝宝根本不懂得玩耍。研究表明新生儿有很强的学习能力，从一出生就会用自己独特的方式来认识周围的世界。不到1个月的宝宝，吃饱睡足后也能积极地吸收周围环境中的信息。所以，父母合理地为宝宝选择玩具，不仅有助于宝宝的身心发育，还可以启发宝宝的智力并提高其动作的灵活性。

0～2个月宝宝适合的玩具

摇响玩具（拨浪鼓、摇铃等）：让宝宝寻找声源，锻炼听觉能力。

音乐玩具：让宝宝倾听声音，锻炼听觉能力，还能愉悦他的情绪。

活动玩具：吸引宝宝的视线，锻炼视觉能力。

镜子：让宝宝照镜子，观察自己，培养自我意识。

悬挂玩具：悬挂在床头，能吸引宝宝的视线；有的悬挂玩具还能发出声音，能锻炼宝宝的听觉及视觉能力。

图片（人像、有一定模式的黑白图片）：悬挂在床头或贴在墙上让宝宝观看，锻炼视觉能力。

玩具的材质

最好挑选自然、耐久、触感好、易清洗、经得起重复玩的玩具，但最重要的还是品质。一般来说，木质玩具好于金属玩具，除了质量较轻、易抓握之外，也可以培养宝宝自然、环保的概念；毛绒玩具适合不会过敏的宝宝；塑料、橡胶玩具应选择软硬适中不易碎的。

玩具的安全性

玩具应该无毒，而且不可以有尖锐的边缘；玩具的零件组合要牢固，以免松脱造成宝宝误食；玩具质量要轻，这样才不会砸伤宝宝；玩具体积不宜过小，以免宝宝误食等。此外，还得注意玩具是否含有有害的化学成分，是否使用无毒油漆等。

玩具的清洗和消毒

父母应注意宝宝玩具的卫生，定期给玩具清洗和消毒。一般情况下，给皮毛、棉布玩具消毒可把他们放在日光下暴晒几小时；木制玩具可先用肥皂水擦洗，再放在日光下暴晒；塑料盒橡胶玩具可用浓度为0.2%的过氧乙酸或0.5%的消毒灵浸泡1小时，然后再用水冲洗、晾干。

第三章 4～6个月的育儿细节

细节1 4～6个月婴儿的生长发育特征

4～6个月的婴儿生长发育迅速，较前3个月又有了很大的发展变化。这个阶段婴儿平均每月体重增加500～600克，身长平均每月增长2.5厘米，头围增长也很快。头很大，全身肌肉丰满，眉、眼等“张开了”，已经长得很像样了。有的婴儿5～6个月时已开始出牙，眼睛转动灵活，喜欢东瞧西看，经常笑出声，醒着的时间多了，开始明显地表现出愿意和人交往。

细节2 4～6个月婴儿的体重、身长、头围和胸围

正常男婴6个月时的发育标准：身长平均可达68.1厘米，体重平均达8.22千克，头围可达43.9厘米，胸围可达43.9厘米。正常女婴6个月时的发育标准：身长平均为66.5厘米，体重平均为7.62千克，头围为42.8厘米，胸围为42.7厘米。

细节3 婴儿的运动功能

4个月的婴儿俯卧时能用前臂支撑抬头，上肢能把上身支撑起来；手能抓握周围物体，握持反射消失，递给玩具能拿；会玩自己的手；看到感兴趣的东西时全身乱动并企图抓住；竖抱时头能保持平衡；能从仰卧位转到侧卧位。

5个月的婴儿能比较熟练地从仰卧位翻到侧卧位，再翻到俯卧位；可以坐在大人腿上玩；能拿着东西往嘴里放。

6个月的婴儿可以双手向前撑住独坐一会儿；大人扶着站立时两腿会做跳的

动作；有爬的欲望；能用一只手抓东西；会双手同时握物；出现换手、捏、敲等探索性动作；能摇发声的玩具，能抓悬挂的玩具。

细节4 婴儿的心理功能

婴儿出生后半年内，主要通过各种感官的发展认识事物，从而发展了各种心理活动，随着婴儿月龄的增长，4~6个月的婴儿心理功能有了一定的发展。

4个月的婴儿：视觉功能比较完善，能逐渐集中于较远的对象，开始出现主动的视觉集中，并开始形成视觉条件反射。如看到奶瓶时会手舞足蹈；高兴时会大笑、“咿呀”做语；会玩自己的小手；听到声音能较快地转头；能注意镜子中的自己。

5个月的婴儿：开始认人，能认识妈妈，能辨别妈妈的声音，听到熟悉的声音会表示高兴并发音回答；能发出喃喃的单音节，如“b”、“m”；在视觉发展的基础上，注意的范围扩大了，那些能直接满足自己需要的物品，如奶瓶、小勺等能引起他的注意；能做简单的游戏，如藏猫猫、看镜子等。这一时期的婴儿开始认生，不喜欢生人抱。

6个月的婴儿：开始无意识地发出“爸”、“妈”等音，同时能发出比较复杂的声音，如“a”、“e”、“i”、“o”、“u”等；会发出不同的声音，表示不同的反应；开始能理解大人对他说话的态度，并开始感受愉快、不愉快等情感；要东西时，拿不到就哭；开始对陌生人表现出惊奇、不快。

细节5 断奶过渡时期

对于4个月以上的婴儿，单纯母乳喂养已不能满足其生长发育的需要。即使是人工喂养的婴儿，也不能单纯靠增加牛乳的量来满足其营养需要。一般来说，当每日摄入的奶量达到1000毫升以上或每次哺乳量大于200毫升时，就应增加辅助食品，以保障宝宝的健康。5~6个月的婴儿正处于断奶期，此时婴儿已开始分泌足够的淀粉酶，可以添加一些淀粉类辅食（如奶糕、米粉、饼干等）、动物性食物（如肝、蛋、鱼等）、果蔬类及植物油。可按不同月龄婴儿的需要和消化能力加喂辅食，使其逐渐适应，为顺利过渡到断奶创造条件。

细节6 辅食的添加原则

婴儿辅食应根据其营养需要和消化能力合理添加，要遵循以下原则：

从少到多：添加辅食应使宝宝有一个适应过程，如添加蛋黄，宜从1/4个开始，5~7天后如无不良反应则可增加到1/3~1/2个，以后逐渐增加到1个。

由稀到稠：如从乳类开始到稀粥，再从稀粥到稠粥，从稠粥再到软饭。

由细到粗：如添加绿叶蔬菜时，应从菜汤到菜泥，乳牙萌出后可试着给宝宝吃碎菜。

由一种到多种：宝宝习惯了一种食物后再加另一种，不能同时添加几种食物，否则会导致宝宝消化不良。

掌握合适的时机：在宝宝健康、消化功能正常时逐步添加。另外，喂食辅食不宜在两次哺乳之间，否则增加了饮食次数。由于宝宝在饥饿时较容易接受新食物，所以在刚开始加辅食时可以先喂辅食后喂奶，待他习惯了辅食之后，再先喂奶后加辅食，以保证其营养的需要。6个月时，两次辅食可以代替两次哺乳。加喂辅食的同时要观察宝宝大便，了解消化情况，若有腹泻等不良反应酌情减少或暂停。

细节7 蛋黄的添加方法

4~5个月的宝宝生长发育迅速，母乳和牛奶中的铁质含量较少，其从母体带来的铁质渐渐用完了，如不及时补充铁质，就会发生贫血。

蛋黄中含有丰富的铁质和维生素A、维生素D等，加喂蛋黄可以补充铁质，预防缺铁性贫血。

从4个月开始可给宝宝添加蛋黄。每日开始喂1/4煮熟的蛋黄，将其压碎后分两次混合在牛奶、米粉或菜汤中喂，以后逐渐增加至1/2~1个，6个月时便可以吃蒸蛋羹了。可先用蛋黄蒸成蛋羹，以后逐渐增加蛋白量。

细节8 淀粉类食物的添加方法

宝宝4个月时，其消化道中淀粉酶分泌明显增多，及时添加淀粉类食物不仅能补充乳品能量不足，提高膳食中蛋白质的利用率，还可培养其用勺和咀嚼的习惯。谷类食物如烂粥、面条、饼干等食物中含有B族维生素（如维生素B_1、维生素B_2）、铁、钙、蛋白质，利于宝宝的生长发育。

4～5个月的宝宝，每日可先喂几汤匙烂粥（1～2次），再加饼干1～2片。饼干可以磨宝宝牙床，有助于出牙，还可以加些菜泥、肉汤等。

粥的制作：将米洗净，煮成烂粥，开花，收汤，成米糊状。可用菜汤调味，以后可逐渐在粥中加入少许菜泥、鱼泥。为宝宝做粥切忌加碱，以免破坏粥中的营养素。

面条的制作：选用薄且细的面条，用水煮烂，然后加少许菜泥或蛋黄。宝宝6个月时可加少许鱼松、肝泥、蛋羹，还可加少量熟的酱油调味。

细节9 鱼泥与肝泥的添加方法

宝宝6个月时可开始加少许鱼泥、肝泥等。

鱼泥的制作：将鱼蒸熟，去皮去骨，再将鱼肉搅烂，放入粥或面条中食用。

肝泥的制作：将生猪肝用刀背横刮，刮取血浆样的东西即为肝泥，可加入粥内煮熟。

细节10 注重婴儿车的安全

6个月以内的宝宝还不能坐稳，比较适合选用坐卧两用的婴儿车。车筐以外的地方，不要悬挂物品，以免掉下来砸伤宝宝。使用前应进行安全检查，如车内的螺母、螺钉是否松动，躺椅部分是否灵活可用，轮闸是否灵活有效等。如果有问题，一定要及时处理。

宝宝坐车时一定要系好腰部安全带，腰部安全带的长短、大小应进行调整，松紧度以放入大人四指为宜，调节部位的尾端最好能有3厘米的余量。

宝宝坐在车上时，父母不得随意离开。非要离开一下或转身时，必须固定轮闸，确认不会移动后才可离开；切不可在宝宝坐车时连人带车一起提起。正确做法是一手抱宝宝，一手拎起推车。

婴儿车不要推行速度过快，这样容易发生危险。也不要抬起前轮单独使用后轮推行，以免造成后车架弯曲、断裂；推车散步时，如果宝宝睡着了，要让宝宝躺下来，以免其腰部的负担过重，受到损伤。

细节11 口水增多戴围嘴

3~6个月的宝宝分泌的唾液开始增多，宝宝出牙时也会刺激唾液腺分泌。这个月龄的宝宝，由于口腔吞咽功能发育尚未完善，口腔较浅，闭唇和吞咽动作还不协调，不能把分泌的唾液及时地咽下去，所以唾液便会从口中流出来。随着月龄的增长，宝宝逐渐学会随时咽下唾液，到牙齿长齐以后一般流口水的现象会自然消失。宝宝流口水不是病，不需要治疗，可以给宝宝戴上布制的围嘴并勤换洗、勤擦拭。对于口水较多宝宝，可在口周围擦些油脂，以防皮肤被擦破。

细节12 训练排大小便

6个月的宝宝可以用便盆“把大便”，无论是坐便盆还是“把大便”，父母都可以发出“嗯……”的声音，同时叫宝宝的名字说“使劲……”。经过几次训练，父母的语言和声音作为排便的信号，可以形成一种条件反射。同样，父母可用“嘘……”声训练宝宝小便。一般早起后排大便，喂水或喂奶后15~20分钟排小便，醒来后排小便。

细节13 夏季不宜给宝宝剃光头

不少家长都认同这样一个民间说法：新生儿要剃掉胎发，剃成光头，这样重新长出来的头发才会又黑又密。于是许多年轻的父母都给宝宝剃光头。其实这是没有科学道理的，而且可能还会对宝宝有害，尤其是在炎热的夏天。

减少了头发保护功能

不少人以为头发会增加温度，这是一种错误的看法。事实上，头发可以保护宝宝的头部，当头部受到意外伤害时，浓密而富有弹性的头发可以防止或减轻头部的损伤。另外，头发有帮助人体散热、调节温度的功能。给宝宝剃光头实际上减弱了人体的散热功能。对于体温调节功能没发育完全的宝宝来说，头发的作用是不容忽视的。

容易引发头皮感染

宝宝头皮稚嫩，剃头时容易损伤头皮及毛囊组织。即使是技术熟练的理发师，剃发后也可能在头皮上留下肉眼看不见的创伤，因此剃刀及皮肤上的细菌会趁机入侵，导致发生痱子、疖子等，严重者还可能会引起败血症。如果细菌侵入到宝宝头皮的发根部位而破坏了毛囊，不但会影响宝宝头皮的正常生长，还会影响宝宝的发质。因此，给宝宝剪头发时，不宜剃到根部。

头发好坏的关键是营养、健康和遗传

有些父母头发漂亮浓密，其子女也多半如此。除遗传外，一个人的毛发长得好不好、快不快，跟年龄、营养、健康状况、体质和气候都有关系。宝宝的头发只要不是特别枯黄、毛刺刺的，一般3个月以后会长好。另外，可适当补充一些鱼肝油或多带宝宝晒晒太阳。

夏天易得“日射病”

剃光头后，宝宝的头部皮肤就会暴露出来。如果外出时没有注意好防晒，很容易因为阳光直接照射导致脑部损伤而发生“日射病”。

细节14 防止宝宝蹬被子

不要盖太过厚重的被子

父母因为总担心宝宝受凉，所以给宝宝盖的被子大多都比较厚重。其实这一阶段的宝宝正处于生长发育的旺盛期，代谢率高，比较怕热；加之神经调节功能

不成熟，很容易出汗，因此宝宝的被子总体上要盖得比成人少一些。如果盖得太厚，宝宝就会因感觉不舒服而睡不安稳，只有蹬掉被子才能安稳入睡；而且被子过厚、过重还会影响宝宝的呼吸。因此，要给宝宝少盖一些，这样宝宝蹬被子的现象就会自然消失。

创造舒适的睡眠环境

宝宝睡觉时如果感觉不舒服就会频繁地转动身体，结果就将被子蹬掉了。所以，宝宝睡觉时别给穿太多衣服，一层贴身、棉质、少扣、宽松的衣服是比较理想的；应避免睡眠环境中的光刺激；营造安静的睡眠环境；睡前别让宝宝吃得过饱，尤其是别吃含糖量高的食物等。

固定小被子的妙招

准备两条1米左右长的松紧带，对折后分别缝在宝宝的棉被两侧，缝制宽度约40厘米，与枕头差不多，然后再将松紧带另一头固定在床档上。由于松紧带的弹性作用，这样棉被既不易被踢掉，又便于宝宝活动。

排除疾病因素

佝偻病或贫血是宝宝生长发育过程中的常见疾病之一。当宝宝患有此类疾病时，神经调节功能会不稳定，容易出现出汗、烦躁和睡不安稳等情况，导致宝宝睡觉时容易蹬被子。因此，当发现宝宝常蹬被子时，要及时检查是否是疾病导致的。

细节15 注意宝宝日常生活的安全

到5个月时，宝宝的脖子渐渐硬了，骨骼也进一步发育完善，他开始会翻身、抬头，手也会到处乱抓东西了。由于宝宝活动量增加，父母照看宝宝时需要更加注意他的安全。

远离危险物品

随时以宝宝的高度，检查其活动范围内是否有危险物品，如尖锐物、热水、药品、易燃烧物、未覆盖的插座和电线等。这个时期宝宝的好奇心越来越强，肢体动作开始向外探索，所以冲奶粉、准备食品时，热水、筷子、勺子、桌布等要远离宝宝，以免他因好奇乱摸时被伤到。

远离摔伤

宝宝床栏杆的高度或栏杆间的距离应适当，一般护栏高65～70厘米，护栏的间距为5.5厘米，以防宝宝摔下或头被栏杆卡住。会翻身的宝宝睡觉时一定要有安全护栏，以免他在睡梦中或睡醒时、游戏时摔落而受伤。

避免吞入异物

宝宝现在喜欢把手里的东西往嘴里送，因此父母务必要把所有宝宝可能塞入嘴里造成危险的物品拿开，例如不经意掉落的花生米、瓜子、纽扣、硬币、果菜子、玩具零件或塑料袋等；给宝宝的玩具必须留意是否有易脱落的小零件，免得宝宝因吞食而出现意外。

一旦发现宝宝误食异物，父母可用一只手捏住宝宝的腮部，另一只手伸进他的嘴里将东西掏出来；若发现异物已经吞下，可刺激宝宝的咽部，促使他吐出来；若宝宝已出现呼吸困难，应尽快带他去医院，将掉入气管内的异物取出来，以免发生意外。

远离洗澡的危险

为宝宝洗澡时应先放冷水再加热水，以免其因迫不及待要洗澡而将手或脚伸到水里被烫伤。宝宝在水中总是喜欢动来动去，所以最好在浴盆内放入毛巾或防滑垫，防止宝宝滑倒。

远离宠物

有些家庭喜欢养宠物，殊不知宠物会给宝宝带来很多的危险。宠物身上携带的一些病毒、寄生虫等，容易使自身防护能力差、抵抗力弱的宝宝受到感染而生病；宠物有时还可能会无意地咬伤、抓伤宝宝，所以有宝宝的家庭不宜养宠物。

细节16 长牙时的异常现象及护理

一般在4～10个月开始长牙，为使宝宝长出一口健康整齐的乳牙，在乳牙萌发时适当地护理至关重要。乳牙萌发时，宝宝的牙床开始红肿，出现充血现象，并极易引起牙床发痒；当乳牙突破牙床牙尖冒出后，牙渐渐变白，这标志乳牙已生成。一般宝宝长牙时无异常现象，但某些宝宝会有低热、睡眠不安稳、流口水、喜欢吮手指、咬奶头及轻微腹泻。这时应多给宝宝喂些白开水，以达到清洁口腔的目的，并要及时给宝宝擦干口水，以防下颌部淹红。为预防牙痒促进乳牙生长可给宝宝一些烤馒头片、饼干、苹果片等食品来磨牙。

发热：有些宝宝在牙齿刚萌出时，会出现不同程度的发热。只要体温不超过38℃且精神好、食欲旺盛就不必特殊处理，多给宝宝喝些白开水就行了；如果体温超过38.5℃并伴有烦躁哭闹、拒奶等现象，则应及时就诊，请医生检查看是否合并有其他感染。

腹泻：有些宝宝出牙时会有腹泻现象。当宝宝大便次数增多但水分不多时，应暂时停止给宝宝添加其他辅食，以粥、细烂面条等易消化的食物为主，并注意餐具的消毒；若排便的次数每天多于10次且水分较多时，应及时就医。

烦躁：当出牙前的宝宝出现啼哭、烦躁不安等症状时，只要给以磨牙饼让宝宝咬并转移其注意力，他通常会安静下来。

出牙时不要让宝宝吸空橡皮奶头，长时间吸吮会造成牙齿前突，影响咀嚼能力和面容的美观。长牙时要补充一些高蛋白、高钙、易消化的食物，以促进牙齿健康生长。

细节17 怎样护理乳牙

婴儿从6～7个月开始陆续长出乳牙，到2岁长齐，共20颗；6～7岁开始换牙，即乳牙脱落换成恒牙，直到20岁左右出齐。无论乳牙或恒牙，牙齿的质量与营养、卫生习惯、遗传等都有直接关系。如营养不良可影响牙齿钙化；不讲口腔卫生会患龋齿；吮手指、咬口唇会使牙齿排列不整齐。上下齿闭合不拢，有损容颜、进食和发音。

保护婴儿乳牙要注意以下几点：

- 要注意营养，多吃鸡蛋、虾皮等富含蛋白质和钙的食物，以利于牙齿健康生长。

- 控制甜食，切忌含着奶头或糖块入睡。
- 睡前要多饮些白开水，清洁口腔，预防龋齿。
- 及时纠正宝宝某些不良习惯，如吮手指、啃玩具、咬口唇、咬坚硬物等。
- 要让宝宝养成仰卧睡姿，长期侧睡会使他的乳牙长得参差不齐。

细节18 轻轻摇晃宝宝有好处

抚爱宝宝正确的方法是轻轻抚摸宝宝的全身。摇晃宝宝常常作为一种止哭的方法，当宝宝大哭时只要轻轻一摇或轻拍，他的哭声就会停止，若轻轻哼上几句催眠曲，他会睡得更快。有规律的轻轻摇动可使宝宝内耳前庭接受刺激，产生平衡感觉，可以加快学步的进度，还可促进其动作的发展。

育儿小百科：不要抛摇宝宝

有些父母出于对孩子的喜爱，喜欢抱着宝宝用力摇晃或向上抛扔；也有的为使宝宝入睡，把孩子放在双腿上或放在摇篮里用力颠簸。这些做法对宝宝的健康均不利。抛扔宝宝会使其脑部受到比较强烈的震动，对他的智力发育不利，甚至会使其脑部受到伤害或危及生命。

细节19 纠正宝宝吸吮手指的习惯

很多宝宝在2～3个月或6个月以前就开始吸吮手指了。当宝宝因饥饿而得不到满足时，或者当宝宝的身体某一部位不舒服时，吸吮手指似乎可以缓解身体的不适感。

宝宝吸吮手指时，父母可以转移他的注意力，和宝宝玩耍或把玩具递到他手中。如果宝宝在睡觉前吸吮手指，父母可以让宝宝拿着玩具或将他的两只手握在一起。最好不要给6个月大的宝宝吸安抚奶嘴，因为这只是让宝宝换了个吸吮对象，宝宝依然会对吸吮有依赖性。

在纠正宝宝吸吮手指的过程中，父母切忌用强制粗暴的手段。有些父母缺乏耐心、态度粗暴，甚至打骂、恐吓宝宝；还有些父母用纱布把宝宝的手包上，以此来阻止宝宝的这一行为。这些不良的纠正方式，往往会加重宝宝的心理负担，最终只会适得其反。

细节20 训练宝宝独自睡觉

从第6个月开始，父母应该有意识地培养宝宝独自睡觉的习惯。宝宝和父母分床睡，有助于培养宝宝的独立意识和自理能力，并可促进其心理成熟。

具体方法：在宝宝还醒着时就将他放到小床上，告诉他该睡觉了，然后离开房间。假如他开始没有哭闹，父母就不需要采取任何行动；假如他哭了，就让他哭5分钟后再进入房间。进屋时千万别开灯，尽量将身体的接触减至最低，可以轻柔地对他说话，告诉他他是个大宝宝了，可以自己入睡了，然后再度离开房间。假如他继续哭闹的话，这次就等10分钟再进入房间，再跟他说话，但别待太久，1~2分钟后就离开。假如哭声继续，那么每次都等15分钟后再进去，直到他睡着为止。第二晚，开始延长至10分钟后再第一次进入房间，并逐渐加长时间间隔。假如第一晚觉得让宝宝哭5分钟太难做到的话，等2~3分钟再进去也可以，家长可以根据自己宝宝的情况调整。

父母应该陪伴生病的宝宝

宝宝生病时，通常会睡不着，父母应该陪伴着他。这种情况可能会使辛苦帮他学习自己入睡的进展出现退步现象，不过这是一种不可避免的退步。等他身体好转后，假如需要的话，就再开始同样的过程。因为他之前已经成功学会自己入睡了，因此还是会再次成功的。

细节21 三联针和小儿麻痹糖丸

第5个月的宝宝需要服用第2颗小儿麻痹糖丸，并开始注射第1针百白破三联疫苗。父母要注意注射三联疫苗的时间以及宝宝不宜接种此疫苗的特殊情况，并要了解宝宝在打三联针后的反应及护理要点。

百白破三联疫苗

百白破三联疫苗是由白喉类毒素、百日咳菌苗和破伤风类毒素按适当比例配制而成的，用来提高对白喉、百日咳、破伤风三种疾病的抵抗能力。接种后，百日咳抗原成分能刺激人体产生具有凝集、中和与杀灭百日咳杆菌的各种抗体，能抵抗百日咳感染；而白喉和破伤风类毒素可以使人体产生相应的抗毒素，通过抗毒素中和白喉、破伤风杆菌产生的外毒素。这种疫苗一般是肌肉注射，注射部位可在上臂三角肌附着处，也可于臀部注射。

三联针对破伤风的预防效果最好，抗体可维持10～15年时间，保护率可达95%以上。对白喉的预防效果也较为理想，约90%的宝宝血清中白喉抗毒素可达到保护水平。对百日咳的保护率可达到80%左右。

接种三联疫苗后的反应及处理

接种该疫苗后，宝宝可能有轻微的发热、烦躁不安。注射后的当晚宝宝会睡眠不好、易惊醒哭闹，如发热未超过39℃、无抽筋等严重的反应，可不用处理，经过2～3天即可自愈。另外，该疫苗接种的局部可能出现红肿，持续一定时间后也会逐渐吸收消失。第1针注射后宝宝的体温升到39.5℃～40℃以上，若有抽搐则不宜再接种第2针，以免发生严重反应。若宝宝全身反应较重，应及时到医院就诊。

不宜注射三联疫苗的情况

当宝宝患病、发热、有严重湿疹时，最好暂缓接种；有癫痫等神经系统疾患、严重过敏性疾病及有抽风史的宝宝应禁止注射该疫苗。

及时服用小儿麻痹糖丸

宝宝满3个月后应及时服用第2颗小儿麻痹糖丸，这样在宝宝体内就可产生对麻痹症的抵抗力，防止疾病的发生。服糖丸后一般没什么异常反应，个别宝宝会

有大便次数增加、大便比平常稍稀情况，但宝宝无其他不适反应，持续2～3天可自愈。

细节22 注意观察宝宝的疾病信号

大便干：正常宝宝的大便呈软条状，每天定时排出。若大便干燥难以排出，且大便呈小球状，或2～3天1次，多是肠内有热的现象，可多服用菜泥、鲜梨汁、白萝卜水、鲜藕汁，以清热通便。若内热过久，宝宝易患感冒发烧。

鼻侧发青：中医认为宝宝过食生冷寒凉的食物后，可损伤“脾胃的阳气”，导致消化功能紊乱，寒湿内生，腹胀腹痛。宝宝见于鼻梁两侧发青。

舌苔白又厚：正常时宝宝舌苔薄、白、清透，呈淡红色。若舌苔白而厚，呼出气有酸腐味，一般是腹内有湿浊内停，胃有宿食不化，此时应服消食化滞的药物。

手足心热：正常宝宝手心脚心温和柔润，不凉不热。若宝宝手心脚心干热，往往是要发生疾病的征兆，注意宝宝精神状态和饮食调整。

口鼻干又红：若宝宝口鼻干燥发热、口唇鼻孔干红、鼻中有黄涕，则表明宝宝肺、胃中有燥热，这时应注意多饮水、避风寒，以免发生高热、咳嗽。

细节23 蚊虫叮咬的防治

夏天蚊虫较多，由于宝宝的皮肤比成人更加娇嫩，所以容易被蚊虫叮咬。蚊虫叮咬后常会引起皮炎，这也是夏季小儿常患的皮肤病之一。宝宝被蚊虫叮咬后常会感到奇痒、烧灼或痛感，个别严重者可于眼睑、耳郭、口唇等处出现红肿，甚至出现发热、局部淋巴结肿大等，偶发由于抓挠或过敏引起的局部大包、出血性坏死等严重反应。

随时避开蚊虫的侵扰

注意室内卫生，定期打扫，不留卫生死角；开窗通风时不要忘记用纱窗做屏障，防止各种蚊虫飞入；在暖气罩、卫生角落等房间死角定期喷洒杀蚊虫的药剂，最好在宝宝不在的时候喷洒，并注意通风。

宝宝睡觉时，为了让他享受酣畅的睡眠，可以给他的小床配上一项透气性较好的蚊帐；还可以在宝宝身上涂抹适量驱蚊剂。外出玩耍时，不要带宝宝去草丛或潮湿的地方，也不要让宝宝的身体暴露太多，露出的皮肤要涂抹上儿童专用防蚊露。

被蚊虫叮咬后的处理

一般性虫咬皮炎的处理主要是止痒，可外涂虫咬水、复方炉甘石洗剂，也可用市售的止痒清凉油等外涂药物。父母要经常给宝宝洗手，剪指甲，谨防宝宝搔抓叮咬处导致继发感染。如果宝宝被蚊虫叮咬的症状较重或有继发感染，最好尽快去医院就诊。可遵医嘱内服抗生素消炎药，同时及时清洗并消毒被叮咬的局部，适量涂抹红霉素软膏等。

有备无患

蚊虫是传播乙型脑炎和多种热带病（如疟疾、丝虫病、黄热病和登革热）的主要媒介，因此夏秋季如发现宝宝有高热、呕吐甚至惊厥等症状时应及时就诊。为了安全起见，家中可常备一些药品，出行的时候可以带上万金油、风油精、面速力达姆等，但要记住这些药膏只能使宝宝的患处暂时获得清凉，并没有实质性的治疗效果。在使用驱蚊用品，特别是直接接触皮肤的防蚊剂、膏油等时，要注意观察是否有过敏反应，有过敏史的宝宝更应该注意。

细节24 避免让宝宝出现脱水现象

人体的新陈代谢离不开水，有了充足的水分才能维持生命活动。宝宝正处于生长发育的旺盛时期，身体对水的需求更为突出。宝宝脱水一般发生在宝宝生病的时候。如果脱水症状不能及时得到缓解，宝宝体内的水分、电解质就会失去平衡，并使血液中的重要营养物质大量丢失，严重者可能会导致大脑损伤甚至危及生命，所以父母一定要避免宝宝出现脱水现象。

脱水的常见原因

宝宝患了某些疾病时很可能会使身体的水分丢失。比如宝宝发烧时，无论什么疾病引起的体温升高，都会使宝宝的呼吸频率加快，同时皮肤上的汗腺大量分泌汗液，导致身体失去很多水分。当宝宝呕吐或腹泻时，排便次数增加，排出大量的稀便或水样便，再加之呕吐等原因，身体失去的水分要比呼吸道感染更为明显。

脱水的主要表现

初期轻度的脱水不容易察觉，宝宝仅仅是口渴，精神还好，稍有一点烦躁不安；脱水症状加重后，宝宝表现得更加烦躁，眼窝凹陷，哭时泪少，口干舌燥等；严重脱水时，宝宝精神恍惚，非常疲倦，想睡觉，眼眶周围有凹陷，皮肤摸起来干燥没有弹性，很久都没有一点尿意，此时应速请医生诊治。

脱水的应急措施

每隔10分钟左右给宝宝喂一次水，以缓解脱水症状。腹泻引起的脱水症状通常较重，应该在医生的指导下服用口服补液研制剂，尽快改善脱水症状。如果宝宝在发烧，应该及时降温，以减少体内继续失水。

冬季要谨防宝宝脱水

冬季天气寒冷，屋里暖气太热的话容易让人感到干燥，经常想喝水。宝宝体内的水分占体重的70%左右，再加上婴儿期的新陈代谢速度非常快，是成人的几倍，所以宝宝体内的水分更容易流失。父母应及时给宝宝补充水分，同时最好在家里准备一个空气加湿器，这样当屋里太干时可以增加湿度。

细节25 宝宝中耳炎的防治

中耳炎是由病毒或细菌引起的，发生在中耳部位发炎性变化的一种耳病，是宝宝常见病之一。可分为急性和慢性两类，这两类又各自可分为非化脓性和化脓性两种。急性非化脓性中耳炎在婴幼儿中仅见于一般的上呼吸道感染，没有耳痛和耳道流水的症状，但会出现轻度听力障碍。而急性化脓性中耳炎则会出现发热、耳痛、听力减退、脓液外流等症状，甚至还会转变为慢性中耳炎。

中耳炎的危害

宝宝耳咽管由于尚未发育成熟，所以比较平和短，一旦鼻、咽等部位受到感染，病原比较容易经耳咽管进入中耳引发中耳炎。这也是中耳炎在儿童期高发的原因。由中耳炎导致的听力受损通过治疗一般都能恢复，但也有极少部分宝宝可能会因此导致永久性耳聋。因此，父母一旦发现宝宝的听力有问题，应尽早带他到医院就诊。目前还没有办法完全避免中耳炎的发生，但父母可以通过一些适当的家庭护理方法来减轻或预防中耳炎。

中耳炎的预防

喂奶姿势和方法要正确。应把宝宝抱起来哺喂，人工喂养的宝宝哺喂时不要太多、太急。有些家长哺喂时图省事，让宝宝平卧，或人工喂养时喂得过多、过急，使宝宝来不及吞咽而呛咳，这样会使乳汁逆流入鼻、咽部，经咽鼓管进入中耳而致急性中耳炎。患感冒时鼻腔分泌物较多，切勿同时捏住宝宝的双侧鼻孔擤鼻涕，要先擤一侧鼻孔，再擤另一侧鼻孔，以防鼻涕和细菌经咽鼓管进入中耳引起急性中耳炎。要注意防止宝宝将异物塞入外耳道，引起感染而波及中耳；家长不要随便挖耳屎，有一些家长喜欢用牙签或火柴梗给宝宝掏耳屎，这是不可取的。因为不恰当的挖耳屎容易将鼓膜戳破，使外耳道细菌经过破损的鼓膜进入中耳而引起炎症。

急性中耳炎的症状

宝宝全身症状较重，常伴有发热、畏寒及呕吐、腹泻等消化道症状。由于宝宝不能表达耳痛，会表现为烦躁、哭闹、夜眠不安稳、摇头或用手揉耳朵；另外，因为吸吮和吞咽时耳痛会加重，所以宝宝不肯吃奶。

鼓膜穿孔后耳内可有液体流出，初为血水样，以后变为脓性液体。鼓膜一旦穿孔，耳痛会减轻，体温也随即逐渐下降，全身症状明显减轻，宝宝也随之变得安静了。这时父母会发现宝宝听力有所下降，听力检查呈传导性耳聋。

中耳炎患儿的护理

给患儿滴药前应注意：药液温度要与体温相近，如果药液过冷，应稍稍加

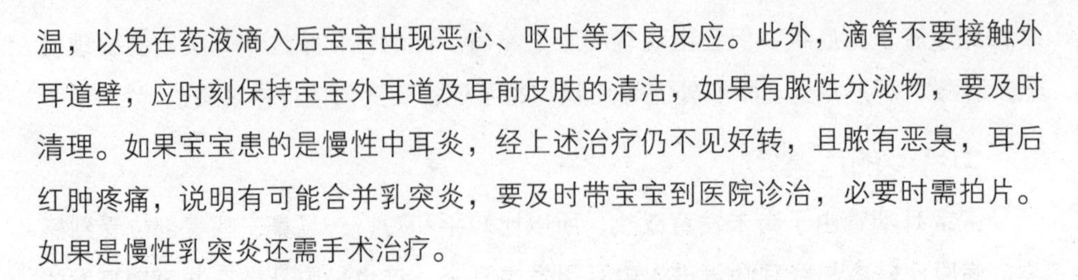

温，以免在药液滴入后宝宝出现恶心、呕吐等不良反应。此外，滴管不要接触外耳道壁，应时刻保持宝宝外耳道及耳前皮肤的清洁，如果有脓性分泌物，要及时清理。如果宝宝患的是慢性中耳炎，经上述治疗仍不见好转，且脓有恶臭，耳后红肿疼痛，说明有可能合并乳突炎，要及时带宝宝到医院诊治，必要时需拍片。如果是慢性乳突炎还需手术治疗。

中耳炎的治疗

中耳炎是由细菌感染引起的，所以父母应该在医生的指导下为宝宝选择抗生素，一般多采用青霉素及青霉素族。给药途径多选择静脉点滴。向耳道内滴药是治疗中耳炎的重要方法，滴耳药可以直接作用于病灶局部，使药物的作用发挥得更充分。可以让宝宝侧卧在床上，或家长抱在怀里，头向一侧偏斜，然后进行滴药。宝宝的外耳道有一定的倾斜度，所以在滴药前应将耳道拉直，以便药液顺利流入耳道。滴入药液后，要用手指轻压宝宝的耳屏数次，使药液到达患处。如果宝宝的耳朵有出脓的现象，应先用3%的过氧化氢清洁耳道，然后再滴药。滴药后要侧卧一会儿，待药液渗入组织后再起来。

传导性耳聋

主要指外界声音传入耳内的途径受到障碍而导致的耳聋。病变部位主要在外耳道、中耳及前庭窗、蜗窗，是耳科常见病。本病如发生在婴儿期可导致语言发育延迟。通过及时治疗，多数可康复，一般不影响语言交往。

细节26 给宝宝服药的正确方法

宝宝吞咽能力差，喂药时很难与家长配合。很多时候宝宝不肯吃药，是因为宝宝的味觉特别灵敏，对苦涩的药物往往拒绝服用，或者服后即吐。这时父母千万不可强行给宝宝灌药，这种做法是极不妥当和不安全的。父母应不断地摸索给宝宝喂药的正确方法，摸清宝宝的脾气，以顺利完成喂药的艰巨任务。

谨慎用药

吃药前首先检查药品名称、服用方式、副作用及成分、日期，注意是饭前还是饭后吃，两次吃药的时间至少要间隔4小时以上。如果有疑问应及时向开药的医生咨询。成人药物不能随便给宝宝吃，即使减量也不可以。有些药物有一定的副作用，服药后要小心观察。有些体质过敏的宝宝，在服用退热、止痛药或抗癫痫药物后可能有过敏反应，一旦服药后有任何不适应立刻停药并咨询医生。

顺利喂药的方法

这个时期的宝宝吸吮能力差，吞咽动作慢，喂药时应特别仔细。为了防止呛咳，可将宝宝的头与肩部适当抬高。先用拇指轻压宝宝的下唇，使其张口，有时抚摸宝宝的面颊也会使其张口；然后将药液吸入滴管或橡皮奶头内，利用宝宝吸吮的本能吮吸药液。服完药后再喂些水，尽量将口中的余药全部咽下。如果宝宝不肯咽下，则可用两指轻捏宝宝的双颊，帮助其吞咽。服药后勿忘将宝宝抱起，轻拍背部，以排出胃内空气。

父母切忌采用粗暴的办法，如捏着宝宝的鼻子，撬开嘴巴硬灌，甚至在宝宝张嘴大哭时乘其不备一灌了事。这些生硬的做法既无法保证药物完全咽下，发挥药效，还可能因药液呛入气管而引起窒息、吸入性肺炎等。

育儿小百科：多去户外活动

在好的天气里，大人应抱宝宝到室外活动，进行日光浴、空气浴等锻炼，使其逐步适应外界环境的变化，以增强宝宝身体的耐受力及适应能力，减少疾病的发生。如果不经常带宝宝到户外活动，宝宝就会弱不禁风，如遇到外界环境变化，身体会因不能适应而生病。所以，大人应尽可能每天安排一定时间带宝宝到室外活动。同时，室外活动还可以开阔宝宝的眼界，增长见识，对宝宝智力的开发大有益处。

细节27 婴儿翻身练习

翻身练习主要是训练宝宝脊柱和腰背部肌肉的力量，增强身体的灵活性，为今后逐步发展坐、爬、站、走、跑、跳等大动作做准备。

转脚训练

做转脚训练也是为翻身训练做准备，但必须建立在宝宝会以侧卧姿势睡眠的基础上。训练时，先让宝宝侧卧，在宝宝的左侧和右侧各放一个色彩鲜艳或有响声的玩具，然后抓住宝宝的脚踝，让一只脚横越过另一只脚并碰触到床面。留意宝宝的身体是不是也跟着脚翻转，如果不跟着转，可以轻轻在宝宝背后推一把。如果宝宝的身体跟着脚翻转，就会自己翻过去，变成趴着的姿势。只要宝宝在父母的帮助下完成这个动作，就可以提前翻身了。转脚法的训练一般每天可以训练2~3次，每次训练2~3分钟。

继续翻身训练

先让宝宝仰卧，然后父母分别站在宝宝两侧，用色彩鲜艳或有响声的玩具逗引宝宝，训练宝宝从仰卧翻至侧卧位。如果宝宝自己翻身还有困难，也可以在宝宝平躺的情况下，妈妈用一只手撑着宝宝的肩膀，慢慢将他的肩膀抬高，帮宝宝做翻身的动作。在宝宝的身体转到一半时让宝宝恢复平躺的姿势，这样左右交替地训练几次，宝宝就可以进一步练习真正的翻身了。

训练注意事项

父母在给宝宝做翻身练习时要有耐心，要让宝宝在愉悦中进行训练。父母的动作一定要轻柔，以免扭伤宝宝的胳膊和腿；刚开始训练的时间和次数不要太长、太频繁，要循序渐进地进行；不要在宝宝刚吃完奶后或身体不舒服时练习。

细节28 婴儿直立练习

婴儿6个月左右时，可双手抱在婴儿腋下，由父母帮助让婴儿在膝头或床上练习站立。每次练习1分钟左右，每天可练习1~2次。这是学习站立的准备，可以使婴儿通过这种练习获得站立的体验。

细节29 教宝宝做游戏

4个月的宝宝开始对周围的世界感到好奇，父母可以以游戏的方式，从多个角度来提高宝宝的观察力、探索能力和记忆力。另外，4个月的宝宝已认识妈妈和熟悉的人，父母应扩大宝宝的交际范围，以防止宝宝认生。

飞呀飞

让宝宝背靠在妈妈怀里，妈妈双手分别抓住宝宝的两只小手，教他把两个食指指尖对拢然后再水平分开，嘴里同时说“飞呀飞”，如此反复数次。还可以分别对其余手指对拢然后再分开玩此游戏，注意动作要轻缓。

第一个词

宝宝所说的第一个词之所以像是“妈妈”或“爸爸”的发音，是因为父母常常对宝宝说这两个词。其实宝宝还会发出其他的声音，父母可以仔细倾听并向宝宝重复他发的音，这样将有助于宝宝将这些发音转化为词语。试着把宝宝的声音录下来并放给他听，每个月录1次，以便记录宝宝言语的发育过程。

做鬼脸

为宝宝表演一些夸张的手势、表情，并配以话语和声音。多重复几回，以便让宝宝能模仿你的动作。

说话与唱歌

试着反复唱2～3个音符，如唱“啦……啦……”，观察宝宝是否会模仿你发音。如果你经常唱，这会成为他早期口语表达的一部分。

结识新朋友

当有客人来访时，要把客人介绍给宝宝，这样可以锻炼宝宝不认生。当然，注意一定要给宝宝充分的适应时间。

你记得吗

抱着宝宝坐在桌边的椅子上，把他喜欢的玩具放在桌子上，并跟他谈论这个玩具，然后让宝宝背向玩具面对着你，如果他转回头寻找玩具，就表扬他并把玩具给他。若宝宝能在地上爬着玩，就可以让他在地上做这个游戏。让宝宝俯卧，

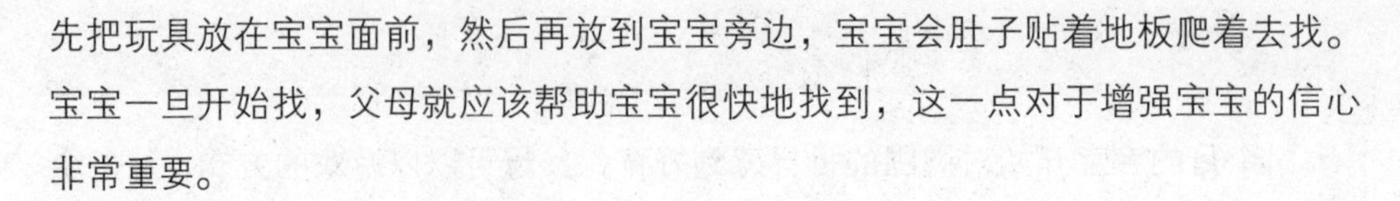

先把玩具放在宝宝面前，然后再放到宝宝旁边，宝宝会肚子贴着地板爬着去找。宝宝一旦开始找，父母就应该帮助宝宝很快地找到，这一点对于增强宝宝的信心非常重要。

抓到你了

重复性的游戏可以教会宝宝如何轮流玩游戏。当你抱起宝宝时你可以对宝宝说："我抓到你了。"然后用头轻触宝宝的肚子。反复重复这项游戏，他会感到异常的快乐。然后你可以对宝宝说："该轮到你了，快来抓住妈妈！"同时要帮助他，让他用头来轻触你的肚子。

细节30 宝宝的肢体动作训练

俗话说"七坐八爬九发牙"。到6个月大时，几乎90%的宝宝都已经可以自由地转动头颈，看他喜爱的世界了。宝宝这时可以用手前撑，让自己坐着不会倒下去，当然有时候如果宝宝动作太大，或突然想伸手拿玩具，你也可能会被宝宝侧倒的惊险画面吓一跳。

爬坐交替好处多

大多数宝宝是在爬行和站立的中间完成坐姿的。爬为坐奠定了基础，爬和坐是相互促进的。爬能促进宝宝大脑的发育及大脑平衡能力的发育，开发智力潜能，并对控制眼、手、脚协调的大脑神经发育有极大的促进作用。爬坐交替可以满足宝宝不愿安静地坐着的习惯，又可以锻炼宝宝胸、腹、腰、背及四肢的肌肉，并可促进其骨骼的生长，为以后站立和行走打下良好的基础。爬坐交替是一项剧烈

学坐时的安全提醒

宝宝刚学坐时，不要让他坐太长时间。宝宝的脊椎骨尚未发育完全，如果长时间坐着，对脊柱的发育不利。也不要让宝宝跪坐，两腿形成"W"状或将两腿压在屁股下，这样容易影响腿部发展。最好的姿势是采用双腿交叉向前盘坐。如果将宝宝置于床上，床面最好有与其身体呈垂直角度的靠点围在侧面和后面，以防有外力或宝宝动作过大时摔下床。

的活动，消耗能量多，有助于增进食欲、帮助睡眠，从而促进身体良好的发育。

伸双臂求抱

要利用各种形式引起宝宝求抱的愿望，如抱他上街、找妈妈、拿玩具等。抱宝宝前，应向他伸出双臂，说：“抱抱好不好？”鼓励他将双臂伸向你，让他练习做求抱的动作，等他做对了之后再将他抱起。

安坐训练

开始时，妈妈可用手支撑宝宝的腰背部，并用坐在地面上来代替坐在柔软的床垫上，让他维持短暂的坐姿；随后，妈妈可在宝宝面前摆放一些玩具，引诱他去抓握，前倾力量可以渐渐锻炼宝宝的坐立能力。

细节31 教宝宝自己玩

4～6个月的宝宝，手的动作有了一定的发展，会抓捏玩具，并对有响声的玩具表现出兴趣。但此时宝宝手的动作发展还很差，还不能独立地玩玩具，需要父母教宝宝玩。宝宝在自己玩的过程中看看、摇摇、摸摸、听听，不仅可以发展视觉、听觉、触觉、注意力及手的动作，而且会对客观事物产生表浅的认识和感受，激发对玩具的兴趣，也为从小培养其独立活动打下基础。

教宝宝玩的方法有以下几种：

- 要提供适合宝宝特点的玩具，如摇铃、一握就响的小动物等。
- 父母要以愉快、亲切的表情拿一个玩具给宝宝看，摇摇铃给他听，同时告诉宝宝玩具的名称，反复几次后把玩具放在宝宝手里，先由大人把着手教他拿，教他摇，并以赞赏鼓励的语气强化宝宝的动作。
- 把玩具悬挂在小床上方，宝宝伸手能触到的高度，让宝宝看、碰触。经过训练，5～6个月宝宝就会自己玩了。

细节32 婴儿语言训练

婴儿期正是宝宝语言的发生期，父母要利用一切条件对他进行语言训练，为其日后的语言发展奠定基础。

婴儿的口语能力和其他能力一样都是在日常生活中学来的，视觉和听觉若限制在一个小范围内，语言也就限制在一个小范围内，因此，一定要设法让他多看多听。

在日常生活中多对宝宝说话，将说话与教宝宝认识环境的活动结合起来。反复教他认识他熟悉并喜爱的各种日常生活用品，如起床时教他认识衣服和被子，开灯时教他认识灯，坐小车时认识小车，戴帽子时认识帽子等。多带宝宝外出开阔眼界认识大自然，如大树、花草、小动物等。

父母必读

4～6个月的婴儿虽然还不会说话，但他会把听到的内容作为信息存入记忆库中，为未来的语言交流打下基础。

在与宝宝一起玩耍时，可利用宝宝喜爱的玩具和活动来教他，如大人扮作小狗“汪汪”叫，玩娃娃时把娃娃藏起来让宝宝找。玩的同时多和宝宝说玩具的名称及活动的名称。在日常生活中家长要多叫宝宝的名字，逐渐使他确认自己的名字，并教他认识家庭成员，如妈妈、爸爸、爷爷、奶奶等。

第四章 7～9个月的育儿细节

细节1 7～9个月婴儿的生长发育特征

7～9个月婴儿的运动功能和智力发育非常迅速，能坐、会翻身、能爬行、会主动找大人玩，对周围的事物表现出无限的兴趣。这个时期的婴儿开始出牙，因此辅食的添加应注意多样化，以便为断奶做好准备。另外，这一时期的宝宝外出机会增多，从妈妈那里获得的免疫力渐渐消失，患病的机会较前6个月增加。

细节2 7～9个月婴儿的体重、身长、头围和胸围

婴儿6个月以后体格发育较前稍有减缓。体重平均每月增长500克，身长平均每月增长1厘米。此阶段胸围比头围略小。正常男婴9个月时的发育标准：身长平均为72.3厘米，体重平均为9.18千克，头围为44.8厘米。正常女婴9个月时的发育标准：身长平均为70.4厘米，体重平均为8.6千克，头围为44.3厘米。

细节3 婴儿的牙齿

婴儿出牙的时间差异较大。正常情况下，出生后4～10个月乳牙开始萌出，一般婴儿在6～7个月萌出第一颗牙。出牙的顺序为：先出下面中间的2颗门牙，然后出上面的4颗门牙，1岁左右出齐以上6颗牙。出牙时婴儿可伴有焦躁不安，吮吸大拇指、玩具或家具等。此时，可以给孩子玩能促进牙齿萌发的磨牙玩具或给予固体食物（如饼干、蔬菜棒等）刺激牙床，有助于牙齿的萌出。若12个月仍未长牙，可能是缺钙或其他疾病引起的，应该去医院检查。

细节4 婴儿的运动功能

6～7个月的婴儿可以独立坐稳，此时婴儿会爬行，爬行可以使婴儿活动范围扩大，接触和观察到更多的事物，有利于婴儿智能发展和体格发育。婴儿学爬行的差异很大，有的婴儿未经过爬行训练不会爬行。未经过爬行这个阶段，对于婴儿的身心发育来说是无法弥补的缺憾。

6～7个月的婴儿已开始有目的地玩玩具，会摇有响声的玩具，也可学着玩套叠玩具。9个月时手更加灵巧，可以用拇指、食指捏起小物体，如米粒、纸屑等。

细节5 婴儿的心理功能

此阶段的婴儿对周围环境的兴趣大为提高，能注视周围更多的物体和人。对不同的事物表现出不同的表情，会把注意力集中在他感兴趣的事物上。7～9个月的婴儿认生情绪更为突出，在陌生人面前会表现出不安和啼哭；依恋母亲，当妈妈暂时离开时会表现出保护不安和哭闹；知道不在眼前的物体并没有消失，开始寻找当面被藏在枕下的玩具；所拿的玩具落地后知道寻找；喜欢反复扔东西让大人拾起；有初步的模仿能力，可以模仿简单的动作，如模仿乱画、摇铃、模仿大人摇手表示再见，模仿拍手等动作。

此时期出现了最初的自我意识萌芽，可以认识自我，也能识别出自己与别人的不同。如让婴儿对着镜子照一会儿，然后将红颜色涂在他的鼻子上，婴儿看到镜中鼻子上的红颜色时就会去摸自己的鼻子，这说明他认出了镜中的自我。此阶段的婴儿喜欢表现自我，不高兴时会以叫喊、扔东西表示愤怒。

7～9个月的婴儿的语言能力有了进一步发展，对语言有初步的理解，可以理解简单的词句，如听到“再见”就会做出摇手动作，听到“欢迎”就会做出拍手动作，听到“上街”就会表示高兴并倾身指着门要大人抱出去。

细节6 宝宝认生的处理

这一时期宝宝的情感更加复杂和丰富了，经常表现出高兴、难过、生气、害怕、喜欢、不喜欢、有趣、无聊、厌烦、困倦等细腻的感情。而且6～7个月大的宝宝开始认生了，父母对此不要太紧张，要帮助宝宝度过认生期。

认生的种种表现

所谓认生就是指宝宝遇到不熟悉的人所表现出来的紧张和恐惧，往往伴随着大哭大闹，不让生人抱，甚至一看到生人就哭个不停。如果一直是母子二人相处，那么宝宝认生情况就会比较严重。

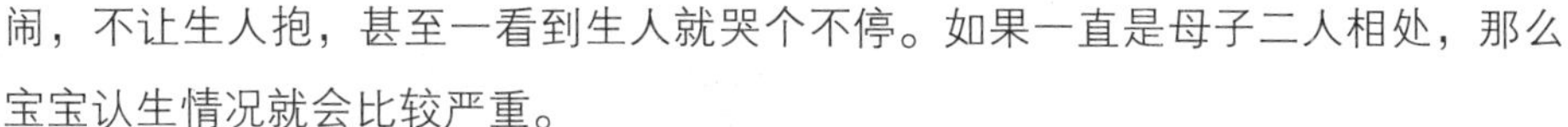

不同的宝宝表现出来的认生程度也有所不同。一般来说，相对于性格外向的宝宝，性格内向的宝宝更容易认生；相对于体格健壮的宝宝，体弱多病的宝宝更容易认生；相对于日常接触亲人多的宝宝，接触人少的宝宝更容易认生；相对于受环境刺激丰富的宝宝，受环境刺激贫乏的宝宝更容易认生；相对于母亲依恋程度较低的宝宝，过分贪恋母亲的宝宝更容易认生。

此外，有的宝宝会对具有某种特征的人表现出特别的害怕和恐惧，例如，有的宝宝一看到戴眼镜或戴帽子的人就哭。

父母不要过于担心宝宝认生

有些父母对于宝宝认生，往往因不了解而怀有悲观的想法，常常感叹："宝宝胆子这么小，见不得人，以后还有什么出息？"许多时候，这种担心是没有必要的。因为随着宝宝认识的不断发展，以及自我认识和活动范围的不断扩大，这种认生行为就会逐渐淡化。

怎样度过认生期

先由妈妈抱着让宝宝在远处观望生人，然后离得近一点让他与生人接触，之后逐渐增加与生人的接触，鼓励他与生人相处，慢慢地使他的焦虑或恐惧程度降低。家里来了陌生人，不要让客人一开始就抱或亲宝宝，而应在相互交谈和宝宝与他熟悉之后再亲热，以免引起宝宝的恐慌。

父母应该让宝宝有更多的机会与不同的人接触，扩大宝宝的交往范围。带宝宝到社区广场、花园绿地等场所，让宝宝看看周围新鲜有趣的景象，感知不同人的声音和面孔，特别要注意让宝宝体验与人交往的愉悦，逐渐降低与陌生人交往的不安全感和害怕心理。

细节7 断奶过渡后期

断奶的具体月龄无硬性规定，通常在1岁左右，但必须要有一个过渡阶段，在此期间应逐渐减少哺乳次数，增加辅食，否则容易引起宝宝不适应，并导致摄入量锐减、消化不良，甚至营养不良。7～8个月时母亲的乳汁明显减少，所以8～9个月后可以考虑断奶。

具体断奶时间要根据母亲乳汁的质量、季节的情况来决定。夏天天气炎热，宝宝易得肠道疾病，不宜断奶；另外宝宝生病期间也不宜断奶。

断奶时，母亲可暂时与宝宝分开。如果喂养得合理，宝宝能适应多种多样的食物，1岁左右的宝宝就可以不吃母乳了。1岁宝宝断奶后，每天除了给他500毫升左右牛奶外，还应增加其他辅食。

细节8 辅食的添加

7～9个月的宝宝大多已出牙，所以应及时添加饼干、面包干等固体食物以促进牙齿的生长和培养咀嚼、吞咽等习惯。最初可在每天傍晚的一次哺乳后补充淀粉类食物，以后逐渐减少这一次的哺乳时间并增加辅食量，直到该次完全喂给辅食而不再吃奶，然后在午间依照此法给第二次，这样可逐渐过渡到三餐谷类和2～3次哺乳。人工喂养的宝宝，7个月时还应保证每天500～750毫升牛奶供给。

在喂粥和烂面的基础上，可以添加碎菜、肝类、全蛋、禽肉、豆腐等食品，以使食谱丰富多彩，菜肴形式多样，从而增加宝宝的食欲。此外，应继续给予水果和鱼肝油。

从9个月开始，可以让宝宝练习用杯子喝水。让宝宝自己用手扶着杯子，大人可帮助拿着杯子，教宝宝用杯子喝水。练习用杯子喝水，可以培养宝宝手与口的协调性，促进宝宝智力发展。

细节9 预防断奶综合征

传统的断奶方式比较讲究效率，在短时间之内达到某种效果，但事实上，这种做法虽然表面上有收效，但并没有实质效果，宝宝往往需要独自承担断奶后的各种不适应症。另外，如果在宝宝断奶后喂养不当，会使宝宝的身体产生不良反应，如宝宝体内缺乏蛋白质会出现兴奋性增加，容易哭闹、哭声不响亮、细弱无力等情况，有时还会伴随腹泻等症状。其中蛋白质摄入不足和精神上的不安会使宝宝消瘦，抵抗力下降，易患发热、感冒等病。这些问题在医学上称为断奶综合征。

断奶综合征的护理：

- 当宝宝出现不适症状时，不要因为哭闹就拖延断奶的时间。父母在坚持的同时还需要对宝宝进行情绪上的安抚，如陪在他的身边，多抱抱他，跟他说话、做游戏。
- 断奶期的宝宝由于打乱了原有的饿了就喂奶的饮食规律，容易陷入饮食混乱、无条理的状态。如果能给宝宝正确添加辅食，则较容易自然断奶。
- 不要急着增加新的辅食，尤其是在宝宝身体不舒服的时候，千万不要强迫他进食新食物。可以通过改变食物的做法来增进宝宝的食欲，宝宝不愿意吃的时候就拿开，但中间不要喂其他食物；每次的量不要多，保持少食多餐。等宝宝完全适应新的食物和饮食习惯后，再增加新的食物或者减少哺乳次数。
- 让宝宝习惯用餐具进食，可以把母乳或果汁放入小杯中用小勺喂宝宝，让他知道除了妈妈的乳汁外还有很多好吃的。当宝宝习惯了用勺、杯、碗、盘等器皿进食后，他会逐渐淡忘从前在妈妈怀里的进食方法。
- 如果宝宝出现比较严重的症状，比如身体发育迟滞、情绪焦虑等情况，要请求医生的帮助。

细节10 训练宝宝的咀嚼能力

此时的宝宝开始长牙了，咀嚼及吞咽的能力也进一步提高，他会尝试以牙床进行上下咀嚼食物的动作。另外，宝宝主动进食的欲望也在增强，有时看到别人在吃东西，他也会做出想要尝一尝的表情。

妈妈可以为宝宝提供更为多样化的辅食，并让辅食更硬或更浓稠一些，以培养宝宝的咀嚼能力，促进牙齿的萌发。

妈妈除了喂宝宝吃食物之外，如果宝宝已经长牙，也可以提供给宝宝一些自己能够手拿的食物，如水果条或小吐司。因为长牙，宝宝可能会觉得不舒服，建议妈妈准备几个不同感觉的固齿器，不仅可以让宝宝磨牙，还可以帮助宝宝咀嚼能力的发展。

生活中处处都是磨牙食品

有很多父母认为只有磨牙饼干、磨牙棒才是专门用来咀嚼的，殊不知平常的膳食中也有很多可以用来磨牙的食物，比如把馒头切成1厘米厚的片，放在锅里烤一下，不要加油，烤至两面微微发黄、略有一点硬度，而里面还是软的程度，这就是很好的练习咀嚼能力的食物。还有稠粥、馄饨、包子、饺子、软饭、菜末、肉末等都是让宝宝练咀嚼的好食物。

细节11 警惕宝宝营养不良

人们通常把消瘦、发育迟缓乃至贫血、缺钙等营养缺乏性疾病作为判断宝宝营养不良的指标。这一方法虽然可靠，但病情发展到这一步说明宝宝的健康已经遭受到一定程度的损害。其实，宝宝营养状况变差，往往在疾病出现之前就已有种种信号出现了。父母若能及时发现这些信号并采取相应措施，就可以在一定程度上避免宝宝营养不良的发生。

行为反常

行为与年龄不相称：较同龄宝宝幼稚，表明体内氨基酸不足，需增加高蛋白食品如瘦肉、豆类、奶、蛋等的摄入。

夜间磨牙、手脚抽动、易惊醒：常是宝宝缺乏钙质的信号，应及时增加绿色蔬菜、奶制品、鱼肉松、虾皮等的摄入。

喜欢吃纸屑、泥土等异物：多与缺乏铁、锌、锰等微量元素有关。禽肉及海产品中锌、锰含量高，是此类宝宝理想的食品。

过度肥胖

以往常将肥胖笼统地视为营养过剩。最新研究表明，有一部分胖宝宝则是由营养不良引起的。具体说来就是因挑食、偏食等不良饮食习惯，造成某些微量营养素摄入不足所致。微量营养素不足导致体内的脂肪不能正常代谢为热量散失，只得积存于腹部与皮下，宝宝自然就会体重超标。因此，对于肥胖的宝宝来说，除了减少高脂肪食物（如肉类）的摄取以及多运动外，还应增加食物品种，做到粗粮、细粮、荤素之间的合理搭配。

情绪变化

当宝宝情绪不佳、发生异常变化时，应考虑到可能是体内某些营养素缺乏。宝宝郁郁寡欢、反应迟钝、表情麻木提示体内缺乏蛋白质与铁质，应多给宝宝吃一点水产品、肉类、奶制品、畜禽血、蛋黄等高铁、高蛋白质的食品。宝宝忧心忡忡、惊恐不安，表明体内B族维生素不足，此时补充一些豆类、动物肝脏、核桃仁、土豆等含B族维生素丰富的食品会大有益处。宝宝情绪多变、爱发脾气则与吃甜食过多有关，除了减少甜食外，多摄入富含B族维生素的食物也是必要的。宝宝固执、胆小怕事多与维生素A、B族维生素、维生素C及钙质摄取不足有关，所以应多吃一些动物肝脏、鱼、虾、奶类、蔬果等。

育儿小百科：宝宝食欲缺乏怎么办

一般情况下，婴儿每日每餐的进食量都是比较均匀的，但也可能出现某日或某餐食量减少的现象。这时不可强迫宝宝进食，只要给予充足的水分，其健康一般不会受损。

宝宝的食欲可受多种因素的影响，如温度变化、环境变化、接触不熟悉的人及体内消化和排泄状况的改变等。短暂的食欲缺乏不是病兆，如连续2~3天食量减少或绝食并出现便秘、手心发热、口唇发干、呼吸变粗、精神不振、哭闹等现象，则应注意。不发热时，可给宝宝多喂白开水（可加果汁、菜汁）、按揉肚子，待其积食消除，消化通畅，便会很快恢复正常的食欲；如无好转，则应去医院进一步检查治疗。

细节12 宝宝腹泻时如何喂养

婴儿腹泻时饮食要进行调整，原则上是首先减轻胃肠道负担，轻者不必禁食和补液，重症者可禁食6~8小时，静脉输液纠正脱水及电解质紊乱。脱水纠正后先服用口服补液和易消化的食物，由少到多，从稀到稠。原为母乳喂养的宝宝，每次吃奶时间要缩短；原为混合喂养的宝宝，可停牛奶或其他代奶品，单喂母乳；原为人工喂养的宝宝，牛奶量应减少，适当加水或米汤；原来已加辅食的宝宝，亦可减量或暂停喂辅食。患儿腹泻经治疗病情逐渐好转，大便每日2~3次，待身体基本恢复正常时再逐渐添加辅食，以免再次导致腹泻。一般需1~2周才能恢复到原来的饮食。

细节13 培养宝宝良好的卫生习惯

应从婴儿期培养良好的卫生习惯。从出生开始就要注意清洁面部；每次吃完饭后要擦嘴；早晨起床后及晚上睡前都要洗脸、洗手；要经常洗澡，勤换衣服，定时理发、剪指甲；从小培养婴儿乐于接受盥洗的好习惯。

细节14 培养宝宝入睡的好习惯

7~9个月的宝宝白天一般睡2~3次，夜间睡10小时左右，共计14~15小时。充足的睡眠可以保证宝宝的生长发育。宝宝的睡眠是生理的需要，当他身体能量消耗到一定程度时自然就会入睡，因此不要为了让宝宝入睡而养成抱着或拍着来回走、啃手指、吸奶头等不良习惯。如果宝宝暂时没有睡意，可以让他睁眼在床上躺着，不要逗他，也不要抱、拍，要培养宝宝自己入睡的好习惯。

细节15 大小便的训练

如果周岁前的宝宝还不会控制自己的大小便，那么父母则可定时给宝宝把尿、把屎，一般在喝水后15～20分钟把一次尿。另外，要让宝宝在固定的地方大小便，不要随地大小便。8～9个月的宝宝可以让他坐便盆，每次坐便盆的时间不宜超过5分钟，时间过长会造成脱肛，也不要养成坐在便盆上吃食物和玩耍的习惯。宝宝大便后要用柔软的纸擦干净，每天睡前要洗屁股。

细节16 帮宝宝做口腔清洁

宝宝6、7个月大时，乳牙开始相继萌发出来，乳牙的好坏可能影响日后恒牙的萌出和牙齿的整齐和美观。由于宝宝既不会漱口也不会刷牙，所以口腔容易发炎；若体弱多病，进食、饮水减少，口腔则更易发炎。因此，父母应担负起宝宝的口腔保卫工作。

出牙时常见的口腔问题

宝宝长牙时，牙龈会觉得痒痒的，变得喜欢咬人或咬东西，而在牙齿萌出牙龈的边缘会有一圈红红的发炎现象，称为萌牙性齿龈炎，宝宝会因此感觉疼痛、容易烦躁、哭闹，这时可涂抹表面止痛剂来减缓不适。

清洁乳牙所需的工具

已洗干净的乳牙刷、4×4厘米的纱布、张口器（橡皮水管、针顶、数片压舌板以纱布或医用胶布缠绕好，压舌板如果太长可折去一部分）、装开水的奶瓶。

清洁乳牙的注意事项

在帮宝宝清洁乳牙时，不可太深入地插入宝宝口腔内，以减少宝宝的呕吐和不适感。如果纱布或是棉花棒弄脏了，应立即更换新的，以免造成细菌感染。在清洁过程中，宝宝如果有任何不适都应停止动作。先让宝宝趴在妈妈的肩膀上，休息5~10分钟后再躺下继续清洁，如果不适感较重则应停止清洁工作或者换一种较舒适的清洁方法。

清洁的过程

让宝宝躺在床上，然后妈妈和宝宝面对面；或者妈妈将双腿盘起，让宝宝的头靠在自己的小腿上；或让宝宝躺在妈妈大腿上，妈妈从侧方帮宝宝刷牙。

妈妈以一手的食指稍微拉开宝宝的颊黏膜，另一手拿乳牙刷，或以手指缠绕纱布，循序刷下颚牙齿的外侧面、内侧面、咬合面，再刷上颚牙齿的外侧面、内侧面、咬合面，总之要“面面俱到”。刷牙方式以前后来回刷为宜，需特别留意刷牙齿和牙龈的交界处。咬压舌板时，可先刷一边的上下颚牙齿，之后再换边。刷前牙的外侧面时，可让宝宝牙齿咬起来发“七”的声音，之后再让宝宝说“啊”，以方便刷牙齿的内侧面。最后以温开水漱口。

细节17 宝宝的穿衣原则

宝宝的汗腺分泌十分旺盛，而且又很喜欢活动，如果给宝宝穿得过多，稍微活动就会出汗，脱衣后一段时间如不能及时添加衣服，就会引起感冒。另外，长期穿着过多还会降低宝宝的耐寒能力。尤其是夏天穿着过多更为有害，由于炎热，宝宝的抵抗力会大大减弱，再加上出汗，宝宝极易中暑和拉肚子。所以，父母要正确把握宝宝的穿衣尺度。

冬季穿衣原则

冬日，很多父母将宝宝包得密不透风，其实这是很不恰当的做法，不仅会影响宝宝的活动量，甚至还可能会造成宝宝的皮肤病变。特别是宝宝一旦活动便会出汗不止，这样会使皮肤血管扩张，皮肤血液流量增加，因此散热量加大。表现为宝宝出很多的汗，衣服被汗液湿透，反而容易着凉，并且也降低了身体对外界气温变化的适应能力而使抗病能力下降。其实，宝宝并不像父母想象的那么脆弱，所以宝宝所穿的衣服，只要依照“天冷比大人多1件”这个原则即可。

帽子

宝宝戴上帽子可以维持体温恒定，因为宝宝体内25%的热量是由头部散发的。帽子的厚度要随气温降低而加厚，但不要给宝宝选用有毛边的帽子，因为它会刺激宝宝的皮肤。此外，患有奶癣的宝宝不要戴毛绒帽子，以免引起皮炎，最好戴软布做成的帽子。

口罩和围巾

不要经常给宝宝戴口罩或围巾，经常戴口罩或围巾会降低宝宝上呼吸道对冷空气的适应性，影响他对伤风、支气管炎等病的抵抗能力。而且，围巾多是羊毛或其他纤维制品，如果用它来护口，会使围巾间隙中的病菌或尘埃进入宝宝的上呼吸道；还会把羊毛等纤维吸入体内，可能会使过敏体质的宝宝发生哮喘病，而且如果围巾过厚，堵住宝宝的口鼻，还会影响宝宝正常的肺部换气。

袜子和鞋子

宝宝的袜子应选用纯羊毛或纯棉质地的。平时要保持宝宝的袜子干爽，袜子潮湿时就会使宝宝的脚底发凉，引起呼吸道抵抗力下降而易患上感冒。

鞋子最好稍稍宽松一些，质地为全棉，穿起来很柔软，这样，鞋子里就会保留较多的静止空气而具有良好的保暖性。

毛衣

毛衣要选购儿童专用毛线，市场上有专为宝宝生产的毛线，它所含的羊毛与普通毛线中的羊毛不一样，非常细小，并且很柔软，保暖性又好，十分适合宝宝穿用。

夏季穿衣原则

夏季，伴随着气温的逐渐升高，宝宝身上的衣服也应逐渐减少。很多父母认为让宝宝穿得越少就越好，而老人们则是怕宝宝着凉，依旧将宝宝裹得严严实实的，其实这两种做法都不恰当。

宝宝穿衣的总体原则是根据环境气候的改变，做到及时加减和局部加减。夏季除了早晚温差大以外，室内外也有一定的温差，这时细心的父母就需要根据温度的变化及时为宝宝添加或减少衣服。比如在炎热的户外，宝宝穿着过多会大量出汗，汗水挥发不及时容易引发痱子等皮肤病，这时，不要因为宝宝年纪还小，抵抗力弱就舍不得给宝宝减衣服。由于夏季早晚一般比较凉爽，宝宝皮肤对温差变化的适应能力较弱，所以早晚外出时要记得替宝宝披上一件薄外套，以免宝宝着凉。

衣物的质地

一般来说，宝宝在夏季穿着单衣即可，衣物应该是宽松、柔软的，衣料以轻薄透气性强的全棉类为佳。需要注意的是，夏季洗后的衣服经过太阳暴晒会显得僵硬、粗糙，会让宝宝觉得不适，所以，妈妈可以在洗衣的最后一次漂洗时加入宝宝专用的衣物护理剂，能有效理顺衣物纤维，使晾晒过后的衣物保持松软顺滑。

科学地加减衣服

春夏过渡期，在减少宝宝穿衣量时要注意循序渐进地减少，从长袖减到短袖再减少到无袖，让宝宝娇嫩的肌肤有一个适应期，千万不能因为天气过热就把宝宝一下子脱光。另外，在减少宝宝整体穿衣量的同时，在一些重要部位反而要给宝宝增加衣物。比如，夏季带宝宝外出活动时，需要为宝宝戴上一个宽沿的遮阳帽，罩上一件浅色长袖薄衫，以免宝宝受到阳光的伤害。宝宝在睡觉时腹部容易着凉，务必要给宝宝盖上毛巾被，把宝宝的肚子保护好。

细节18 逗宝宝开心要适度

很多父母都喜欢逗弄宝宝，但过分地逗宝宝可能会影响宝宝的饮食、睡眠，甚至会伤及宝宝的身体，危及生命安全。所以，逗宝宝开心要适度，需要把握好时机、强度与方法。

进食时不宜逗乐

宝宝的咀嚼与吞咽功能尚未完善，如果在他进食时与其逗乐，不仅会影响宝宝良好饮食习惯的形成，还可能使宝宝将食物吸入气管，引起窒息甚至发生意外。如果在宝宝吃奶时逗弄他，宝宝可能会把奶水吸入气管，还会发生吸入性肺炎。

临睡前不要逗乐

睡眠是大脑皮层抑制的过程，宝宝的神经系统尚未发育成熟，兴奋后往往不容易抑制。如果宝宝临睡前过度兴奋，会迟迟不肯睡觉，即使睡觉也会睡不安稳，甚至出现夜惊。

不要高抛宝宝

有些父母为了让宝宝高兴，就用手托住宝宝的身体往上抛，在其下落时用双手接住。殊不知，宝宝自上落下，跌落的力量非常大，不仅有可能损伤父母，而且父母手指也有可能戳伤宝宝，如果被戳到要害部位还会引起内伤。更危险的是，一旦未能准确接住宝宝，后果不堪设想。

不要转圈子

有些父母喜欢用双手抓住宝宝的两只手腕，提起后飞快转圈。这种逗乐会使宝宝转得头晕眼花，有时父母自己突然站立不稳时甚至还会和宝宝一起跌伤。另外，这种逗乐也容易导致宝宝的手腕关节脱位。

“拔萝卜”的危害

有些父母想试一下宝宝的重量或者逗宝宝开心，和宝宝玩“拔萝卜”的游戏，双手拉住宝宝的手臂提离地面。这种动作最易扭伤宝宝的手腕关节和肩关节，导致脱臼。

细节19 婴儿腹痛的类型和护理

宝宝突然腹痛是常见情况。引起急性腹痛的常见病有多种，它们起病急，进展快。此时，父母不能随便给宝宝吃止痛药，这样会掩盖病情。应通过观察宝宝的各种异常表现，估计引起腹痛的可能原因，及时做出相应处理，以减少宝宝的痛苦及不必要的损失。

肠痉挛

所谓肠痉挛就是肠道上的平滑肌强烈收缩引起疼痛。疼痛多在肚脐周围，有时伴有恶心、呕吐。腹痛常突然发作，持续大约10分钟，时痛时止，严重时宝宝会痛得哭闹、大汗、面色苍白、床上翻滚；但宝宝的腹部柔软、不胀、摸不到包块，甚至痛处也不固定。其发生的原因与多种因素有关，如受凉，暴食、吃大量冷食、喂奶过多等。

如果宝宝的腹痛只是偶尔发生或发生次数并不频繁，一般不用服药治疗，大约经过数秒钟或几分钟，甚至几十分钟，便会自然缓解。同时还可采取一些临时止痛措施，包括腹部的局部保暖、按摩等。如果宝宝的腹痛症状连续几天或1天之内痛几次，就需要送宝宝去医院治疗。

父母最好不要抽烟

由于宝宝嗅觉和味觉比较敏感，吸进的香烟烟雾会刺激宝宝迷走神经，导致迷走神经因兴奋而刺激胃肠道发生痉挛性收缩，从而引起宝宝腹痛，造成肠胃痉挛。因此，为了宝宝的健康，父母不应该在家及宝宝周围吸烟，建议吸烟的父母最好戒烟。

肠套叠

所谓肠套叠是指肠管的一部分套入另一部分内，形成肠梗阻。所以腹痛时可以在腹部触到一个固定性包块，压痛明显，腹痛发作后不久就会呕吐，尤以在发病后2～12小时出现暗红色果酱样大便为特征，有时呈深红色血水样大便。大多数宝宝会突然出现大声哭闹，有时伴有面色苍白、额部出冷汗，持续约10～20分钟后会渐渐恢复平静，但隔不久后又会哭闹不安。

肠套叠一经发现必须立即就医，这样会减少宝宝的痛苦，避免发生危险。在就医前需注意：立即禁食禁水，以减轻胃肠内的压力；不能用止痛药，以防掩盖症状，影响诊断；父母应注意观察病情的变化，如呕吐物、大便的次数及量等，以便尽可能详细地向医生讲述病情。

嵌顿疝

宝宝疝气以脐疝和腹股沟疝为多见。脐疝发生嵌顿的机会很少，多数是由于腹股沟疝发生嵌顿而造成腹痛。这样的宝宝在发病前都有可复性疝气存在，即在宝宝站立或用力排便时腹股沟内侧出现一肿物，或仅表现为一侧阴囊增大，平卧时消失，即使不消失还可用手慢慢还纳。一旦不能送还，肿物不消失且出现腹痛、腹胀和呕吐，时间长了肿物表面皮肤肿胀、发热、压痛明显，则可能是发生了嵌顿疝，必须及时送医院治疗。

蛔虫症

患此病的宝宝多有不注意卫生的习惯，表现为平时虽正常吃饭但仍很瘦。当环境改变或发烧、腹泻、饥饿以及吃刺激性食物时突然腹痛，哭叫打滚、屈体弯腰、出冷汗、面色苍白，腹痛以肚脐周围为重。常伴有呕吐，甚至会吐出蛔虫。有时能自行缓解，腹痛消失，待完全恢复后可照常玩耍。每次疼痛发作数分钟，这种疼痛可能不是每天发作，也可能每天发作数次。父母应带宝宝到医院检查确认后服药治疗。当出现便秘或不排便、腹胀、腹部摸到条索状包块时，则可能发生了蛔虫性肠梗阻，应到医院进行输液及灌肠等驱虫治疗。

急性阑尾炎

宝宝各年龄均可得此病，而且比较常见。宝宝急性阑尾炎主要是尾腔梗阻、细菌感染、血流障碍及神经反射等因素相互作用、相互影响的结果。起病较急，腹痛以右下腹为重，用手按宝宝右下腹时会加剧哭闹，常伴有恶心及呕吐，然后出现发烧，体温高达39℃左右。此病发展较快，时间稍长就有阑尾穿孔造成化脓性腹膜炎的可能，所以需立即到医院进行治疗。

护理原则

当宝宝腹痛时，在没弄清原因前不能随便服止痛药；应停止给宝宝进食并卧床观察1～2小时；随时轻按腹部，注意疼痛部位有无包块，如果腹痛喜按，腹柔软，一般不是外科疾病；注意有无发热、呕吐、腹泻情况，如有血便应及时去看医生；如果腹痛持续4小时以上不止，精神不好，宝宝不愿直立，也应及时去看医生。

细节20 婴儿便秘的护理

宝宝一般每天排1～2次大便，便质较软；有的宝宝2～5天排1次大便，而且大便质软量多，这些均属正常现象。如果宝宝2～3天不排大便，而其他情况良好，则有可能是一般的便秘。但如果出现腹胀、腹痛、呕吐、哭闹不安等情况，则应及时带宝宝去医院检查。宝宝发生便秘以后，排出的大便又干又硬，干硬的粪便会刺激肛门而产生疼痛和不适感，天长日久就会使宝宝惧怕排大便，而且不敢用力排便。这样就使肠道里的粪便更加干燥，便秘症状也会更加严重，这时父母就要采取一些措施以帮助宝宝顺利排便。

便秘的类型

婴幼儿便秘是一种常见病症，其原因概括起来可以分为两大类：一类属功能性便秘，这一类便秘经过日常合理的饮食调理是可以痊愈的，绝大多数宝宝的便秘属于这类；另一类是因先天性肠道畸形而导致的便秘，这种便秘通过一般的调理是不能痊愈的，必须经过外科手术矫治。

合理搭配饮食

营养过剩和食物搭配不当容易导致便秘。有些父母一味地给宝宝增加蛋白质含量很高的食物，而很少吃蔬菜，这是导致宝宝便秘的重要原因之一。父母可以给宝宝吃一些玉米面和米粉做成的食物；还可以喂蔬菜粥、水果泥等辅食，蔬菜中所含的大量膳食纤维等食物残渣能够促进肠蠕动，达到通便的目的；吃香蕉也能起到预防及治疗便秘的作用。

增加运动量

父母不要长时间把宝宝独自放在摇篮里，应该多抱抱他，并适当辅助他做一些手脚伸展、侧翻、前后滚动的动作，以此加大宝宝的活动量，加速宝宝的食物消化。

肛门刺激和药物治疗便秘

当宝宝实在排不出大便时，可以用肥皂头、开塞露等塞入宝宝的肛门内进行通便；或者把宝宝的屁股放在热水里捂一捂，以帮助排便；还可以给宝宝吃一些菌群调理的药，如妈咪爱、双歧三联活菌、合生元等；另外也可以服清火的药。但是医生建议这些方法都要尽量少用，以防止宝宝形成条件反射，从而习惯性地依赖这些方法通便。

细节21 警惕女婴的几种阴道炎

由于女宝宝的阴道黏膜较薄，而阴道外口又邻近肛门、尿道，局部易潮湿，因此很容易受细菌感染而发生炎症，如外阴阴道炎。再加上女宝宝的生理特点，决定了几乎任何感染源或刺激物进入阴道后都可能引发炎症，所以父母要做好防护工作。

阴道异物

女宝宝常常因为好奇心或者为了解除外阴的瘙痒，而将发夹、扣针、小玩具或豆子之类的物品插入阴道内，导致异物停留在阴道内引起炎症，使阴道分泌物增多并呈脓性或带血性，同时伴有恶臭，时间稍久后阴道黏膜面就会形成溃疡。

损伤性出血

宝宝比成人好动，再加上自我保护意识又差，因此由创伤引起的操作性外阴阴道出血比较常见。常见原因如外阴部碰在石块、铁器、凳角上等而受伤，也有的是坐便盆小便时被碰伤。外阴损伤后局部会有疼痛感，部分会产生血肿或者外阴皮肤裂伤，甚至出现阴道口黏膜、阴道壁裂伤。根据伤情出血量多少不一，父母需仔细观察并做好防护措施。

外阴阴道炎

病原体可通过患病的妈妈、浴盆、手、尿布等传播，也可由于不卫生、外阴不洁、经常为大便所污染引起。症状多表现为外阴红肿、痛痒、有流脓性分泌物，有的还表现为反复性阴道出血。

真菌性阴道炎

真菌性阴道炎的典型表现是：阴道有很多豆渣样或凝乳状的白色分泌物，多伴有外阴炎，外阴或阴道奇痒；重者坐卧不安，有时外阴灼痛、尿急、尿频。由于宝宝不能诉说，常哭闹不安。有些家长不明白真菌性阴道炎与细菌性阴道炎有什么区别，认为凡是炎症只要消炎治疗即可，于是擅自给患儿服用抗生素，结果病情不但没有好转，反而越来越重，这种做法是非常不可取的。

家长在发现情况后一定要及时带宝宝去医院检查。在医生做完分泌物检查后，如果找到了白色念珠菌的菌丝或孢子，就要停止服用各种抗生素，而改用制霉菌素等药物来治疗。这样病情很快就会得到控制。

阴道炎的预防

平时要保持宝宝外阴的清洁和干燥。选择清洁、柔软、透气性好、纯棉质地的尿布；不出门的时候最好不用尿不湿。大小便后及时更换尿布，特别是小便后应用柔软的卫生纸拭擦尿道口及周围，并注意小便的姿势，避免尿液由前向后流入阴道。大便后应用卫生纸由前方向后方擦拭，以免将粪渣拭进阴道内。此外宝宝的浴盆、毛巾等要专人专用，避免与大人交叉感染。另外，每天要坚持清洗外阴1～2次，特别要注意洗净，然后轻轻拭干阴唇及皮肤皱褶处的水分。擦洗时要注意自上而下拭净尿道口、阴道口及肛门周围。

皮肤如有皲裂，应涂擦无刺激性的油膏。最后在外阴及腹股沟处薄而均匀地扑上滑石粉，以保持干燥。扑粉不宜过多，以免粉剂进入阴道，形成小团块而引起刺激。

平时父母要防止宝宝将异物插入阴道。对有明显畸形造成反复感染者，应早做手术修补。另外母亲生育前要积极治疗自身生殖系统传染性疾病，以免传染给宝宝。

阴道炎的治疗

如果是一般的细菌感染，局部涂用红霉素软膏即可。至于是否需用口服药物，则应根据医嘱进行。特别要注意的是患有非特异性、细菌性阴道炎的宝宝，尤其是顽固性经久不愈的患儿，应考虑阴道内有异物存在的可能。较大的或长时间有嵌顿的异物往往需要在麻醉下进行手术取异物。

穿纸尿裤不慎易引起阴道炎

寒冷的冬季，有的家长为了省事会用纸尿裤给宝宝兜住屁股，如果不及时更换，时间长了，就特别容易使宝宝阴道感染。还有的家长为图便宜购买劣质纸尿裤，更会贻害宝宝，加大了阴道感染的可能。

细节22 婴儿癫痫症的护理

小儿癫痫症是由于脑功能不正常引起的一种表现极为复杂的综合征，既与遗传有密切关系，也与脑部疾患、代谢紊乱及中毒有关。癫痫是很严重的小儿疾病，常伴有痉挛、抽搐等症状，父母需要通过医生确诊并给患儿进行正规的治疗。

癫痫症的分类

第一大类是全身性的发作，最常见的特征是意识突然丧失，全身性强直，阵挛性发作，可有呼吸暂停、青紫、咬破舌头、口吐白沫、尿便失禁等。发作后入睡，经数小时后神志清醒。

第二大类是局灶性的发作，神志一般不丧失，仅有部分障碍甚至完全清楚，但同时伴有各种各样的躯体障碍，如肢体抽搐或者不是抽搐而是一种感觉障碍。犯病时，宝宝感觉特别疼，或者肢体发麻。

癫痫症的治疗

如果宝宝患了癫痫病，一定要到医院请医生帮助诊治。医生会对宝宝进行全面检查，找出造成宝宝癫痫的原因。癫痫病一旦确诊，必须选用有效的抗癫痫药，坚持长期治疗，同时积极治疗原发病。对频繁发作而控制不住的局部性发作癫痫，必要时可考虑外科手术治疗。父母要合理安排生病宝宝的生活，尽量减少宝宝的精神负担及不良的心理影响，防止因癫痫发作而造成的意外。另外，抗癫痫药物一定要在医生的指导下服用，而且一旦宝宝服用后，决不可随便停用药物。

癫痫症发作时的紧急处理

如果宝宝在家里癫痫症突然发作，可以先让宝宝平躺，让头歪向右侧，如果鼻子里面有分泌物要及时清除掉。另外，不要往宝宝嘴巴里面塞东西，这并不能减少发作时的损伤，相反不必要的刺激会延长发作的时间。父母还应观察一下发作的表现、发作的时间，这些都可作为宝宝诊断时非常重要的资料。癫痫症发作时一般在几分钟之内就会自行缓解。如果个别发作时间比较长，比如说5分钟还在抽搐，这时最好叫救护车，在整个过程中都要注意宝宝的呼吸道是否通畅。

细节23 宝宝眼睛的常见问题

眼睛是心灵的窗口，外界绝大部分信息都是由眼睛传入的，眼睛一旦受到伤害，无论对于宝宝还是对于父母都是非常痛苦的事情。因此，为了保护宝宝的眼睛不受伤害，父母需要了解一些有关宝宝眼睛方面的常见问题。

倒睫

宝宝的眼睛出现倒睫的情况较为常见。这是由于宝宝的脸庞短胖，鼻骨尚未发育，眼皮脂肪较多，睑缘较厚，容易使睫毛向内倒卷，造成倒睫。宝宝的睫毛多数纤细柔软，加之泪液分泌较多且黏稠，因此多数不会对眼睛造成损伤。随着宝宝年龄的增长，脸型的变长，鼻骨的发育，绝大多数的倒睫是可以恢复正位的。

若倒睫导致角膜上皮点状脱落，应及时治疗。轻者可滴或涂抗生素眼液、眼膏(如金霉素眼膏、林可霉素眼液等)。

不要自行处理宝宝倒睫

宝宝的倒睫现象切忌自行拔除或剪去，因为拔除睫毛往往会损伤毛囊和睑缘皮肤，造成睫毛乱生倒长和睑内翻，而经过剪切的睫毛会越长越粗。处理倒睫时可以经常将眼皮往下拉一拉，以减少倒睫对角膜的刺激。如果宝宝的睫毛又粗又短，经常戳刺眼睛，甚至刺伤角膜造成灶性浸润，并且怕光流泪明显，这时往往需要进行手术矫治。

沙眼

沙眼是衣原体引起的传染性眼病。出现沙眼时可以在宝宝的眼内皮看到滤泡，宝宝会有眼痒等不适感，有些宝宝还会出现角膜血管翳。若治疗不及时，可因瘢痕收缩引起睑下垂、睑内翻、倒睫、角膜混浊等症状。

预防沙眼的有效方法：首先，要养成良好的卫生习惯，不混用脸盆、毛巾、手帕等物。其次，由于沙眼衣原体怕热，70℃就可以杀死，所以要定期煮沸毛巾等用品进行消毒。

沙眼的治疗护理并不难，由于卫生条件改善，宝宝即使患了沙眼一般也不严重，遵医嘱应用抗生素眼药水或眼膏，每天数次，即可治愈。

揉眼睛

宝宝经常揉眼的原因有多种，其中常见的原因有两类：一类是不良习惯，另一类是与眼病所引起的眼不适有关。宝宝哭闹、玩耍、眼睛不适时，往往喜欢揉眼，久而久之就会养成经常揉眼的不良习惯。

各种眼病及不适都会引起揉眼，其中尤以过敏性结膜炎所致者居多。过敏性结膜炎症状通常都不太严重，仅有结膜轻度充血、眼内皮有少量滤泡等症状，因此很少会引起父母的注意。而眼睛的不适、发痒常常会导致宝宝揉眼不止，所以如果宝宝经常揉眼或有结膜炎时，除了及时就医外，还应该在日常生活环境中寻找有无明显的致敏源，如新装修的居室、绿化地带的花草、食品中的海鲜类等，特别是家养的宠物、铺设的地毯会向室内散发大量的致敏物质。应该设法使宝宝远离致敏源，这样才能有效地治愈过敏性眼病。

宝宝哭闹或揉眼时应及时用柔软的纸巾帮他擦净眼泪。如宝宝面孔、眼部有汗水或尘污，应及时帮他洗净擦干，这样便可减少宝宝揉眼的机会，避免宝宝养成揉眼的不良习惯。

流泪

眼泪是由泪腺分泌的，主要起营养、滋润和保护眼浅表组织的重要作用。正常情况下它会形成一层泪膜分布在眼的浅表面，同时多余的眼泪会通过泪道流入鼻咽腔内，所以一般情况下不会轻易流淌出来，只有在眼泪过多或泪道不畅时才会有眼泪汪汪的表现。所以，若发现宝宝经常流泪不止，应及时到医院就医诊治，以便能找到原因对症治疗。

宝宝眼泪多的原因：其一是因泪液分泌过多不能及时流入鼻咽腔内所致，如情绪激动、啼哭时，这种流泪多是生理性的、短暂的；其二是因眼的炎性感染或其他眼病所致，常见的有泪囊炎、结膜炎、角膜炎、眼外伤(包括过多地揉眼、角膜擦伤)等；其三是因炎症、外伤等所致泪道狭窄、泪道阻塞，也可能是先天性泪道狭窄、先天性泪道闭塞。后两类病因所引起的流泪多数是持续性的，往往伴有眼红、怕光等表现。

细节24 玫瑰疹的防治

由于宝宝的肌肤非常柔软脆弱，所以常常会在脸上、身上出现小小的红疹子，若不是很严重可以多观察。但从宝宝第7个月开始，父母则应该关注并预防宝宝出疹，尤其是玫瑰疹。玫瑰疹也叫婴儿急诊、烧疹，是婴儿时期一种常见的出疹性传染病。

玫瑰疹由传染引起

玫瑰疹是一种急性发热病，起病比较急。一般都是由病毒引起，这些病毒通过唾液飞沫传播，但不如麻疹传染力强。以冬春季节发病较多，发病多是1岁以内的小儿，2岁以上者少见。患过此病后一般不会再患第二次。

玫瑰疹的表现

婴儿玫瑰疹从接触感染到症状出现大约需要10天。其临床症状为：宝宝突然高热39℃～41℃，伴有烦躁、嗜睡、咳嗽、流涕、眼发红、咽部充血、恶心、呕吐、腹泻等类似伤风的症状。少数患儿在高热时可出现惊厥，但惊厥后神志清醒，精神和食欲较好，从外表看来毫无病容，这是和其他发热性疾病的不同之处。发热第2～3日，患儿的枕部、耳后、颈部淋巴结轻度肿大，但无压痛。高热持续3～5天后很快下降，退热后或体温开始下降时出现皮疹。皮疹为淡红色斑疹或斑丘疹，最先出现在躯干和颈部，以腰臀部较多，面部及四肢较少，1日内出齐。皮疹多在1～2天消失，且不留色素沉着，因此无疤痕脱屑。

在宝宝发热过程中，常常要服用或注射某种药物，应用药物时也常会出现药物性皮疹。如宝宝常用的退热药物阿司匹林、对乙酰氨基酚等，一些过敏体质的宝宝服用后常常会发生皮疹。还有一些抗生素和磺胺类药物，在应用过程中也有时会出现药物疹。药物疹的形状多种多样，但一般以红色、细小的粟粒状皮疹为多见。

玫瑰疹的治疗

玫瑰疹不需要特殊治疗，一般红疹出现后发烧现象即会慢慢消退，除非是抽筋或前囟门膨出才需要做追踪检查。而宝宝大量流汗时，父母要给宝宝勤换内衣及尿片并补充水分。许多感染性疾病都会引发宝宝发烧和出疹子，因此必须由医生小心诊断治疗，才能尽早找出病症产生的真正原因。

细节25 小儿血管瘤的治疗

血管瘤是一种先天的良性肿瘤，是血管发育畸形所致，大多在婴幼儿期发现。血管瘤在宝宝出生后1～2年内均有增大的可能，也可能会出现自行破溃、感染，影响头发生长和美观。

草莓状血管瘤

草莓状血管瘤，又称毛细血管瘤或单纯血管瘤，一般于出生后1个月左右出现，并随着年龄的增长而逐渐增大。皮肤损害以单发者多见，为圆形、半球形、分叶或不规则形状的、高出皮面的良性斑块。大小不一，从米粒大小到草莓大小，少数甚至可覆盖一侧或整个肢体。其边界清楚，质地柔软，呈红色、紫红色，压之可褪色。父母不用担心，等长到最大限度后会逐渐消退。消退开始时颜色变暗，中央出现大小不等的色素减退和淡灰色斑点，并逐渐扩大。受损部位也会逐渐变薄、变平，最终完全或大部分变成萎缩疤痕。

海绵状血管瘤

多于出生后或出生后不久发生，也有于1岁后才发病的。增长虽然缓慢，但损害较大，好发于头皮和面部、内脏、肉间、骨间，呈圆形、扁平或不规则形状，为大小不等的、柔软的、高出皮面的隆起肿物，挤压后可缩小，有弹性。巨大的海绵状血管瘤还可合并血小板减少症及紫癜。此型血管瘤以婴幼儿常见。年龄越小出血越频繁，血小板越低越容易出血，尤其是脑出血、呼吸困难、继发感染等，可危及生命。

血管瘤的治疗

大部分血管瘤的早期如鲜红斑痣、毛细血管瘤及海绵状血管瘤均可动态观察。即每隔3～6个月到医院由专职医生进行随诊，观察其大小、颜色、厚度的变化，以决定是否可自行消退。

冷冻治疗血管瘤，对2岁以内单纯毛细血管瘤患儿的疗效最好；硬化剂注射适用于较小的海绵状血管瘤，常选用5%的鱼肝油酸钠溶液、康宁克通A、德宝松、平阳霉素、醋酸确炎舒松注射剂等；对于生长快、可致毁容的或较大的血管瘤还可以用电化疗法、平阳霉素注射法及早期选择用手术切除治疗；合并血小板减少的巨大海绵状血管瘤以口服泼尼松治疗较佳。

细节26 擦浴

擦浴是最温和的水锻炼，适合于体弱儿及6个月以上的婴儿。在擦浴之前最好有2~4周干擦的准备阶段，可从5个月开始用柔软的干毛巾轻轻摩擦全身，到发红为止。手法要轻柔，防止擦伤皮肤。6~12个月婴儿擦浴时室温需保持在18℃~20℃，水温从34℃~35℃开始逐渐减低至26℃。先用毛巾浸入温水，拧半干，然后在婴儿的四肢做向心性擦浴，擦完再用干毛巾擦至皮肤微红。这样做可使皮肤和黏膜得到锻炼，增强体质，预防感冒。

细节27 警惕小儿高热惊厥

高热惊厥是小儿较常见的危急重症，是中枢神经系统以外的感染致使体温升高达38℃以上时出现的惊厥。父母应了解一些急救知识，这样有助于患儿得到及时准确地治疗，以防止发生惊厥性脑损伤，并减少后遗症。

高热惊厥的表现

高热惊厥多发生于高烧(体温38℃以上)出现不久或体温突然升高时，常出现全身或局部肌群抽搐，双眼球凝视、斜视、眼球发直或上翻，伴意识丧失。可停止呼吸1~2分钟，重者出现口唇青紫，有时可伴有大小便失禁。1次热病过程中发作次数仅1次者居多。

高热惊厥的诊断标准

惊厥时的表现为全身抽搐，并伴有意识丧失，一般持续时间在10分钟以内。抽搐后宝宝会很快清醒，神经系统检查常没有异常。退热后2周脑电图检查正常，因为2周以内做的脑电图会有一些假阳性结果，不利于医生的诊断。最重要的是排除外脑炎、脑病等疾病造成的惊厥，因为脑部感染的患儿也有发热、抽风的症状。

应急措施

应使患儿平卧，将头偏向一侧，以免分泌物或呕吐物将患儿口鼻堵住或误吸入肺内，千万不要在惊厥发作时给宝宝灌药，否则有发生吸入性肺炎的危险。

保持安静，不要大声叫喊，尽量少搬动患儿，以减少不必要的刺激。对已经出牙的宝宝应在上下牙齿间放入牙垫，也可用压舌板、匙柄、筷子等外缠绷带或干净的布条代替，以防抽搐时将舌咬破。并用指甲深压宝宝的人中穴、合谷穴、内关穴。解开宝宝的领口、裤带，用温水、酒精擦头颈部、两侧腋下和大腿根部，也可用凉水浸湿毛巾拧去水敷在额头上降温，但切忌胸腹部冷湿敷。待患儿停止抽搐，呼吸通畅后再送往医院。

如果宝宝抽搐5分钟以上不能缓解，或短时间内反复发作，预示着病情较为严重，必须急送医院。在运送医院的途中，要多观察宝宝的面色有无发青、苍白，呼吸是否急促、费力甚至呼吸暂停。还应注意将口鼻暴露在外，伸直颈部保持气道通畅。有的家长缺乏医学知识，一见宝宝抽风便不知所措，慌忙用衣被包裹宝宝前往医院，而且往往包得很紧，这样很容易使宝宝口鼻受堵，头颈前倾，气道弯曲，造成呼吸道不通畅，甚至窒息死亡。

提高免疫力

为了预防宝宝患高热惊厥，父母应给宝宝加强营养，并让宝宝经常进行户外活动以增强体质、提高抵抗力。必要时可以在医生指导下使用一些提高免疫功能的药物。

预防感冒

天气变化时，适时给宝宝添减衣服，避免受凉；尽量不要带宝宝到公共场所及流动人口较多的地方去，如超市、车站、电影院等，以免被传染上感冒；如果家中大人感冒，须戴口罩，并尽可能与宝宝少接触；每天适当开窗通风，以保持家中空气流通。

细节28 麻疹减毒活疫苗的接种

8个月的宝宝应该接种麻疹疫苗。因为在宝宝8个月时，由母亲传递给宝宝的麻疹抗体逐渐消失，宝宝对麻疹的抵抗力下降。这时必须采取人工防预的方法即注射麻疹疫苗，使其在宝宝体内经过一次轻微的麻疹病毒感染，从而在体内产生相应的抗体，这种抗体具有的抵抗力一般可持续3～4年。

麻疹的常识

麻疹曾经是危及婴儿生命的传染病之一，它是由麻疹病毒引起的急性出疹性疾病，具有很强的传染性。麻疹潜伏期通常为6~18天，有低热、精神差等表现，易被家长忽视。发病时可有高热、眼结膜充血、流泪、打喷嚏、流鼻涕等症状。发病第3天在口腔两颊的黏膜上出现针尖大小的白色斑点，周围有红晕，发热3~4天后出现皮疹，皮疹为玫瑰红色，略高于皮面，疹间皮肤较正常。出疹顺序为颈后，逐渐波及额、面部，然后自上而下顺次延至躯干和四肢，有的到达手掌和足底。4~5天后，进入恢复期。出麻疹的宝宝全身抵抗力降低，这时若护理不好或环境卫生不良，很容易发生肺炎、喉炎、脑炎、营养不良及营养不良性水肿、干眼症等并发症，严重者可危及生命。

接种后的反应

接种时，在宝宝的手臂外侧进行皮下注射。接种麻疹疫苗后，反应很轻，仅有少数的宝宝在接种后6~10天有发热现象，但体温不会超过38.5℃，持续2天即消退。宝宝的精神、食欲均不受影响。也有的宝宝在接种后发热的同时可出现皮疹，多见于胸、腹及背部的皮肤，皮疹数目不多，并且1~2天内即消失，皮疹消失后也不像患麻疹那样在皮肤上留下褐色斑，因此不需要做任何处理。

细节29 宝宝的玩具和游戏

7个月的宝宝已经能明确地表达自己的意愿了，看见喜欢的东西会爬过去拿或伸手要，这时他的身体也更加灵活，听力和视觉也进一步增强。此时父母和宝宝玩游戏时，应着重训练宝宝的发音和平衡力。

跷跷板

首先爸爸坐在直背椅上，交叉两脚，将宝宝放在脚踝上，与宝宝面对面。然后爸爸抓着宝宝的手或将自己的手放在宝宝的胳膊下，随着某种轻快的音乐旋律将腿举起、放下。

扔球游戏

准备一个小球及一个空铁盒，让宝宝坐在地板上，把盒子放在他前边，将小球放在宝宝手中，并让他把手悬于盒上方，然后张开手，使小球落入盒中。当听到小球撞击铁盒时，父母可以口中发出“嘭”的声音。重复若干次，宝宝很快就可以自己扔球了。

探索摇晃玩具

7～8个月的宝宝很喜欢摇晃和挤压玩具，所以父母可以收集一些在摇晃或挤压时能发出声音的玩具。例如，可发出音响的塑料充气玩具和装有谷粒或大米的调味品罐，它们发出的声音明显不同，宝宝很乐意探究其中的差别。但需要注意的是要确保所有的盖子都拧得很紧，以免宝宝吞下容器内的东西。

抓拿玩具

游戏前，父母需准备一些宝宝平时喜欢的玩具或者物品，然后让宝宝独自坐着，将这些玩具或物品摆放在宝宝的面前，鼓励宝宝坐着用手拿东西。如果宝宝能顺利完成任务，可适当加大难度，如把玩具放在宝宝身体的左侧或右侧，甚至身后。注意，玩具不要离宝宝的身体太远，以免宝宝为了够取玩具而摔倒。

炊事玩具

宝宝喜欢玩锅碗瓢盆，妈妈可以教他如何盖盖子。在宝宝能盖好一个盖子后，再给他另一个不同大小的盖子，看宝宝是否知道应盖哪一个盖子。妈妈可以把小玩具或零食放在锅中，以便宝宝掀开盖时能得到一个惊喜。

细节30 婴儿爬行练习

爬行是宝宝生长发育过程中一个重要的阶段，它处于“坐”和“走”之间，是宝宝开阔视野、认识世界的好方法，同时又可以锻炼宝宝的躯干，让宝宝的运动发育处于良好的发展状态。大多数宝宝在6～7个月就开始有爬的欲望，这个时候宝宝的爬行动作还非常笨拙，多是腹部贴着地面或床面匍匐爬行，靠着腹部的蠕动和四肢不规则地划动，往往不是向前，而是向后退，或者在原地转动。随着每天坚持不懈的爬行训练，宝宝的爬行动作就会优美和标准起来。

场所要选好

首先要有一个适合爬行的场地，如一个大床或地板，铺上席子、毯子或泡沫地板垫，要平整干净，若是床则不能太软。

帮助宝宝爬行的方式

宝宝开始爬行时，往往掌控不了前进的方向，常常眼看着想要的玩具离自己越来越远，不是觉得莫名其妙，就是急得哇哇叫。要帮宝宝向前爬，父母可以选择的方法有很多种。

让宝宝俯卧，妈妈在前面拿着宝宝喜欢的玩具，吸引他的注意，并不停地说：“宝宝，快来拿啊!”爸爸在身后用手推着宝宝的双脚掌，使其借助爸爸的力量向前移动身体拿到玩具，以后可以逐渐减少帮助，训练宝宝自己爬。

父母还可以用双手托住宝宝的胸腹部。一开始可能要完全托住胸腹部，让宝宝有机会活动他的双手双腿，但别让宝宝的手脚腾空；等宝宝懂得弯起膝盖时，父母就可以略微放下宝宝的身体，让宝宝自己用力向前爬；渐渐地，父母就可以象征性地把双手托在宝宝腋下，宝宝因感到父母手的存在而奋力向前进了。父母也可以用一条毛巾兜住宝宝的腹部，然后用毛巾提起宝宝腹部让他练习爬行。

细节31 对击积木发展宝宝的思维能力

宝宝在7~9个月时，可以对宝宝进行对击积木或双手互传积木的练习。首先，训练宝宝双手拿积木，并且能够互相击打，例如让宝宝手中拿着一块积木，对击另一手中拿的积木，敲击出声时家长用掌声鼓励，从而激发宝宝的兴趣。也可以选择各种质地的玩具，让宝宝对击发出不同的声音。这样不仅开发了宝宝的思维能力，即掌握了动作与结果的关系，而且能促进手-眼-耳-脑感知觉能力的发展。在教宝宝双手互传积木时，先递一块积木给宝宝拿在左手，宝宝握住后再向左手递另一块积木，诱导宝宝将积木传到右手，进行左右手替换练习。

细节32 锻炼宝宝的肢体运动能力

腿部屈伸

妈妈把宝宝的两脚托起来，用力向上推，使两腿用力屈伸。然后再训练单腿屈伸，左右交替反复进行；单腿屈伸时容易扭转，但不易向上移动。

坐立转爬行

引导宝宝由坐位转为爬行，这时要让宝宝用手足爬，会向前、后退，会自由地爬来爬去，同时还要注意锻炼爬行速度。宝宝学爬不仅能使肢体轮流负重，训练肌肉的耐力，而且爬行时由于需要大小脑的作用还可促进神经系统的发育，并可促进宝宝阅读和图像思维能力的发展。

站起和坐下

让宝宝从卧位拉着东西或牵大人的一只手站起来，在站位时用玩具逗引他3~5分钟，然后再扶住宝宝的双手慢慢坐下。

摇晃

让宝宝站起来，用一只手轻轻地扶着他前后或左右摇晃身体，另一只手防止他因失去平衡而摔倒。

和宝宝玩花样爬行

宝宝爬行的技能比前一阶段有了很大进步，喜欢在床上或地上爬来爬去，既能向前爬，又能向后爬。此时，家长可以开动脑筋为宝宝设计各种有趣的爬行游戏，进一步训练宝宝的爬行能力。下面这些爬行游戏都是培养宝宝的观察力、专注力、思维能力的极好运动。

爬山坡：妈妈可以平躺在床上，或用叠好的被子做“山坡”，让宝宝从妈妈的肚子上或被子上爬过去。

跟踪追击：把小球或玩具车放在宝宝面前，拉动玩具让宝宝跟着爬。

越盆地：把叠起来的毛巾放在床上或垫子上，让宝宝练习爬上爬下。

运动对宝宝的好处

肢体的动作可以刺激大脑的发育，使宝宝变得更聪明，比如手部的动作是由左脑顶叶掌管的，因而多做手部的运动有利于大脑的智能开发；运动是释放宝宝心理情绪和压力的途径，有利于宝宝形成积极正面的性格特质；运动是宝宝学习的工具和途径，比如宝宝通过用手去摸来感觉事物，通过移动身体来拿玩具等。

细节33 训练宝宝的认知能力

9个月的宝宝已经开始懂得简单的语意了，叫宝宝名字时会应答；如果宝宝想要拿某种东西，妈妈严厉地对他说：“不能动!”宝宝会立即缩回手来，停止行动；大人和宝宝说再见，宝宝也会向对方摆摆手；给宝宝不喜欢的东西，他会摇摇头；玩得高兴时宝宝会咯咯地笑，并且手舞足蹈，表现得非常欢快活泼。

放手让宝宝探索

宝宝9个多月的时候会出现一个非常重要的动作，即喜欢进行一些探索性动作，如喜欢用食指抠抠桌面、抠墙壁等。这些动作的出现表示宝宝已经有了一些探索性的能力。宝宝在摆弄物体的过程中能够初步认识到一些物体之间最简单的联系，比如敲击东西会发出声音，所以宝宝才会不厌其烦地反复去敲。父母这时应该提供机会让宝宝做一些探索性的活动，而不应该阻止或限制宝宝。

味觉游戏

把水果汁、菜汁等喂给宝宝尝一尝，然后再拿一把小勺舀一点醋，放在宝宝的鼻子前让宝宝闻一闻或是让宝宝尝一尝，结果会发现宝宝喜欢吃甜的东西，而对于醋宝宝会转过头去躲开，甚至由于太酸宝宝会咧嘴，这时父母可以告诉宝宝：“这是醋。”这种游戏能刺激宝宝舌头上的味蕾，开发嗅觉、味觉与动作的联系。

父母需要注意的是，不要用酱油和盐水来尝试，因为宝宝的肾排盐功能有限，盐会增加肾的负荷。有时这种游戏也不能玩得太多，以免引起宝宝的厌烦。

认图学习

第一次可用一个水果名配上同样一张水果图，使宝宝理解图是代表物。认识几张图之后，可用一张图配上一个识字卡，使宝宝进一步理解字可以代表图和物体。由于汉字是一幅幅图像，所以多数宝宝能先认汉字然后再认数字。初教认图时每次只认一图或一物，继续复习3～4天，待宝宝能从几张图中找出相应的图时，再开始教第二幅。

细节34 宝宝的语言训练

7~8个月的宝宝对父母发出的声音能做出反应，开始有理解语言的能力，并且能将感知的物体与动作、语言建立起联系。如父母说到一个常见的物品时，宝宝会用眼或手指该物品。此阶段的宝宝不仅喜欢听大人说话，也喜欢看大人说话，看大人怎样说话，这是宝宝学习语言的一种方法。所以大人可以对着宝宝说话，使他看见口型，如说“啊”时嘴巴张开，让宝宝模仿口型发音。

平时可以要多带宝宝到大自然中去，去公园看动物、看树、看花草，观察自然现象，如刮风、下雨、树叶摇动等。在看的同时尽量多给予语言刺激与训练，培养宝宝对事物的认识能力和对语言的理解能力。

第五章 10～12个月的育儿细节

细节1 10～12个月婴儿的生长发育特征

此阶段的婴儿已经能够站立及扶着行走了，智力有了很大的发展，语言发展处在学说话的萌芽状态，会叫“妈妈”、“爸爸”，性格更加活泼、淘气，活动范围较以前更加扩大了。婴儿期即将结束，这个时期应该完全断乳，变辅食为主食。

细节2 10～12个月婴儿的体重、身长、头围和胸围

10～12个月的婴儿体重增长较以前减慢了，但身高增长较快。到满周岁时，体重约为出生时的3倍，身长约为出生时的1.5倍，胸围比头围稍大些。正常男婴12个月时发育标准为：身长平均为76.1厘米，体重平均为10.15千克，头围为47厘米。正常女婴12个月时发育标准为：身长平均为74.3厘米，体重平均为9.53千克，头围为45.6厘米。

骨骼的发育也较快，此时前囟门已闭合得非常小，部分婴儿甚至已完全闭合。由于婴儿在3个月时抬头动作形成了脊椎颈段的前凸，6～7个月坐立时形成胸椎的后凸，10～12个月站立及行走时形成了腰椎的前凸，所以此时脊柱变成了微微弯曲的“S”形，运动较前更稳定了。

12个月时婴儿的牙齿已萌出6～8颗。

细节3 婴儿的运动功能

10个月的婴儿已经能够扶着栏杆站起来，并开始沿着栏杆迈步。11个月时婴

儿能独立站立一会儿，能由大人牵着一只手走路。到1岁时能独立走路，但步态不稳。15个月时可独自走稳。

细节4 婴儿的心理功能

有一定的记忆能力：10个月的婴儿对大人的语言有了初步的理解能力。1岁时能认识自己的衣服，能指出自己身上的器官。那些常见面的人和熟悉的东西，若间隔几天不见，再见到时能够很快指认，这说明婴儿有了记忆。

个性的雏形：10个月的婴儿已显出个体特征的某些倾向性。例如有的婴儿不让别人拿走他手中的玩具，想要的东西若不给他就马上大哭大闹，乱扔东西；而有的则不声不响，或显出恐惧。对大人的逗引，不同的婴儿表现出不同的反应。有的报以热情的微笑；有的则绷着脸不理睬；有的见人就打，以打人为乐。这就是个性的雏形，这时大人要注意婴儿良好个性的培养。

语言发展：9~10个月的婴儿能够听懂语言的词义，可以模仿大人简单地发音。接近1岁时，能听懂词句的意思，对大人的语言指示能做出反应，如当听到大人说“把饼干给妈妈吃”时，他会拿着饼干往妈妈口中送。发音较早的孩子大约在10个月就开始讲话，迟的大约到1岁才开始说话。1岁左右的婴儿会有意识地叫“爸爸”、“妈妈”，但更多的还是讲些“啊啊”、“呜呜”的话。

细节5 让宝宝遇事自己来

12个月的宝宝遇到事情时，父母想要帮助他，可是宝宝却愿意自己来，这并非坏事。从心理发展的角度讲，“自己来”标志着宝宝自我意识及独立意识的萌发和增强；从教育的角度讲，“自己来”有益于宝宝独立自理能力及自信心的培养。所以，父母可以因势利导地把宝宝“自己来”的意向转变成正向的力量，以促进其更好地成长。

改变爱的观念

更新爱的观念，改变爱的方式，把学习的机会交给宝宝，培养宝宝的自理能力及对外界的适应能力，为其今后的健康发展奠定良好的基础。这是对宝宝理智的爱，真正的爱。

确定适当的范围

凡是宝宝能自己做的事，父母应支持宝宝自己做，并随着其年龄的增长不断扩大他自己来的范围。如12个月的宝宝吃饭时要自己来，便可满足其要求，不要怕他把饭撒到桌上。这样既可以锻炼宝宝动作的灵活性、准确性，又可以增强宝宝的自理能力。

教会技能

由于宝宝年龄小、能力差，在尝试自己来时往往搞得一塌糊涂，这时父母应耐心指导，做好示范，教会宝宝自己来的技能，帮助宝宝进步、成功，从而获得足够的自信心。切忌苛求斥责，否则容易导致宝宝产生胆怯、消极、缺乏自信的不良心理。

宝宝自己来需要持之以恒

许多事情宝宝要自己来只是凭一时的兴趣，但往往今天要自己做的事情明天就不感兴趣了。因此要使宝宝从小养成自己的事情自己做的好习惯，就需要靠父母的帮助和督促。经常提醒宝宝按时去做该做的事，如“该洗脸了”、“该洗手了”等。若宝宝不愿自己做时妈妈则可说：“妈妈知道宝宝很能干，一定会做的。”以此来强化父母的指令，激励宝宝持之以恒。

细节6 帮宝宝建立是非观念

很多人认为12个月内的宝宝只知道吃喝拉撒睡，能哄得他们不哭不闹就不错了，能有什么是非判断能力？其实不然，在他们懵懵懂懂、咿咿呀呀，特别是欢笑及发怒时，已开始了对外界的人和事进行观察与认识了。有的父母只是满足宝宝的生理需求，对宝宝的无理取闹无条件地迁就忍让，这样宝宝就会形成不正确的是非观，养成许多不良习惯，甚至影响一生。

客观评价

父母可以利用表情动作、简单的语言对宝宝的行为加以肯定或否定。半岁以后的宝宝，逐渐能对成人用表情和语言表示的称赞和责备有所反应。如宝宝小便知道坐便盆了，爸爸妈妈可以用语言进行鼓励，或者可以很温柔地抚摸宝宝，奖励他最喜爱吃的或玩的东西，以此来不断强化宝宝正确简单的是非观。当宝宝表

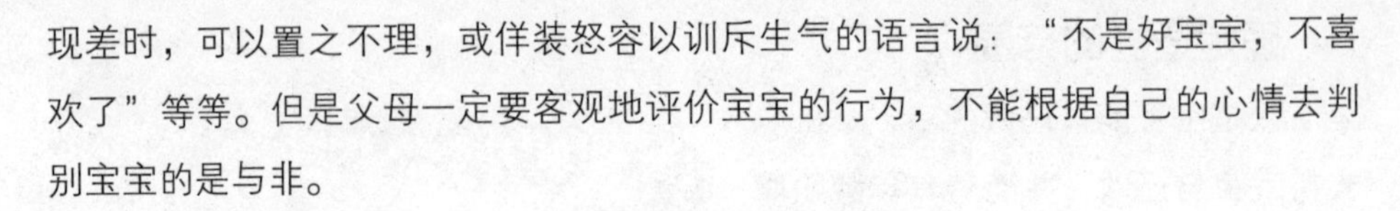

现差时，可以置之不理，或佯装怒容以训斥生气的语言说：“不是好宝宝，不喜欢了”等等。但是父母一定要客观地评价宝宝的行为，不能根据自己的心情去判别宝宝的是与非。

统一是非标准

父母应在宝宝饮食、排便、睡眠、卫生、礼貌等方面建立良好的制度，严格执行并取得全家人的共识与行动的一致。如宝宝睡醒之后会躺着自己玩，这就是做得好；如果没缘由地大哭大闹，就是表现不好。此时，无论谁都不要理会他，慢慢地宝宝就知道了自己做得不对。但是，宝宝还不会说话，不能用语言表达自己的需要，只会用哭来表示自己的感觉，所以父母要学会判断宝宝哭的真正原因，以便及时对症处理。

细节7 从宝宝的睡相看健康

看着宝宝甜甜地入睡，听着宝宝均匀而有节奏的呼吸，这时妈妈的心也会感觉宁静和欣慰。然而，有些宝宝在睡眠中出现的一些异常现象，往往是在向父母报告自己将要或已经患了某些疾病，因此父母应学会从宝宝的睡相中来观察他的健康情况。

撩衣蹬被

如果宝宝入睡后撩衣蹬被，并伴有两颧骨部位及口唇发红、口渴、喜欢冷饮或者大量喝水，有的还有手足心发热等症状。这提示宝宝多半患上了呼吸系统疾病，如感冒、肺炎、肺结核等。家长应尽早带宝宝去医院诊治，在医生的指导下服用药物进行治疗。

入睡后面朝下

宝宝入睡后面朝下，屁股抬高，并伴有口舌溃疡、烦躁、惊恐不安等症状，常常是宝宝患了各种急性热病，提示宝宝的病情尚未痊愈，需要继续治疗，以免病情复发。

入睡后翻来覆去

宝宝入睡后翻来覆去，反复折腾，常伴有口臭气促、腹部胀满、舌苔黄厚、大便干燥等症状，这是胃有宿食的缘故，要谨防宝宝患上胃炎、胃溃疡等胃肠道疾病，应该及早去医院检查。

睡眠时哭闹不停

宝宝睡眠时哭闹不停，时常摇头、用手抓耳，有时还伴有发热现象。可能是宝宝患上外耳道炎、湿疹，或是中耳炎，应赶紧带宝宝去耳科诊治。

四肢抖动

这一般是由于白天过度疲劳引起的，不必担心。需要注意的是，宝宝睡觉时听到较大响声而抖动是正常反应；相反，若是毫无反应，而且平日爱睡觉，则当心可能是耳聋。

睡觉时出汗

宝宝在刚入睡时或即将醒时容易满头大汗。宝宝夜间出汗是正常的，但如果大汗淋漓并伴有其他不适的表现，则应注意观察，加强护理，必要时去医院检查治疗。比如宝宝伴有四方头、出牙晚、囟门关闭太迟等征象，就有可能是患了佝偻病。

不断咀嚼

宝宝可能是得了蛔虫病，或是白天吃得太多导致消化不良。出现这种情况可以去医院检查一下，若是蛔虫病可用婴儿专用的驱虫药驱除；若是排除了蛔虫病，则应该合理安排宝宝的饮食。

手指脚趾抽动且肿胀

这时父母要仔细检查一下宝宝的手指，看它是否被头发或其他纤维丝缠住，或有没有被蚊虫叮咬的痕迹。

突然大声啼哭

这在医学上称为婴儿夜间惊恐症。如果宝宝没有疾病，一般是由于白天受到不良刺激，如惊恐、劳累等引起的。所以平时不要吓唬宝宝，不要让宝宝过于劳累，尽可能让宝宝保持安静愉快的情绪。

耳朵炎症或湿疹

宝宝睡眠时哭闹，时常摇头、抓耳，有时还发烧，这很可能是宝宝患了外耳道炎、湿疹或是中耳炎。父母应该及时检查宝宝的耳道有无红肿现象，皮肤是否有红点出现，如果有的话，要及时将宝宝送医院诊治。

睡梦中的宝宝即将发烧的表现

宝宝夜间睡觉前烦躁，入睡后全身干涩，面颊发红，呼吸急促，脉搏增快，超过110次/分。这预示着宝宝即将发烧，需要注意给他补充水分。

蛲虫病的症状

宝宝入睡后用手去搔抓屁股，在肛门周围可以见到白线头样小虫爬动，即是患了蛲虫病，应及时给宝宝吃驱蛲虫的药。

细节8 观宝宝大便识健康

由于宝宝的消化系统和排泄系统尚未发育成熟，因此宝宝的大便有糊糊状的、膏状加颗柱的、成形的；有黄色的、绿色的等。父母们往往分不清什么样的大便说明宝宝健康，什么样的是不健康的。

正常的大便

母乳喂养的宝宝，每天会拉2~4次大便，大便呈黄色或金黄色软膏状，有酸味但不臭，有时有奶块，或微带绿色。有时宝宝大便次数较多，每日4~5次，甚至7~8次。但如果宝宝精神好，能吃，体重不断增加，则属于正常现象。

人工喂养的宝宝，大便呈淡黄色或土灰色硬膏状，常混有奶瓣及蛋白凝块，比母乳喂养的宝宝的大便干稠，略有臭味，每日1~2次。

当母乳不足，给宝宝添加奶粉及淀粉类食物时，宝宝的大便会呈黄色或淡褐色，质软，有臭味，每日1~3次。如加喂蔬菜后，在宝宝的大便中可能会看到绿色菜屑，这不是消化不良，不必停喂，多喂几天就好了。

性状奇怪的大便

大便干硬：不要以为几天才大便1次，干硬难以解出就是便秘的表现。在判断宝宝是否便秘时，大便的性状比次数显得更为重要。有时大便次数正常，但粪便干硬、不易排出、每次量少、呈颗粒状，则属于便秘，应给予有这种情况的宝宝更多的关注。

大便稀烂：宝宝大便次数增多，变稀，发出酸臭味，或夹杂少量食物残渣，这是宝宝患有腹泻的表现。可能是宝宝食用了太多含淀粉量高的食物，或进食了过多蛋白质含量丰富的食物，或食物烹调不当、加热不够，或进食过多油腻食物引起的反复消化不良。

大便多泡沫：大便若有泡沫、呈油状、有凝块等，是宝宝对糖、脂肪、奶消化不完全的表现，可以减少宝宝的食量以缓解症状。

柏油样大便：这是由于上消化道或小肠出血并在肠内停留时间较长所致。当红细胞被破坏后，血红蛋白在肠道内与硫化物结合形成硫化亚铁，故粪便呈黑色；又由于硫化亚铁刺激肠黏膜分泌较多的黏液，而使得粪便黑而发亮，故称为柏油样便，多见于胃及十二指肠溃疡、慢性胃炎所致的出血。

颜色奇怪的大便

如果宝宝的大便出现以下异常颜色，应及时带宝宝看医生：

- 大便带有脓血和黏液，且大便次数多但量少，宝宝出现哭闹和发烧症状，可能为细菌性痢疾；
- 大便呈果酱色或红色水果冻状，表明可能患了肠套叠；
- 大便的颜色太淡或淡黄近于白色，并伴有眼睛与皮肤发黄，可能是黄疸；
- 大便发黑或呈红色，可能是胃肠道出血；
- 大便呈灰白色，同时宝宝的巩膜和皮肤呈黄色，有可能为胆道梗阻或胆汁黏稠或肝炎；
- 大便带有鲜红的血丝，可能是大便干燥或者是肛门周围皮肤皲裂；
- 大便呈淡黄色糊状，外观油润，内含较多的奶瓣和脂肪小滴漂在水面上，大便量和排便次数都比较多，可能是脂肪消化不良；
- 大便呈黄褐色稀水样、带有奶瓣、有刺鼻的臭鸡蛋味，为蛋白质消化不良。

气味奇怪的大便

大便中带有酸臭味可能是蛋白质吃得太多，消化不良所致。此外，刚从母乳换奶粉时也会出现此类现象。妈妈应给宝宝适当减少奶量，加喂白开水以减少脂肪和高蛋白食物的摄入，也可以给宝宝吃妈咪爱，1天3次，每次1/2袋。妈咪爱属于益生菌制剂，一般不会出现副作用，也不会产生依赖。

大便次数异常

若大便次数增多，呈蛋花样、水分多、有腥臭味，或大便出现黏液、脓血或鲜血，则为异常大便，应及时就诊。就诊时应留少许异常大便，带到医院化验，以协助诊疗。

大便稀软不用担心

1岁以前的宝宝，肠道蠕动较快，粪便中食物的残渣在身体内停留的时间较短，大便中的水分被吸收的较少，其大便会比大人的要软和稀，这种情况通常出现在满月以前或是母乳喂养的宝宝身上。即使大便的水分含量较多，次数也较多，但是如果宝宝的各项发育都正常就不必担心。

若大便次数多、量少、呈绿色或黄绿色、含胆汁、带有透明丝状黏液、宝宝有饥饿的表现，则为奶量不足所致。

细节9 正确对待宝宝恋物

对许多父母来说，要抽掉宝宝的奶嘴、旧毛毯、枕头，那可是一项艰巨的工程。父母不要对宝宝恋物感到奇怪，宝宝眷恋与他朝夕相处的物品属于正常现象。千万不要让宝宝觉得自己的举止是不对的。在宝宝逐渐走向独立的时候，这些物品是提供安全感的拐杖。

依恋对象的暂时替代

有的宝宝会在妈妈离开时用一些妈妈的物品来替代妈妈，从而获得同妈妈在一起的感觉。如宝宝刚开始独自睡觉时会非常不习惯，所以可能会拿妈妈的睡衣作为慰藉物。这种替代性行为是暂时的，当宝宝习惯新的生活模式后，恋物现象就会自然而然地消失了。

恋物是为寻求安全感

简单地说宝宝恋物就是一种成长过渡期的依恋行为，是宝宝从完全依恋转为完全独立的过渡期间所产生的行为，绝大多数发生在6个月大至3岁之间。宝宝之所以会迷恋这些物品，是因为它们是宝宝心理安全感的依靠。尤其当白天变成黑夜，宝宝想睡又害怕时，不安全感就会大大增加，此时某些物品对宝宝来说就非常重要。

获得舒适的触感

宝宝天生就喜欢柔软的、舒适的物品，因而常常会无意识或有意识地对柔软的物品具有好感，从而表现出“恋物”的行为。其实这种行为不仅不是“恋物癖”，甚至连恋物都称不上，它只是一种本能的表现。就像很多妈妈很放松地坐在沙发上的时候，会很顺手地把靠垫抱在胸前一样。

容易依恋的物品

乳房、奶瓶：吃是宝宝最基本的生存需求，一旦这种需求无法得到满足，那么宝宝就会对与吃有关的物品格外关注，进而寻找一种替代性的满足。

毛毯：不仅因为毛毯上面有宝宝熟悉的味道，还因为毛毯能给宝宝带来温暖的触觉联想，而且摩擦毛毯的声音又能联想到妈妈的轻柔细语。

除了具体的单个物品之外，主要照顾者身上的某个部位也常成为宝宝可能依恋的地方。

展现有生命的爱

慰藉物、替代物再好也是没有生命的，无法给宝宝带来丰富的情感交流。宝宝只能通过单方面的幻想自己对自己进行抚慰，这种情感寄托显然

处理不当易造成创伤

父母在经过适当的处理之后，宝宝正常的依恋行为一般不会影响到人格的正常发展。可是一旦处理不当，婴幼儿时期遭遇到了挫败，就会给宝宝以后的成长留下不可磨灭的阴影。例如在帮助宝宝克服恋物习惯时，有些家长喜欢采用比较强硬的手段，结果适得其反，遭到宝宝更强烈的反抗。因此，在帮助宝宝戒除依恋行为时请务必注意方式方法，以免事与愿违。

无法与人类之间深沉的情感相提并论。所以爸爸妈妈要多关注宝宝，多与宝宝沟通和交流，让他感受到父母对他的关爱和重视。

细节10 警惕宝宝铅中毒

有人说，让宝宝居住在五彩缤纷的房间内可能会导致宝宝发生铅中毒，这种说法有一定的道理。因为鲜艳的油彩中铅的含量较高，宝宝好奇心强且爱动，这里摸摸那里抠抠，如果父母忽视了让宝宝勤洗手、勤剪指甲，吃食物前不洗手或洗手方法不得当，宝宝就容易把铅吃进肚子里。所以，父母应该找到铅污染源，做好适当的预防及保护措施，避免宝宝的健康受到危险。

铅中毒的危害

宝宝的血脑屏障尚未发育完全，吸入或吃进去的铅比成人更容易进入脑组织造成脑细胞水肿，从而干扰正常的神经递质释放，出现多动以及理解能力、操作能力、视觉反应综合能力不同程度的降低，甚至出现呆滞等一系列症状。

宝宝体内的铅含量升高不仅会影响钙、铁、锌等微量元素的吸收，还会对宝宝各器官各系统造成损害，表现为食欲差、腹部隐痛、矮小、不明原因贫血、免疫力下降、肥胖甚至高血压等症状。

注意生活习惯

平时培养宝宝勤洗手、认真洗手特别是进食前洗手的习惯；勤剪指甲，指甲缝是特别容易藏匿铅尘的部位；纠正吸吮手指、啃咬指甲、铅笔或其他物品的不良习惯；经常清洗玩具和其他一些有可能被宝宝放到嘴里的物品；让宝宝远离成人化妆品；不要带宝宝到汽车流量大的马路和铅作业工厂附近散步、玩耍。

注意饮食习惯

少食含铅较高的食物，如皮蛋、爆米花等；勿从街边地摊上购买价廉质次、色彩过分鲜艳的陶瓷餐具；定时进食，以免空腹使铅在肠道吸收率成倍增加；保证宝宝的饮食中含有足量钙、铁和锌，以免因缺乏有益营养素而造成铅吸收量增加。

注意饮用水的质量

有些地方使用的自来水管道材料中含铅量较高，因此每天早上用自来水时应将水龙头打开1～5分钟，让前一晚囤积于管道中的可能遭到铅污染的水放掉，且不可将放掉的自来水用来烹食和为宝宝冲奶。

从事铅作业工作的父母需注意的问题

如果父母为铅作业工人者，则应尽可能不要通过工作服、手、头发等将铅带入家中，污染家庭环境，从而降低对宝宝的伤害；下班前必须按规定洗澡，更衣后才能回家，即使是工作时间喂奶也必须更换衣物并认真彻底地洗手。

细节11 婴儿感冒的护理

这个时期的宝宝由于免疫系统尚未发育成熟，所以很容易患感冒。宝宝1年患5～6次感冒是比较普遍的。所以，父母要照顾好宝宝的衣食住行，帮宝宝战胜感冒，健康成长。

感冒的症状

常见症状为流鼻涕、鼻子堵塞、咳嗽、嗓子疼、疲倦、食欲下降等，而且常常会出现发热（体温超过38℃）。另外，由于宝宝还不会在鼻子完全堵塞的情况下进行呼吸，所以也常常会出现吃奶和呼吸困难等。

感冒的治疗

发现宝宝感冒了，父母应及时带他去医院检查引发感冒的原因。如果是病毒引起的感冒，在治疗上并没有特效药，主要是照顾好宝宝以减轻症状，一般7～10天就会自愈。如果是细菌引起的感冒，应遵医嘱给宝宝按时按量服用抗生素药。如果宝宝发烧且体温低于38.5℃，可以暂缓服用退烧药。如果发烧超过38.5℃，应带宝宝到医院检查治疗。

感冒的日常护理

患感冒时良好的休息是至关重要的，所以应尽量让宝宝多睡一会儿，并适当减少户外活动。让宝宝多喝水，充足的水分能稀释鼻腔内的分泌物。让宝宝多摄入一些含维生素C丰富的水果和果汁。尽量少吃奶制品，因为它会增加黏液的分泌。对于食欲下降的宝宝，父母应当准备一些易消化、口感好的食品。

如果宝宝鼻子堵了，可以在宝宝睡觉的褥子底下垫上1～2个毛巾，把头部稍稍抬高，这样能缓解宝宝的鼻塞症状。由于宝宝还太小，不会自己擦鼻涕，父母可以在宝宝的外鼻孔中抹上一点凡士林油，以减轻鼻子堵塞；如果鼻涕较黏稠，可以试着用吸鼻器或将医用棉球捻成小棒状蘸出鼻子里的鼻涕。也可以用加湿器增加居室内的湿度，尤其是在夜晚，这样能帮助宝宝更顺畅地呼吸。别忘了每天用白醋和水清洁加湿器，避免灰尘和病菌聚集。

父母也可带上宝宝一起去浴室，关上门，打开热水淋浴器，让宝宝在充满蒸汽的房子里待上15分钟，这样宝宝的鼻塞就会大大好转。浴后别忘了立即为宝宝换上干爽的衣服。如果让宝宝在热度适宜的水中玩一会儿，也能减轻他的鼻塞症状，同时还能降低体温。

细节12 防止宝宝贫血

贫血是宝宝常见的疾病，长期贫血可影响心脏功能及智力发育。贫血是指外周血液中血红蛋白的浓度低于同年龄、同性别和地区的正常标准。6个月之后，由母体得来的造血物质基本用尽，若补充不及时就易发生贫血。父母应分析贫血的原因，而且平常在家时要多注意观察宝宝的面色、口唇、皮肤黏膜是否苍白，若有这些症状应到医院进一步检查。

缺铁性贫血

宝宝发生缺铁性贫血多半是饮食不当引起的，宝宝出生前从母体内得到足够的铁储存在肝脏，以供出生后4~6个月内的使用。如果4个月后宝宝不及时添加辅食，身体内的铁用完后，从奶粉或母乳中摄取的铁不能维持正常需要时，就会出现缺铁性贫血。一旦经医生诊断为缺铁性贫血，在积极治疗的同时，父母还要注意改善宝宝的饮食结构，及时添加含铁量丰富的辅食。

治疗贫血的方法

正常的6个月的宝宝每100毫升血中所含血红蛋白量平均为12.3克。轻度贫血（血红蛋白为9~12克）可不必用药，采取改进饮食营养来纠正即可。

安排宝宝的饮食，要根据宝宝营养的需要和季节性蔬菜的供应情况，适当地搭配各种新鲜绿色蔬菜、水果、肝脏、蛋类、鱼虾、鸡猪牛羊肉和血，再加上豆类食物，尽量做到每日不重样。特别是要多吃新鲜蔬菜、水果，它们富含维生素C，有助于食物中铁的吸收。另外，由于每一种食物都不能供给宝宝所必需的全部营养成分，所以膳食的搭配一定要均衡。烹调时要注意色、香、味俱全，以便让宝宝喜欢吃。

按照医生的嘱咐进行，根据贫血的原因和贫血程度选择药物，如为大细胞性贫血，应以补充维生素B_{12}、叶酸、维生素C为主；如为小细胞性贫血，则以补充铁剂及蛋白质为主。铁剂宜在两餐之间服用，避免与大量牛奶同服，以免影响铁的吸收。

父母应留意宝宝贫血表现

当宝宝出现烦躁不安、精神不振、注意力不集中、反应迟缓、食欲减退以及出现异食癖等现象时，应及时找儿科医生检查。如果宝宝的口唇、口腔黏膜、甲床、手掌、足底变苍白更应引起重视，尽快去医院诊治。

细节13 开始断乳

10个月左右宝宝的饮食已固定为早、中、晚一天三餐，主要营养的摄取已由乳类转向辅助食物，变辅食为主食了。虽然有的宝宝还要哺乳，但已经可以换成牛奶了。此时如若继续哺喂母乳则会影响宝宝的食欲，甚至晚上不吃母乳不睡觉，弄得妈妈身心疲惫，对母婴不利。所以，11～12个月时就可以完全断乳了。断乳时，宝宝会哭闹几天，妈妈应采取断然措施，可暂时与宝宝分离，坚持数天就可以保证断乳成功。

育儿小百科：不宜喂食婴儿的食物

婴儿处于生长发育较快的时期，为婴儿提供的食物要从易于婴儿消化吸收、有利于生长发育及安全等方面考虑。不宜喂婴儿的食品有：

刺激性太强的食物，如姜、咖喱粉及香辣料较多的食品。

饮料、浓茶不能饮用。因为浓茶和咖啡中所含的茶碱、咖啡因等会使神经兴奋，从而影响婴儿神经系统的正常发育；太甜的饮料和果酱中碳水化合物含量过多，其营养价值很低，可造成婴儿食欲缺乏和营养不良，不宜多喂。

不宜消化的食物，如糯米制品、油炸食品、花生米、瓜子、炒豆、汤泡饭、肥肉等，最好不喂。

细节14 不要给宝宝吃太多盐

日常生活中总可以看到这样的情形：为了给宝宝添加可口的辅食，很多父母喜欢先尝一尝，感觉一下咸淡。营养专家认为，这样做很可能会产生一种不良后果，父母以自己的口味来判断咸淡，最后做出来的食物对宝宝来说却比较咸。

食盐过多的危害

由于宝宝的肾脏还没有发育成熟，没有能力排除血液中过多的钠，因此食盐过多很容易对宝宝造成伤害，而且这种伤害是很难恢复的。

高盐饮食的宝宝易患心血管疾病：由于宝宝食盐过多，无法自行排泄的钠会滞留在体液中，很可能发生高血压甚至中风；过咸食物还会加重心脏负担，引起水肿和充血性心力衰竭；摄入盐分过多，还会导致体内的钾从尿中排出，钾丢失过多，对心脏功能会造成伤害，严重的同样会引起心力衰竭。

食盐过多容易导致宝宝患呼吸道感染：高盐饮食可抑制黏膜上皮细胞的繁殖，使其抗病能力减弱；会使口腔唾液、溶菌酶相应减少，造成各种细菌、病毒在呼吸道的繁殖。同时由于盐的渗透作用，过多的盐可杀死上呼吸道的正常寄生菌群，造成菌群失调，导致宝宝发病。

食盐过多导致宝宝缺锌：高盐饮食会影响宝宝的身体对锌的吸收，导致宝宝缺锌，从而影响宝宝智力的发育。

食盐要适量

营养学家建议，宝宝在1周岁以前每日盐的摄入量不超过1克为宜。对患有心脏病、肾炎和呼吸道感染的宝宝，要更加严格地控制饮食中盐的摄入量。

建议用“餐时加盐”的方法控制食盐量，既可以照顾到口味，又可以减少用盐。“餐时加盐”即烹调时或起锅时少加盐或不加盐，等菜肴烹调好端到餐桌时再放盐。因为就餐时放的盐主要附着于食物和菜肴表面，来不及渗入内部，这样既控制了盐量又可避免碘在高温烹饪中损失掉。

成人的口味不适合宝宝

宝宝对食盐的敏感度要高于成人，当食物中食盐含量为0.25%时，成人可能感觉不到咸，而宝宝却完全可以感觉到。这是因为对食盐的敏感度是随着年龄的增长而逐渐降低的，因此父母感觉咸淡可以的时候，对宝宝来说可能已经比较咸了。

细节15 宝宝吃饭难怎么办

宝宝吃饭没胃口，家长首先要从健康的角度查找原因。如果宝宝身体健康，发育正常，就不必过分担心。宝宝吃东西时多时少是正常现象。如果宝宝不想吃时最好空一顿，硬喂会使宝宝产生反感，甚至会引起呕吐。

宝宝不爱吃饭时，还应注意是否是因为给宝宝的食物过多，这样也会影响宝宝的食欲，这时适当减少饭量有助于改善宝宝的食欲。另外，每日的定量不合理，比如早饭吃得过多就会影响午饭的食量，或者宝宝在吃饭前吃了饼干、点心等也都会影响正餐的进食。

正确看待宝宝吃饭时的种种表现

这时的宝宝特别喜欢把手伸到菜盘子里用手去抓菜，或者把撒在桌上的汤、菜乱扒拉一通。这并不是他不好好吃饭的表现，他只是在试验食物的感觉，所以这时千万不要大声呵斥。不过，如果他想把盘子整个儿掀翻，可以暂时把盘子拿开或者结束喂饭。

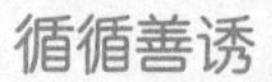

循循善诱

如果宝宝的依赖性很强，可以采取这样的做法：连续几天给宝宝做他最喜欢吃的饭菜，把饭菜盛好放在宝宝面前，父母暂时离开几分钟，然后回到宝宝身边。如果宝宝能吃上几口，则给予表扬，鼓励他继续吃完；如果宝宝仍不愿意自己吃，也不要对宝宝发火，要帮助他把饭吃完。几天之内多次重复这种方法后，宝宝饿了、馋了自然会自己拿起餐具吃饭。

细节16 边吃边玩要不得

良好的进餐习惯要从小培养，从宝宝不会走、不会爬时就应定时在餐桌进餐。对边吃边玩的宝宝，家长要做出榜样，可以采用“比一比”的方法。妈妈在喂宝宝时爸爸也同时进餐，爸爸吃一口，宝宝吃一口，爸爸不玩，宝宝也跟着学，妈妈同时给予表扬。注意不要强行往宝宝嘴里塞饭，一定要等宝宝嘴里饭咽下去再喂第二口。另外，饭前不要给宝宝吃零食，以免养成偏食、挑食的习惯。

细节17 准备家庭小药箱

家长应该在家里准备一个家庭小药箱，备齐各种常用内服药、外用药等，以便应急时使用。

家中常备的内服药

发热退烧药：如小儿退热片、百服宁糖浆等。

感冒药：如小儿感冒冲剂、小儿清咽冲剂等。

助消化药：如表飞明、酵母、小儿化食丸等。

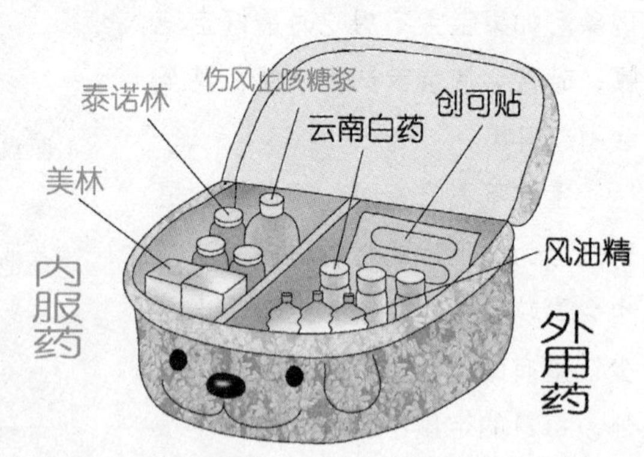

家中常备的外用药

当宝宝出现轻微外伤时，可以自行在家中处理，但家长要正确使用外用药，具体内容介绍如下：

3%碘酒溶液：常常用于皮肤擦伤、切割伤以及小伤口的创面消毒，作用比较柔和。

甲紫溶液：抗菌作用非常强，同时没有毒性，对小儿的皮肤没有刺激性；还具有收敛作用，对伤口溃烂、口腔黏膜溃疡、烫伤创面均有效，但伤口化脓时忌用。

酒精溶液：是家庭常备的消毒剂，常用浓度为75%，这样才能达到杀菌的目的；用于物理降温的酒精浓度为30%左右，比较适用于新生儿；注意绝不能用75%酒精溶液直接冲洗创面，因为它对组织有一定的刺激性。

碘酒：是一种作用强、药效快的消毒剂，通常使用浓度为2%；使用中还应注意碘酒消毒后要用75%酒精迅速把碘酒擦掉，以防碘酒与皮肤接触时间过长烧伤皮肤。

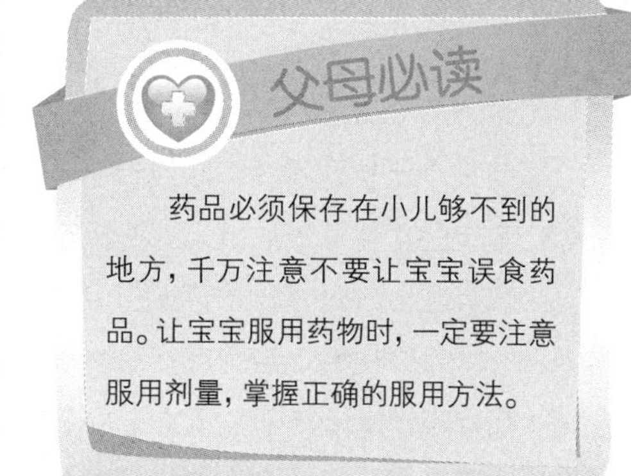

药品必须保存在小儿够不到的地方，千万注意不要让宝宝误食药品。让宝宝服用药物时，一定要注意服用剂量，掌握正确的服用方法。

细节18 宝宝的游戏

宝宝正是蹒跚学步的时候，非常好动，可在房间里四处游逛。宝宝手的动作更加灵活，运动能力增强，也能进行简单的模仿。这个时期父母应该多陪宝宝一起玩游戏来增加他全身的活动。

指五官

妈妈拿着宝宝心爱的娃娃让宝宝看，妈妈可以问：“娃娃的眼睛在哪里？”“娃娃的嘴巴在哪里？”然后拿着宝宝的小手分别指点娃娃的眼睛或者嘴巴；最后用同样的提问和动作来问宝宝自己的眼睛和嘴巴在哪里。

模仿学样

选择宝宝情绪愉快的时候和宝宝相对而坐，妈妈可以开心地做拍手、摇头、撅嘴、叉腰、做怪脸等动作，边说边动，让宝宝开心地模仿；妈妈也可以拿着梳子假装梳头，同时说“梳头啦”。此外，还可以做刷牙、洗脸，给娃娃把尿、洗澡、穿衣等模仿游戏。如果宝宝能跟着妈妈去模仿，一定要表扬他。平时也可以

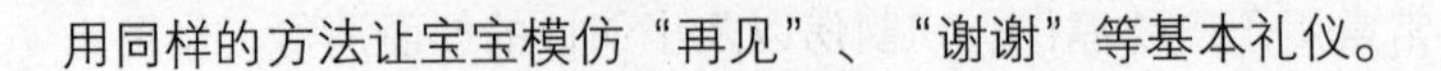

用同样的方法让宝宝模仿“再见”、“谢谢”等基本礼仪。

找瓶盖

宝宝和妈妈面对面坐着，先当着宝宝的面把小玩具藏在妈妈的手里，让宝宝找；然后逐渐增加难度，把小玩具藏在身后、毛巾下等。这个游戏一定要边玩边说，妈妈最好用手势和动作来辅助表达语意，如“给我”、“给宝宝”、“放到里面”、“拿出来”、“扔掉”等等。

好玩的大纸盒

准备一个比较结实的、底浅、面积稍大的纸板箱一只，玩具数个。纸盒里的玩具让宝宝随意地放进取出，刚开始可能需要父母示范给宝宝看。当宝宝把大纸盒里的玩具拿出来时，爸爸可逗引宝宝爬进纸盒里，“这是宝宝的家。”让宝宝坐一坐，扶着站一站；当宝宝把玩具装进大纸盒里时，可以教宝宝边推动大纸盒边说“嘀嘀嘀，大卡车开来了，送货来啦!”这是一个很有趣的综合训练游戏，可以训练全身动作、建立宝宝的空间概念。等宝宝懂得玩法后，可以鼓励宝宝单独玩，但要注意安全。

模仿动物的叫声

从动物卡片上找出小鸡、小鸭、小狗、小羊、小猫等画片或者动物玩具，爸爸给宝宝讲一个“唱歌比赛”的故事：“有一天，小鸡、小鸭、小狗、小羊、小猫比赛唱歌。小鸡先唱：‘叽叽叽、叽叽叽’，小鸭接着唱：‘嘎嘎嘎、嘎嘎嘎’，小狗抢着唱：‘汪汪汪、汪汪汪’，小羊慢慢唱：‘咩一咩一咩’，小猫最后唱：‘喵—喵—喵’，好听极了。”爸爸每学一种小动物叫就出示一张图片或者一个动物玩具给宝宝看；或者当爸爸说动物名称时指着图片或者动物玩具，学小动物叫时做有趣的固定的动作。反复多次后，再问宝宝：“小鸡怎么叫？”请宝宝一一模仿动物的叫声和动作。这样可以发展宝宝的语言能力和记忆力。

要求宝宝拿东西

把玩具（小鸭子）放在离宝宝几步远的地方，妈妈要求宝宝：“请把小鸭子拿给我。”等宝宝拿来后，再说：“把小鸭子放到柜子里。”让宝宝打开柜门，把小鸭子放进去。同样可以让宝宝按妈妈的要求做各种动作，以发展宝宝的语言及社交能力。

涂画

让宝宝坐在小桌前，妈妈先用蜡笔在纸上慢慢画出一个娃娃脸或小动物，再涂上各种色彩，以激起宝宝的兴趣。然后妈妈把蜡笔给宝宝，教他用全手掌握笔，并扶住他的手在纸上画画。再放开手，让他在纸上任意涂涂点点。不管他涂成什么样子，都要夸奖他。这样可以发展宝宝手指的灵活性，培养宝宝对色彩、涂画的兴趣。

细节19 帮宝宝认识奇妙的语言世界

这个时期的宝宝最喜欢模仿他人说话，父母应该抓住这个时机多进行语言教育。此时的宝宝也许已经会叫妈妈、爸爸，能够主动用动作表示语言。在他说话时，对方反应越强烈就越能刺激宝宝进行语言交流。当然，在学习的过程中父母要时刻让宝宝保持愉快的心情，只有心理上愉悦健康的宝宝学东西才最快。

听宝宝讲话

耐心地听宝宝讲那些难以理解的话，然后给予同等的、有礼貌的回应，就像真的听懂了一样，尽力找出真正的词来回答他。

引入概念

父母可以指着物体给宝宝看，然后描述它们是大还是小，是空还是满，在上或在下，在里或在外。只要可能，就用物品或动作来说明概念。

命名颜色

当父母教宝宝认识物品的名字时，也要教宝宝认识此物品的颜色。

教数字

当谈到物品时，要说明到底有多少，比如宝宝今天穿了两只蓝色袜子，或唱数字儿歌。

练习说再见

妈妈把宝宝抱在自己的膝盖上和另一个大人说一会儿话之后，大人一边往外走一边说：“再见。”这时妈妈不但要让宝宝摆手和大人说“再见”，而且自己也要说“再见”，以便宝宝跟着模仿。这类礼貌用语在日常生活中要反复训练。

训练宝宝用声音回答

平时父母叫宝宝的小名时，宝宝会转头来看看是谁在叫自己，这时父母可以帮助他回答“哎”。有时宝宝听到大人之间互相呼唤时也会回答“哎”，所以宝宝也学会用“哎”作答。若父母经常叫宝宝的小名，让他多次作答，那么以后凡是有人叫他的名字，他都会出声回应。

给宝宝回答的机会

不能说：“我打赌，你想吃点东西吧？”要问：“你想吃饼干还是吃奶酪？”这样宝宝就能用语言或姿势表达了；给他时重复他的回答：“你选的饼干，给你。”

给宝宝听音乐、唱儿歌、讲小故事

根据实际条件，父母可以多给宝宝放一些儿童音乐，为宝宝提供一个优美、温柔和宁静的音乐环境，以提高其对音乐、歌曲、语言的理解能力；也可以念一些儿歌，激发他的兴趣和对语言的理解能力。在此基础上，还可试着讲贴近宝宝生活的故事（最好是结合宝宝的生活环境，自编一些短小动听的故事）。音乐、儿歌和小故事的内容要随年龄的变化不断更新。

细节20 锻炼宝宝的模仿能力

生活里的模仿秀

握手问好：父母带宝宝外出时，见到人要主动与人握手，并说：“你好！”也同时让宝宝模仿与人握手的动作，并让他理解问好的意义。

拍手欢迎：家中来了客人时，父母先拍手示范教宝宝两手对拍的动作，边拍边说：“拍手，拍手！”、“欢迎，欢迎！”

点头谢谢：接受客人送的礼物或别人的帮助时，教宝宝点头致谢并代他说：“谢谢！”反复让宝宝模仿点头动作。

当宝宝学会握手、拍手、点头等动作后，可以由爸爸抱着大娃娃做客人，妈妈和宝宝做主人来玩“做客人游戏”。模仿以上动作来学习礼貌用语：“你好”、“欢迎”、“谢谢”。

此项游戏可通过理解感知礼貌用语，并从模仿动作中学习与人交往的经验。

拾豆子游戏

将装有小豆的塑料透明小瓶给宝宝看，然后将豆子从瓶中倒出来，妈妈先做拾豆的示范动作，用拇指和食指捏住一粒又一粒的豆子投入瓶中，然后再倒出来教宝宝模仿用拇指和食指对捏的拾豆动作及投入瓶中的动作。

在玩此游戏前，应让宝宝先学会拾较大的物体投入较大的容器中，如拾小积木放入小盒中，拾小木珠放入碗里；以后再拾较小的物体投入小容器中，如拾蚕豆投入大口瓶中，并逐渐增加难度。游戏时妈妈不能离开宝宝，以免他将小豆放入口中和鼻中发生意外。

此项游戏可以训练宝宝拇指和食指相对捏物的动作，增强眼手协调投物的准确性。

细节21 宝宝的能力训练

训练认知能力

涂画：宝宝继11个月学握笔开始，逐渐由自发地或模仿性地乱涂画发展到能画出准确的笔画。

认图识物：父母要把图片及实物的正确名称告诉宝宝，并训练宝宝能准确无误地指出大人说出的图片或物品以及指出图中有特点的部位。

"1岁"了：训练宝宝竖起食指表示自己"1"岁了。妈妈可先做示范然后让宝宝跟着模仿。

认识身体部位：训练宝宝正确指认身体部位。除了面部器官外，还要练习认识手、脚、肚子、头发、脖子等处。

学认颜色：先认红色，如瓶盖，告诉宝宝这是红的，等下次再问红色时他就会毫不犹豫地指向瓶盖。颜色是较抽象的概念，要给宝宝时间让他慢慢理解，不要同时学认多种颜色。

训练语言能力

句子理解：在与宝宝游戏的过程中，多给他说小歌谣以及一些简单的句子，培养宝宝理解简单句子的能力。

称呼大人：宝宝最先学会称呼照料人，如"爸爸"、"妈妈"、"奶奶"、"爷爷"。"姥姥"的辅音最难发，可推迟训练。

训练阅读能力

说童谣：带有韵律的儿歌对宝宝来说是一种比较有趣的语言启蒙方式，边说边用手做简单的动作可以吸引他的注意。

重复：重复是宝宝学习语言的方式，一遍又一遍地说可以加深他的记忆。

语言游戏：用有趣的方式和宝宝玩语言游戏，如在他面前扮演老狼，然后夸张地说："小兔子乖乖，把门开开。"

训练行为能力

这时期宝宝的手脚更为灵活，能够有意识地控制自己的行为，可以配合大人的指示，并用行动表达自己的意愿。父母可以从很多方面观察宝宝的行为，适当对其引导，使其行为更加熟练，并养成良好的行为习惯。

主动配合：继续训练宝宝配合大人的日常生活并养成良好的生活习惯，如吃东西前会伸手要求洗手，吃完后会配合擦手洗脸、收拾干净等。

用动作表达愿望：将玩具和食物放在宝宝面前，训练他用点头表示同意，用摇头表示不同意。每次给宝宝食物时先让他点头表示同意然后再给他。

学会交朋友：从小就要让宝宝多和小朋友一起玩，这是宝宝学习语言、学习社交、培养谦让、懂得分享的最好课堂，父母千万不能忽视。

细节22 教宝宝学走路

学习走路是人生的重要发展阶段，所以父母不可轻视，但也不用过于担心，就算宝宝进步略慢，父母也要有耐心，因为学会步行只是迟早的事而已。宝宝学会走路标志着他今后的活动范围将逐渐扩大，视野逐渐开阔，给体能和智力方面尤其是体质方面的发展提供了基础条件。

借助学步带

学步带是一种系住宝宝双肩和前胸的宽带子，父母可以将另一端捏住，并且可以自由调整和宝宝之间的距离。需要注意的是，学步带的松紧不要太紧。父母也可以用牢固的长布条或窄长毛巾代替学步带。

扶着行走

千万不要小看宝宝扶墙、扶家具慢慢移动身体的行为，它是宝宝行走的开始。虽然独自站立还不够稳，但通过脚步的挪移以及手脚和身体的配合，宝宝的平衡感在不断得到提升。

推小车走路

让宝宝站在小推车的后面，两只小手抓稳推车扶手，开始时父母可以通过掌控推车扶手来控制小推车前进的速度，等宝宝熟练以后父母就可以放手让宝宝自己推小车了。父母还可以教宝宝在碰到障碍物的时候将小推车朝后拉，再进行转弯以避开障碍物。

父母帮助作用大

扶住宝宝的腋窝，让宝宝的双脚踏在父母的脚背上，让宝宝随父母一起走路，同时也减少了父母牵拉宝宝双臂的力量。过一个阶段后则可以让宝宝的双脚踏在地上，逐步向走路过渡。

父母离开一定距离，这个距离视宝宝实际可走的路程而定。让宝宝离开一方的手臂保护，另一方则用欢迎的形式迎接宝宝，开始可以只隔几步远，逐渐地父母就可以拉开距离。看着宝宝跌跌撞撞地向父母走来，父母千万不要动不动就抱住宝宝。

鼓励增强信心

父母应时刻给宝宝以鼓励，增加宝宝的信心，让他不再胆小，勇敢地向前迈步。当宝宝不敢向前走的时候，父母一定要用诸如“宝宝，你过来吧”、“妈妈在这里等着你”等语言加上微笑的表情和张开双臂努力迎接宝宝的姿势，让宝宝乐于向父母走近。

安全行走

不要让宝宝远离父母的视线；要避开湿滑的地面，注意路上的障碍物；小心家具边边角角的潜在危险；不让宝宝进入厨房；尖锐物品、器具尽量放置到宝宝够不着的地方，药品或细小用品也要妥善藏好；容易拉下的盖布、桌布上不要放置其他物品，以免宝宝将其拉下而被物品砸伤；烫手的食物也不要让宝宝碰到；在宝宝行走之时不要喂他食物，以免卡住喉咙。

第二篇　1～2岁

追上宝宝成长的小脚印

第一章 13～18个月的育儿细节

细节1 能够区分妈妈和“我”属于不同个体

这个阶段的宝宝知道“我”和“你”的区别了。以前宝宝会模糊地以为妈妈就是我，我就是妈妈，想法和情绪都会受妈妈左右；而现在他知道对妈妈说“不”，意识到“我”和“妈妈”是不一样的了。身体和妈妈分开后，内心也开始逐渐独立。所以，这个阶段最重要的发育课题是形成自我意识。以对自身的认识为基础，宝宝开始探索周围的事物，尝试按自己的意志行动，所以只要宝宝的尝试没有危险，妈妈就应该放手让他去做。

细节2 学走路的经历会影响性格的形成

宝宝放开手自己走的第一步，是他人生的一个重要里程碑。大部分宝宝在12～14个月大时学会走路，学步之前要满足四个条件：一、要有一定的体力；二、要有身体平衡的能力；三、摔倒时能采取保护姿势；四、有走路的欲望。富有挑战精神的宝宝与谨慎的宝宝会采取不同的学步方式，前者只需具备条件一与四就会锲而不舍，后者则需四条全都具备才会独自迈出那关键的人生中的第一步。这种态度上的差异会影响到宝宝性格的形成，所以家长应该引导宝宝自然地学会走路。

细节3 喜欢独占妈妈

在这个时期，宝宝的各种情绪充分地宣泄，嫉妒、喜悦、反抗、生气、委屈都会在相应的情境下充分表达，而且开始向妈妈表达自己的心情。在日常生活中，会经常要妈妈抱抱，要亲亲妈妈，要紧紧贴在妈妈身上不下来，表现他“要妈妈”的意愿，努力争取妈妈的关怀。在他的概念里，妈妈是他独有的，如果看到妈妈在抱别的宝宝就会产生嫉妒心，非要把妈妈抢过来不可。家长应该了解宝宝在这一时期的特点，给予他充分的关心与爱护。因为对“爱”的要求得到充分满足的宝宝，会形成健康的个性与世界观。

细节4 害怕外部世界

离开妈妈刚开始探索世界的宝宝都非常胆小，所以想尝试什么的时候，只要旁边有吓唬声，就吓得连动都不敢动了。在宝宝看来，就连排便也是件令人恐惧的事情。不知道身体里出来个什么东西，扑哧一声掉到地上，简直太可怕了。

3岁前的宝宝表现出恐惧胆小都是正常的，但如果3岁后再出现类似情况，就有可能是焦虑障碍。很多情况下，在严厉的父母身边长大的宝宝以及父母对孩子过分控制，都会引起宝宝的焦虑障碍，父母要给予特别重视。

细节5 开始探索室内空间

在这个时期，宝宝的探索心理非常强烈，要逐渐开始迎接新的挑战。在家里的每个角落都会留下宝宝的印迹，比如翻垃圾桶、触摸开关、翻抽屉、抠洞洞（家长要把家里宝宝可以够到的墙面上的电源插座孔都封上）。宝宝对外界的了解与掌握就是通过这样的探索行为形成的。为了宝宝的安全，妈妈要把所有的危险品都藏起来，并提供宝宝可以探索的新东西来满足

宝宝的探索欲望，比如涂鸦的小黑板、早教机、成套的积木等。

细节6 遭受挫折产生负面情绪时必须安抚

刚开始探索世界的宝宝随时准备新的尝试，但是这些尝试并不总是成功的，愿望没有实现，遭受挫折的情况也很多。宝宝年龄太小，凭自己的能力是不能克服这种负面情绪的。如果妈妈不去安抚，宝宝的失望情绪无法宣泄，就有可能出现用头撞墙、摔东西或者打人等问题行为。宝宝情绪不好的时候，他自己可能会采用抱抱洋娃娃、把头藏到被子里躲猫猫等方式来缓解情绪。宝宝受挫表现得很烦躁的时候，如果父母大声训斥，宝宝就会一直用烦躁的方式解决情绪方面的问题。这时候妈妈应该尽快帮助宝宝摆脱这种负面情绪。通过这样的过程，宝宝可以学到调整情绪的方法。

细节7 绝不能利用恐惧心理管教宝宝

对那些好动的宝宝，大人经常会利用他们的恐惧心理对其进行管教。这种方法偶尔用一下可以，经常使用的话会导致宝宝心理脆弱。另外，如“再这样妈妈就不管你了”，“妈妈生气了，不要你了”之类的以母爱为条件的管教方式也不可取。12～18个月大的宝宝对母亲的依赖性很强，宝宝最担心的就是妈妈离开自己。如果动不动就听到妈妈说“妈妈不在了”的话，宝宝的不安情绪就会加重。当宝宝无法确信妈妈是否会离开自己时，他就不敢独立探索世界，更不愿意离开妈妈，甚至那些妈妈允许做的事情也不敢去做了。所以，不能为了纠正宝宝的一个小错误，而对宝宝造成更大的伤害。

细节8 “不”是自我意识形成的典型表现

这个时期的宝宝能说出由简单词汇组成的句子，虽然语言能力的发育因人而异，但大部分宝宝会对“不”情有独钟。即使是还不会说话的宝宝，也完全能够清晰表达出否定的意愿。不管妈妈给什么，宝宝的回答都是“不”，这也是自我意识形成的典型表现。比如：对宝宝说“咱们出去玩吧！”宝宝会边摇头边回答“不要！”宝宝并非在故意刁难妈妈，他甚至没仔细听清妈妈究竟在说什么，他只是在表达要自己来独自尝试。通过语言能力的提高，宝宝会不断形成自我意识，逐渐养成实现自我主张的能力。当宝宝坚持独立做事时，妈妈不要生气或呵斥，相反要鼓励宝宝实践自己的愿望。

细节9 离开妈妈后的不安引发的情绪表现

恐惧和害怕都是某些事情发生时，因对痛苦的预知而产生的情感反应。宝宝在成长过程中可以逐渐积累社会知识，但同时也会遇到很多让它们害怕和恐惧的事情。由于智力发育、情绪分化，宝宝才会感到恐惧。只有那些不知道什么是害怕的宝宝才会毫无顾忌地摸毒蛇或者大狗。但是，和妈妈分开的时候，宝宝出于本能也会感到害怕。宝宝总是把妈妈和自己的生存联系在一起，认为没有妈妈，自己就没有吃的，也没有可以依靠的人。

当宝宝感到害怕的时候，妈妈首先应该把宝宝搂到怀里好好安慰，并体会宝宝的感情。还要告诉他妈妈就在身边，以此来帮助宝宝克服不安情绪，鼓起勇气去接近他觉得可怕的事物。

育儿小百科：不要急于让孩子接触同龄人

这一阶段宝宝的社会性并非通过小朋友，而是通过和身边的成人形成的。刚开始对自身有所认识的孩子并不关心其他同龄人，他们既不了解自己的情绪，也不知道如何做才能让朋友喜欢，即使让他和其他小朋友玩，也只是各玩各的，不可能有更积极的交往意识。家长应正确引导宝宝在交往过程中的方式，不要强求宝宝与同龄孩子交朋友，因为此阶段的宝宝正处在独自游戏的阶段，但随着年龄的增长宝宝会逐渐对同龄宝宝产生兴趣，从而达到共同游戏。

细节10 不同形式的哭，解决办法不一样

如果宝宝提出的要求有危险或侵害到他人，即使他又哭又闹也要明确告诉他“不行”。如果宝宝还是哭个不停，可以在宝宝视线范围内稍微离开他一些，保持一定距离默默观察。宝宝一旦明白哭不能解决问题就自然会改变做法。如果宝宝是因为希望达成某种目的而哭闹的时候，家长不能批评制止，而要积极帮助他实现愿望；如果宝宝没有任何理由也跑到妈妈身边哭，他是在表达希望依赖妈妈的心情，是渴望和妈妈进行情感交流的表现。

这个阶段宝宝的情绪表现能力是不成熟的，因此批评不能解决问题，而应耐心地去了解宝宝想说什么、想做什么。当宝宝不能完全通过语言来表达时，父母要帮助宝宝通过肢体或表情来表达自己的意愿。如此反复体验，宝宝会逐渐学会用别的方式替代哭声表达自己的想法。

细节11 1岁以后宝宝的合理膳食

1岁以后的宝宝其生长发育虽不如出生后第1年迅速，但每年仍可增加体重2～3千克，因此其营养素的需要量仍然相对较高。1岁以后的宝宝饮食应该由原来以奶为主逐渐过渡到以粮食、奶、蔬菜、鱼肉、蛋为主的混合饮食。上海市营养学会提出了学龄前儿童食物定量指导方案，以金字塔图形表示，标明了各类食物的合理比例范围，称为“上海市幼儿膳食4+1方案”，其中1～3岁幼儿的食物量简单概括为：

1～2瓶牛奶，1个鸡蛋，1～2份禽、鱼、肉，2份蔬菜与水果，2～3份谷与豆（1份相当于50克；1瓶牛奶为227克；具体食物量还应随年龄适当调整）。

需要注意的是，牛奶还应是1～3岁宝宝的主要食物之一，每日平均350克左右，切不可认为断奶就将所有的牛奶或奶制品全部取消掉，而是应该继续食用至一生。另外，宝宝的咀嚼功能还不够发达，每天应该单独为宝宝加工、烹调食物，少吃油炸食品，以防脂肪过多。宝宝的食物加工要细，且体积不宜过大；要引导和教育宝宝自己进食；进餐要有规律；进餐时让宝宝暂停其他活动，集中精神进餐。

细节12 断奶后的饮食调养

由于断奶后宝宝胃肠消化功能较差，饮食还不能和成人一样，所以要在原来宝宝已经习惯食用的各种辅助食品的基础上逐渐增加新品种，从而使宝宝有一个适应过程。断奶后的饮食安排应注意以下几点：

- 注意选择质地软、易消化、经济实惠、富有营养的食品。
- 烹调方法以切碎、烧烂为主，多采用煮、煨、炖、烧、蒸的方法。
- 宝宝断奶后要逐渐将原来以乳类为主转变为以谷物、肉类、蔬菜等为主要饮食。
- 不要给宝宝吃汤泡饭，汤只增加滋味而缺乏营养，并且容易囫囵吞入，影响消化。
- 进餐次数可每日5次，除早、中、晚餐外，上午9时和下午午睡后加一次点心。宝宝渐大后可改为4餐。
- 每餐食量中早餐应多些，因宝宝早晨醒后食欲最好，吃得下；午饭量应是全日最多的，晚餐应清淡些，以利睡眠。

细节13 多样化的营养搭配

这个阶段宝宝的膳食安排应尽量做到花色品种多样化，荤素搭配，粗细粮交替。父母应安排各种食物，如鱼、肉、蛋、豆制品、蔬菜、水果等。保证维生素C等营养素的充足摄入。宝宝每天的总能量需要90～100千卡/千克，蛋白质2～3克/千克体重，脂肪3.5克／千克，糖12克/千克，三者之比为1∶1.2∶4，优质蛋白质应占总蛋白质的12%～13%。最好每日仍给予1～2杯豆浆或牛奶，每天3次正餐加1～2顿点心。

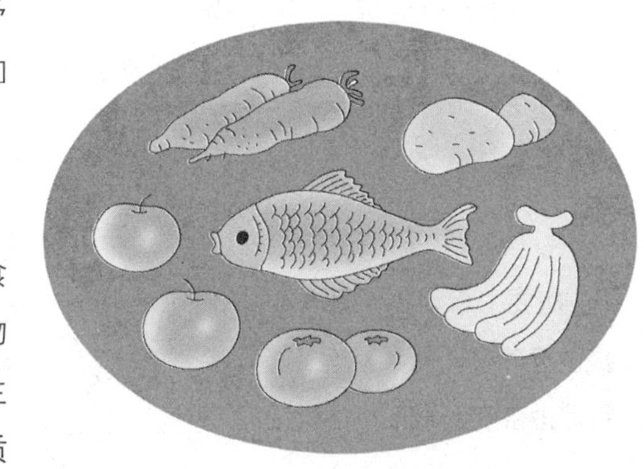

粮谷类及薯类

宝宝进入幼儿期后，粮谷类食物应逐渐成为宝宝的主食。谷类食物是碳水化合物和某些B族维生素的主要来源，同时因食用量大也是蛋白质

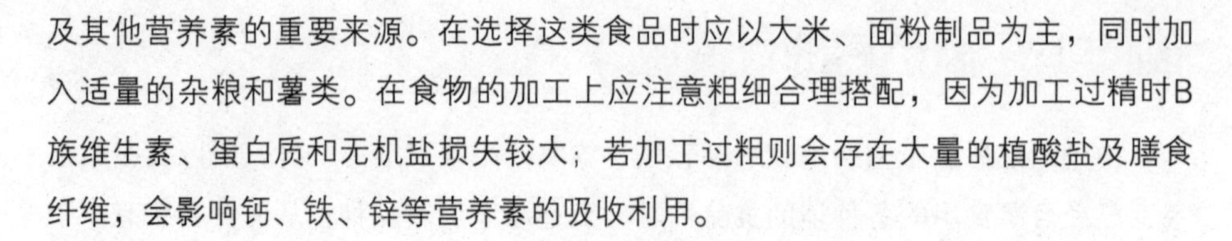

及其他营养素的重要来源。在选择这类食品时应以大米、面粉制品为主，同时加入适量的杂粮和薯类。在食物的加工上应注意粗细合理搭配，因为加工过精时B族维生素、蛋白质和无机盐损失较大；若加工过粗则会存在大量的植酸盐及膳食纤维，会影响钙、铁、锌等营养素的吸收利用。

乳类食品

乳类食品是宝宝优质蛋白质、钙、维生素B_2、维生素A等营养素的重要来源。乳类食品的钙含量高、吸收好，可促进宝宝骨骼的健康生长。同时乳类食品还富含赖氨酸，是粗谷类蛋白的极好补充。但乳类食品中铁、维生素C含量很低，脂肪酸以饱和脂肪酸为主，需要注意适量供给。过量摄取乳类食品也会影响宝宝对谷类和其他食物的摄入，不利于健康饮食习惯的养成。

鱼、肉、禽、蛋及豆类

这类食物不仅能为宝宝提供丰富的优质蛋白，同时也是维生素A、维生素D及B族维生素和大多数微量元素的主要来源。豆类蛋白含量高，质量也接近肉类，且价格低，是动物蛋白较好的替代品，但微量元素（如铁、锌、铜、硒等）的含量低于动物类食物。

油、糖、盐等调味品及零食

这类食品对于提供必需脂肪酸、调节口感等具有一定的作用，但摄取过多对身体有害无益，因此应少吃。

蔬菜、水果类

这类食物是维生素C、β-胡萝卜素的主要来源，也是维生素B、无机盐（钙、钾、钠、镁等）和膳食纤维的重要来源。在这类食物中，一般深绿色叶菜及深红/黄色果蔬、柑橘类等含维生素C和β-胡萝卜素较多。蔬菜、水果不仅可以提供营养素，而且具有良好的感官性状，可促进宝宝的食欲，防止便秘。

良好的进餐环境很重要

营造安静、舒适、秩序良好的进餐环境，可使宝宝专心进食。环境嘈杂，尤其是吃饭时看电视，会转移宝宝的注意力，并使其情绪兴奋或紧张，影响食欲与消化。另外，进餐时应有固定的场所，并有适于宝宝身体特点的桌椅和餐具。

注意膳食的营养均衡

不少家庭在宝宝膳食安排上存在着早餐简单，热量不足；晚餐丰盛，营养过剩；食物单调，食谱面窄；主食精细，忽视粗粮；零食度日，主食偏少等问题。所以，父母在给宝宝准备膳食时，应注意食物的营养均衡。

细节14 饮食的制备和烹调

宝宝的食物应单独制作，质地应细、软、碎、烂，避免刺激性强和油腻的食物。食物烹调时还应具有较好的色、香、味、形，并经常更换烹调方法，以刺激宝宝胃酸的分泌，促进食欲。加工时应尽量减少营养素的损失；烹调时口味以清淡为好，不宜给宝宝食酸、辣、麻等刺激性食物。

细节15 宜吃鸡蛋

鸡蛋中含有多种维生素和氨基酸，比例与人体很接近，宝宝容易消化和吸收，利用率高达99.6%。鸡蛋中铁的含量也十分丰富，利用率高达100%，是宝宝补铁的良好来源。鸡蛋黄中的卵磷脂、甘油三酯和卵黄素，对神经系统和身体发育有很大的作用；卵磷脂还可以促进脑细胞的再生，提高人体血浆蛋白量，增强机体的代谢功能和免疫功能。宝宝食用鸡蛋，以煮为好。

细节16 宜吃香菇

香菇具有高蛋白、低脂肪的特点，富含18种氨基酸，其中有7种是人体必需的氨基酸，容易被人体消化和吸收，对宝宝神经系统的发育成长有很大作用。干香菇中还含有丰富的维生素D，可以增强机体抵抗疾病的能力，宝宝常吃香菇可以发展体力和智力。

细节17 宜吃豆腐

豆腐含有丰富的蛋白质、植物脂肪、钙、磷、钾、镁等营养素。其中大豆卵磷脂有益于神经、血管和大脑的发育成长，是宝宝生长发育必不可少的重要食物。但是豆腐缺少一种氨基酸——蛋氨酸，若搭配鱼、鸡蛋、海带、排骨等，就可以提高豆腐中蛋白质的利用率。

细节18 宜吃苹果

苹果中含有丰富的果胶和钾，均居果品中的首位，营养全面且易被人体吸收，非常适合宝宝食用。苹果中还含有丰富的锌，锌是组成酶蛋白的主要成分，对宝宝的生长和智力发育都有好处，被誉为“记忆之王”。另外，苹果中的维生素A还可以保护宝宝视力。

细节19 宜吃猕猴桃

猕猴桃中含有丰富的维生素C、维生素A、维生素B、胡萝卜素、叶酸等营养素。其中维生素C的含量是一个人一天维生素需求量的两倍多，因此宝宝一天一个猕猴桃就可以满足其对维生素C的需求。猕猴桃中还含有天然的肌醇，有助于脑部发育，帮助发展宝宝智力。猕猴桃中良好的膳食纤维可以帮助宝宝消化，防治便秘，快速清除并预防体内堆积有害物质。

适当吃零食对宝宝有益

有的家长认为吃零食有害健康，宝宝吃了这些垃圾食品会影响生长发育。其实零食不等同于垃圾食品，高热量低营养的食品才是垃圾食品。而对于一些有营养的零食，专家建议在不影响正餐的情况下可以给宝宝适量摄入，补充体内营养成分。特别是身材瘦小的宝宝，最好晚饭后给他吃点零食。

细节20 宜吃胡萝卜

胡萝卜含有丰富的胡萝卜素、维生素A、钾、钙、铁等营养素，维生素A可以促进机体正常生长与繁殖，对宝宝视力发展有帮助。胡萝卜素和维生素A是脂溶性物质，富含胡萝卜素和维生素A的蔬菜应该用油炒熟或和肉一起炖煮食用，但宝宝不要过量食用，否则会使皮肤变黄，出现胡萝卜素血症。如果真的出现胡萝卜血症，家长不用着急，只要停吃一段时间，宝宝皮肤的黄色就会褪去。

细节21 宜吃猪肉

猪肉含有丰富的优质蛋白质、脂肪、磷、锌、钾、钠、维生素D、B族维生素等营养素，能为宝宝提供丰富的优质蛋白质和人体必需的脂肪酸。猪肉中的血红色铁和促进铁吸收的光胱氨酸能防止宝宝缺铁性贫血。B族维生素和锌可以促进宝宝智力的发展。

细节22 给宝宝吃水果的学问

水果色泽鲜亮，口味酸甜，营养丰富，外形看上去又很惹宝宝喜欢，加之含有丰富的营养，因此只要宝宝喜欢，妈妈可以经常让宝宝吃。然而水果固然好吃，但却并非多多益善，这其中也蕴藏着很大的学问，父母要多加注意。

注意食用时间

有的妈妈喜欢从早餐开始，就在餐桌上摆放一些水果，以供宝宝在餐后食用，认为这时吃水果可以促进食物消化。这对于喜欢吃动物性食物和油腻食品的人很有必要，但是对于处在生长发育过程中的宝宝来说却并不适宜。因为水果中的单糖物质虽然极易被小肠吸收，但若被堵在胃中则很容易形成胀气，以至于引起便秘。所以在饱餐之后最好不要马上给宝宝吃水果。另外，也

不适宜在餐前给宝宝吃水果。因为宝宝的胃容量还比较小，如果在餐前食用水果的话，就会占据胃的一定空间，导致影响正餐营养素的摄入。最佳的做法是，把吃水果的时间安排在两餐之间或是中午午睡醒来后，这样可以让宝宝把水果当做点心吃。

要与宝宝的体质相宜

给宝宝选用水果时，要注意应与宝宝的体质、身体状况相宜。舌苔厚、便秘、体质偏热的宝宝，最好食寒凉性水果，如梨、西瓜、香蕉、猕猴桃、芒果等，这类水果有助于败火。

宝宝患急慢性气管炎时，吃柑橘可疏通经络、消除痰积。但柑橘不能过多食用，如果吃多了会引起宝宝上火。

当宝宝缺乏维生素A、维生素C时，多吃含胡萝卜素的杏、甜瓜及葡萄柚能给身体补充大量的维生素A和维生素C；在秋季气候干燥时，宝宝易患感冒咳嗽，可以给宝宝经常做些梨粥或是用梨加冰糖炖水喝，因为梨性寒，可润肺生津、清肺热，但宝宝腹泻时不宜吃梨。另外，皮肤生疮时也不宜吃桃，以防加重宝宝的病情。

西瓜不可随意吃

宝宝吃西瓜时要注意适量，特别是那些脾胃虚弱、腹泻的宝宝。因为西瓜性寒，属生冷食物，如果食用太多，不仅会使脾胃的消化能力减弱，而且还会引起腹痛、腹泻等消化道疾病。

不能用水果代替蔬菜

蔬菜无论是口感还是口味都远不及水果。因此，有些妈妈在宝宝不爱吃蔬菜时，经常就让他多吃点水果，认为这样可以弥补不吃蔬菜对身体造成的损失。然而，这种水果与蔬菜互相替换的做法并不科学。

如果经常让宝宝以水果代替蔬菜，那么水果的摄入量就会增大，从而导致身体摄入过量的果糖。而体内果糖太多不仅会使宝宝的身体缺乏铜元素，影响骨骼的发育，导致身材矮小，而且还会使宝宝经常有饱腹感，导致食欲下降。

其次，与蔬菜相比，水果中的无机盐、粗纤维的含量要比蔬菜少，促进肠肌蠕动、保证无机盐中钙和铁的摄入的功能相对弱一些。再加上水果含有较多的碳水化合物，宝宝摄入过多还容易导致肥胖，因此父母拿水果代替蔬菜喂给宝宝是不科学的。

有些水果要适度食用

荔枝汁多肉嫩，口味十分吸引宝宝，但给宝宝食用荔枝要注意适量。因为大量吃荔枝不仅会使宝宝的正常饭量减少，影响他对其他必需营养素的摄取，而且食用过量常常会在次日清晨突然出现头晕目眩、面色苍白、四肢无力、大汗淋漓等症状。如果不能立即就医治疗便会导致血压下降、晕厥，甚至出现危及生命的后果。这是因为荔枝肉中含有一种物质，它可以引起血糖过低而导致低血糖，甚至休克。

柿子也是宝宝钟爱的水果，但当宝宝过量食用或与红薯、螃蟹一同吃时，便会使柿子里的柿酚、单宁和胶质在胃内形成不能溶解的硬块。这些硬块不仅会使宝宝发生便秘，而且有时由于这些硬块不能从体内排出，便会停留在胃里而形成胃结石，致使宝宝胃部胀痛、呕吐及消化不良。

巧吃苹果的方法

宝宝腹泻时可喂食加温的熟苹果泥，因为其中含有较多的鞣酸、果胶等收敛物质，能够抑制肠痉挛，吸收肠毒素，从而达到止泻的作用。宝宝排便不通畅时可生食苹果，因为生苹果中含有较多的膳食纤维，加之苹果酸刺激肠肌，所以能够促进通便。因此由于食用奶粉导致便秘的宝宝，可吃一些生苹果泥。当宝宝咳嗽并声音嘶哑时，把生苹果榨成汁喂给宝宝喝，还可以润肺止咳。

细节23 长牙时宝宝需要的营养元素

乳牙在生长过程中需要多种营养素，如矿物质中的钙、磷以及镁、氟、蛋白质的作用都是不可缺少的；维生素中的维生素A、维生素C、维生素D则最为重要。

钙：钙是组成牙齿的主要成分，少了它小乳牙就会长不大。虾仁、骨头、海带、紫菜、鱼松、蛋黄粉、牛奶和奶制品都富含钙质。

氟：咀嚼含氟丰富的食物，能防止细菌所产生的是酸对牙齿的侵蚀，抑制细菌中的酶而阻碍细菌的生长。海鱼、茶叶、蜂蜜含氟。

磷：磷能让小乳牙更加坚固。磷在食物中分布很广，肉、鱼、奶、豆类、谷

类以及蔬菜均含有磷。

蛋白质：对牙齿的形成、发育、钙化、萌出也起着重要的作用。各种动物性食物（如肉类、鱼类、蛋类等）、牛奶及奶制品中所含的蛋白质属优质蛋白质。植物性食物中以豆类（尤其黄豆）所含的蛋白质量较多。

维生素A：可以维护牙龈组织的健康。鱼肝油制剂、新鲜蔬菜都是维生素A的好来源。

维生素C：牙釉质的形成需要维生素C，所以应让宝宝多吃新鲜的水果，如橘子、柚子、猕猴桃、新鲜大枣等。

维生素D：缺乏维生素D会造成宝宝牙齿发育不全和钙化不良。可给宝宝补充鱼肝油制剂，另外日光照射皮肤可使体内合成维生素D。

细节24 宜吃鱼

鱼类含有丰富的蛋白质、钙、磷、铁等，而脂肪含量却很低。另外，其结缔组织含量少于禽肉，肌纤维较短，肉质细嫩，有利于宝宝消化和吸收。鱼肉的蛋白质属于优质蛋白，含有人体需要量较大的亮氨酸和赖氨酸，蛋白质组织结构松散，水分含量高，消化吸收率高。鱼肉中还含有大量的人体必需的不饱和脂肪酸。这些都是宝宝生长发育不可缺少的营养素，对促进宝宝智力和身体发展都有重要的作用。

细节25 宜吃虾

虾肉含有丰富的钙、硒、磷、烟酸、蛋白质、维生素A等营养素。其中蛋白质的含量是蛋、鱼、奶的几倍甚至十几倍；钙、磷对宝宝骨骼和牙齿的生长发育有促进作用；铁可以预防宝宝缺铁性贫血；优质蛋白质可以促进宝宝智力发展。

细节26 宜吃核桃

核桃中含有丰富的脂肪、磷、钾、镁、维生素E、维生素B、叶酸、胡萝卜素、蛋白质等营养素。核桃中的脂肪可以润肠，能够防止宝宝便秘，并且对宝宝的皮肤和头发都有一定的滋润作用。核桃中还含有维生素E和维生素B，可以促进宝宝智力发展。

育儿小百科：不宜给婴儿吃蛋白粉

有的家长认为吃牛初乳和蛋白粉能提高宝宝的免疫力，宝宝不容易得病。其实给宝宝多吃牛初乳和蛋白粉能否提高免疫力尚无定论，不过蛋白粉的蛋白质纯度太高，食用时容易加重肝肾负担，所以最好不要给宝宝吃蛋白粉，更不能用它代替乳品。

细节27 训练宝宝用杯子喝水

宝宝1岁以后父母就应慢慢训练他用杯子喝水。因为长期使用奶瓶、奶嘴，容易造成宝宝的牙齿错颌畸形，重者会使颌面骨发育异常。而宝宝自己用杯子喝水，不仅可以训练手部小肌肉，发展其手眼协调能力，而且还能够提早让宝宝放弃使用奶瓶的习惯。

宝宝能使用杯子的信号

你的宝宝准备好使用杯子了吗？如果他表现出以下的技能和兴趣，就说明他可能已经准备好了：在没有支撑的情况下可以坐稳；两只手可以毫不费力地抓住东西；对玩

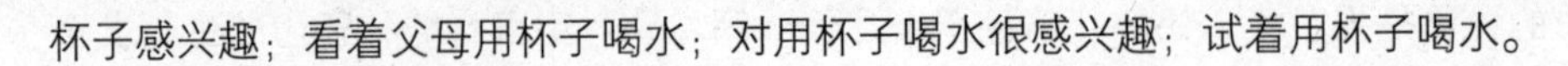

杯子感兴趣；看着父母用杯子喝水；对用杯子喝水很感兴趣；试着用杯子喝水。

使用什么样的杯子

给宝宝使用的杯子最好选择带吸口的，其特征及功能有：很小，宝宝能握住；盖得很紧并且带有吸头；两边都有把手；可以防止水溅出。

过渡训练

先是父母手持奶瓶让宝宝试着用手扶着，然后父母逐渐放手。接着可以尝试逐渐脱离奶瓶，在父母的协助下用鸭嘴杯、小杯子等学习用杯喝东西。此时宝宝的眼睛和手、手腕、手肘之间已有了很好的协调能力，可以用吸管杯或自己抓住杯子两边或杯子的握把喝水，但因吸管较硬容易伤到宝宝稚嫩的嘴，而且容易吸入空气而打嗝。使用这种过渡训练的方式，可以顺利地让宝宝学会独立使用杯子。

训练方法

先给宝宝准备一个不易摔碎的塑料杯，最好带吸嘴且有两个手柄，这种杯子不但易于抓握，还能满足宝宝半吸半喝的饮水方式。应选择吸嘴倾斜的杯子，这样水才能缓缓流出，以免呛着宝宝。

开始练习时，在杯子里放少量的水，让宝宝两手端着杯子，父母帮助他往嘴里送，要注意让宝宝一口一口慢慢地喝，喝完后再添水。千万不能一次给宝宝往杯里放过多的水，以免呛着宝宝。当宝宝拿杯子较稳时，父母可以逐渐放手让宝宝端着杯子自己往嘴里送，这时往杯子里倒的水可以渐渐增多了。

当宝宝第一次能够独立地喝水时，父母一定要好好夸奖宝宝一番。而且应该多让宝宝试几次，以巩固技巧。这样反复锻炼，相信宝宝一定能够很稳当地自己喝水了。

耐心训练宝宝

让宝宝脱离奶瓶，在学习新的饮食方式的过程中，一定会出现许多问题，如拒绝用杯子喝水或将水倒得满地都是，父母不要因为怕水洒在地上或怕弄脏了衣服等而制止宝宝用杯子喝水，这样会挫伤宝宝的积极性；而应耐心地引导和鼓励宝宝，让他体会到自己喝水的成就感。

细节28 不宜再穿开裆裤

宝宝1岁大时已经能够表达尿意了，这时父母可以给宝宝换掉开裆裤，改穿整裆裤。因为从预防疾病角度来看，1岁大的宝宝再穿开裆裤的话，感染、患病的概率会大大增加。

整裆裤的优点

穿整裆裤可以避免宝宝受凉，尤其是寒冷的冬天，能防止寒风从开裆处吹遍全身。

夏秋季节蚊虫多，穿整裆裤能防止蚊虫叮咬，避免一些由蚊虫叮咬传播的疾病，如对宝宝身体健康有极大危害的登革热、疟疾、丝虫病等疾病。

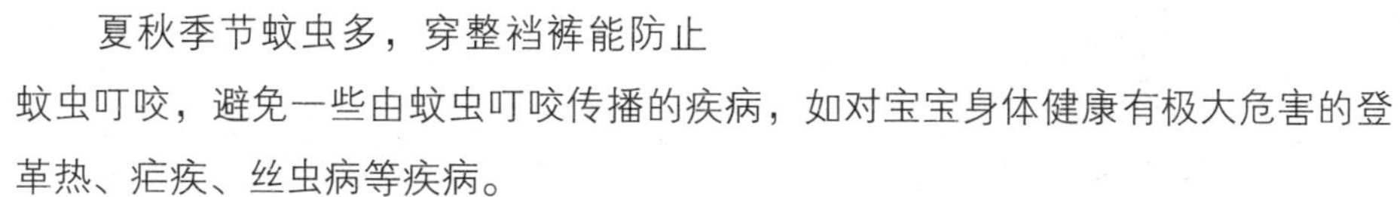

较大的宝宝穿开裆裤不雅观，也不利于宝宝建立正确的性别意识。

宝宝活泼好动，不管干净不干净的地方都会乱坐。穿开裆裤使宝宝的臀部、阴部暴露在外，极易引起尿道炎、膀胱炎等泌尿系统感染。特别是女宝宝，因为尿道短，更容易引起尿路感染，穿整裆裤可减少会阴部的感染机会。

穿开裆裤容易使宝宝养成随地大小便的坏习惯，同时也给宝宝有意无意地玩弄生殖器创造了条件，而穿整裆裤则可以避免这些习惯的养成。

早日穿上整裆裤

给宝宝选择合适的裤子。最初可以选择裤裆既能开又能关的款式，这样既方便宝宝大小便，又能达到穿整裆裤的目的。宝宝能初步处理时，则选择宽松易解的裤子，便于宝宝自己穿脱。

选择合适的季节训练宝宝穿整裆裤会使训练事半功倍。先在夏季让宝宝适应穿整裆短裤，以后再穿长裤。到冬季时，可以在里边穿开裆棉、毛裤，外面套一条整裆裤，大小便时只脱外面的裤子就行了。

这一时期宝宝尿湿裤子是难免的，父母一定要有耐心，多鼓励、少责骂，培养宝宝快乐的如厕情绪，如此宝宝才能更快地学会自理。

细节29 宝宝应接种的疫苗

1岁半左右的宝宝应接种百白破加强针、麻疹疫苗复种，同时要选择接种宝宝麻痹（脊髓灰质炎）疫苗加服和流脑疫苗。不同的疫苗接种中间最好间隔14天，父母千万不要忘记了。

百白破加强

百白破混合制剂采用肌内注射，接种部位在上臂外侧三角肌附着处或臀部外上1／4处。接种后局部反应见于注射10余小时后，可表现为红肿、疼痛、发痒，多于1～2日内消退，个别宝宝会出现淋巴结肿大，大多在10余天后消失，少数消退较慢。此外，还有倦怠、嗜睡、哭闹、烦躁不安等短暂症状，1～2日内即可消失。以上反应一般不需处理，必要时可做局部热敷及对症治疗，并预防继发感染。

麻疹疫苗复种

麻疹疫苗复种应在上臂外侧三角肌下缘皮下注射0.2毫升。麻疹疫苗复种反应比较轻微。5%～10%的宝宝于接种疫苗后6～12天，可发生短暂的发热及皮疹，但发热者体温一般不超过38.5℃，持续时间不超过2天，麻疹疫苗复种后的一般反应和加重反应一般不需处理，有发热者可给予解热镇痛药物。

已得过麻疹且临床表现典型的宝宝可以获得较持久的免疫力，很少再患第二次，故不需要再注射麻疹疫苗。

宝宝麻痹疫苗加服

脊髓灰质炎是由一种影响神经和消化系统的病毒引起的，由它引发的传染病能导致患者瘫痪，甚至在某些情况下死亡。所以，父母可以选择给宝宝加服此疫苗。无论是口服的还是注射的脊髓灰质炎疫苗都100%有效，副作用几乎不存在。

流脑疫苗

注射流脑疫苗是为了预防流行性脑脊髓膜炎，简称流脑，此病是由脑膜炎双球菌引起的急性呼吸道传染病，在春冬季发病和流行。6个月至2周岁的宝宝可以选择接种A群流脑疫苗，一共2针，注射第2针间隔3个月。

有中枢神经系统感染的宝宝和有高热惊厥史的宝宝不能接种。有严重心脏、肝脏、肾脏疾病，尤其是脏器功能不全者不能接种。有过敏史的不能接种，过敏史包括药物过敏和食物过敏，注射流脑疫苗前一定要告诉医生是否有过敏史。如果发烧或正处于疾病的急性期，也不宜接种流脑疫苗，可以等康复后再补种。

细节30 不要给宝宝掏耳朵

宝宝的外耳道皮肤比较娇嫩，与软骨膜联结比较紧密，皮下组织少，血液循环差，掏耳朵时如果用力不当容易引起外耳道损伤、感染，导致外耳道疖肿、发炎、溃烂，甚至造成耳朵疼痛难忍，影响张口咀嚼。

经常给宝宝掏耳朵还容易使外耳道皮肤角质层肿胀、阻塞毛囊，利于细菌生长。外耳道皮肤受破坏，长期慢性充血，反而容易刺激耵聍腺分泌，“耳屎”会越来越多。长期掏耳朵还可能诱发外耳道乳头状瘤。

另外，鼓膜是一层非常薄的膜，厚度仅0.1毫米，比纸厚不了多少，这个年龄的宝宝还不懂得配合，如果掏耳朵时宝宝乱动，稍不注意，掏耳勺就会伤及鼓膜或听小骨，造成鼓膜穿孔，影响宝宝的听力。耵聍平时借助人的头部活动、咀嚼食物、张口等动作多可自行排出，如果宝宝的耵聍过多、过大或影响听力时，应到医院就诊检查。

细节31 为宝宝选择安全用品

儿童专用护肤品：不一定要追求名牌或价格昂贵的产品，在选购时应该选择那些不含香料、酒精、无刺激、能很好保护皮肤水分平衡的润肤霜，且适合自己孩子的皮肤就行。宝宝专用的润肤产品一般有乳液、润肤霜和润肤油3种类型。乳液（润肤露）一般含天然滋润成分，能有效滋润宝宝的皮肤；润肤霜一般含有保湿因子，是秋冬季里最常使用的护肤产品；润肤油一般含有天然矿物油，能够预防干裂，其滋润皮肤效果更强一些。

儿童专用指甲钳：这种儿童专用的安全指甲钳的两侧镶有护柄，适于婴儿薄、小的指甲，它比一般指甲钳更安全。

安全剪刀：这种安全剪刀为不锈钢材质，顶端的圆头设计非常安全，宝宝在使用它时不会伤到自己。

安全门卡、窗户安全夹：要设置门吸，有条件的还应该使用安全门卡，以防止突然关闭的房门将孩子手指夹伤。如果家中装有玻璃门和落地玻璃窗，应选用安全玻璃或者钢化玻璃。

安全桌保护套：在没有经过圆角处理的桌脚上设置桌脚保护套，可以防止孩子受到尖利边角的伤害。

抽屉伴：抽屉伴的设置既可以避免宝宝在拉开抽屉的时候夹伤手指，又能防止抽屉掉落砸伤孩子。

细节32 培养宝宝独立吃饭

当父母看到别人的宝宝坐在餐桌前，胸前系着围兜，手里握着勺子，张大嘴巴认真地自己吃饭时，一定羡慕极了。再想想自己的宝宝吃饭时总是要大人追在后面喂，真是伤透脑筋。其实，要想让宝宝学会自己吃饭也不是一件很难的事，只不过要讲究一点策略。

把勺子交给宝宝

聪明的妈妈会这样做，先给宝宝戴上大围兜，在宝宝坐的椅子下面铺上塑料布或不用的报纸。刚开始时妈妈可以给宝宝一把勺子，自己也拿一把，然后教他盛起食物喂到嘴里，在宝宝自己吃的同时喂给他吃。注意应该用较重的不易掀翻的盘子，或者底部带吸盘的碗，以免宝宝将盘子打翻。宝宝一开始可能会吃得一塌糊涂，但在宝宝成功时妈妈要给予鼓励。当宝宝吃累了，用勺子在盘子里乱扒拉时，妈妈要及时把盘子拿开。不过，可以在托盘上留点儿东西，让他继续做实验。

细节33 鼓励宝宝的好奇心

这个阶段的宝宝对身边的任何东西都有着极大的兴趣，父母会发现宝宝的好奇心非常强。有的宝宝对电话里的声音感兴趣，常常牵拉电话线；有的宝宝对墙上的电源插孔感兴趣，常用小手指去捅……父母越是阻拦，他越要去试。其实，宝宝喜欢探索的精神应该受到鼓励，他通过不停地触摸各种东西、不断地尝试新事物，宝宝懂得了事物的因果关系，也促进了记忆的发展。但宝宝的好奇心也可能给他自己带来一些伤害，因此父母应正确对待宝宝的好奇心。

好奇心的影响力

父母对宝宝好奇心所持的态度可能会对他的一生产生十分深刻的影响。因此，父母要注意保护宝宝的好奇心，并在此基础上对宝宝的好奇心进行科学的引导，让宝宝的好奇心激发出更多智力潜能。宝宝在好奇心的驱使下会学会很多意想不到的本领，这些将对宝宝今后的成长产生重要作用。

少对宝宝说“不”

正面教宝宝认知事物，多鼓励，少说“不”。过分地限制宝宝的行为会使他失去许多学习的机会。

放手让宝宝尝试

每个宝宝都有逆反心理，越不让做的事情偏要去做，所以还不如干脆放开了让宝宝去做，而父母在旁边做好指导和保护工作就行了。

细节34 发展宝宝的语言能力

幼儿期是语言发展的一个非常重要和关键的时期。父母应为宝宝创建良好的家庭语言环境，提供更多、更好的运用语言的机会，使宝宝在不断与环境结合和运用语言进行交往的过程中获得语言的发展，为宝宝今后语言能力的进一步发展打下坚实的基础。

创建良好的语言环境

首先必须了解宝宝的需要，让宝宝在语言区域活动中能有所动，有所想，有

所思，有所悟。当宝宝以自己的身份对活动做出反应时，父母应尽量耐心地聆听，以同伴的身份参与活动，做宝宝的支持者和引导者。

想说：用鼓励的方式、互相激励的办法让宝宝产生说的欲望。比如，对于能积极发言的宝宝及时以红花、拥抱、竖大拇指、鼓掌等方式给予肯定；针对个别性格内向的宝宝，不应急于要求他能同其他宝宝一样一开始就能站出来说，而应进行个别交谈，一步一步地去引导帮助其克服心理障碍。

敢说：其实有些宝宝不是不想说而是不敢说，宝宝的自信心直接影响到他的学习态度和学习的努力程度。自信心的树立一方面与以往成功和失败的体验有关，另一方面与成人的期望和评价有关，因此要通过为宝宝提供多种自我表现的机会，鼓励宝宝大胆地表达自己的思想、情感、愿望，并实施赏识教育，增强宝宝表现的欲望。宝宝尝试到了成功的滋味，信心增强了，自然也就敢说了，语言能力也会有相应的提高。

与人交往以提高语言能力

宝宝语言学习的最终目的是学会运用语言工具与他人交往，从而适应社会。而在幼儿期，宝宝正确运用语言进行交往的能力还较差，具体表现在不善于主动与人交谈，不善于用语言表达自己的想法与态度，也不善于根据不同的情景运用恰当的词句向对方做出应答。交往对象的改变使宝宝在言语内容与模式等方面发生改变，

玩不倒翁学语言

父母拿一个会发出笑声的不倒翁让宝宝任意推着玩。在玩的过程中插播儿歌《不倒翁》：“不倒翁，眯眯笑，老是坐着不睡觉。”父母和宝宝一起边念儿歌边玩不倒翁。或者父母做不倒翁的动作，让宝宝来推父母，也是边玩边念儿歌《不倒翁》。刚开始宝宝可能说不下来或说不清楚，父母可与宝宝反复念以帮助宝宝记忆，并学会正确的发音。

从而在一定程度上影响宝宝语言能力的发展。只有创造丰富和谐的环境，为宝宝创造与人交往的机会，才能使宝宝在交往中提高、发展语言能力。

利用物质媒体学习语言

与宝宝语言发展有关的物质媒体很多，如墙壁画、各种玩具、挂图以及书籍、画刊等。这些媒体的共同特点就是生动形象，能激发宝宝的兴趣，从而吸引宝宝与之接近。通过视与说的结合，有助于宝宝语言能力的提高。通过讲、编、画的有机结合，可以使宝宝的口语表达能力、绘画能力有较大的进步，并能促进宝宝思维能力、想象力和创造力的发展。

激发宝宝的表达兴趣

宝宝的年龄尚小，他的学习往往会从兴趣出发，若运用外部压力迫使宝宝被动说话，往往会给宝宝造成心理负担，甚至引起厌学情绪。因此，父母要做到每天和宝宝交流，交流的时间、内容和地点也要因人而异。父母虽然是有意识地与宝宝沟通、交流，但应该让宝宝感到这是随意、自然的聊天。比如，有意识地引导宝宝讲述在儿童读物上获知的有趣的事情；说说自己在家的表现；还可以从宝宝感兴趣的事物中选择话题，如“我的房间”、“我喜欢的动画片”等。这种交流，一方面有助于了解宝宝的语言发展情况；另一方面也有助于增加宝宝与父母之间的交流机会，激发宝宝乐于表达、敢于表达的愿望。

细节35 提升宝宝智能的亲子游戏22例

包饺子，捏捏捏——语言综合能力

宝宝平躺在床上或垫子上，妈妈侧身坐在宝宝身边。妈妈轻轻地、有节奏地沿着一个方向抚摸宝宝的腹部，并从宝宝腹部两侧依次往腿部抚摸，然后双手掌相对竖立，轻剁肩部、大腿、脚腕。同时念儿歌“擀擀皮，和和馅；捏捏饺子剁三下”，妈妈手握宝宝脚腕并抬起，随着儿歌节奏做腿部曲直运动，将身体平翻过来，同时念儿歌“煮一煮，翻一翻”，妈

妈托起宝宝，向上轻轻抛起接住，吻吻宝宝，同时念儿歌“捞起饺子晾一晾，尝尝饺子香不香”。妈妈要说：“宝宝，妈妈在干什么呢？妈妈在包饺子，你想吃吗？”妈妈可以反复念这首儿歌并在宝宝身上按摩，也鼓励宝宝跟着一起念。

对号入座——逻辑思维能力

妈妈把两张白色卡纸、一把尺子、一支铅笔、一支彩笔和一把剪刀放在桌子上，和宝宝坐在桌旁，告诉宝宝这四种东西的名称。

在卡纸上用铅笔画出一个直径为4厘米的圆形，用尺子和铅笔画一个边长为4厘米的三角形。如果宝宝捣乱，妈妈也不用制止，妈妈边画边告诉宝宝“这个是圆形，这个是三角形。”接着妈妈握着宝宝的小手，把圆形和三角形涂上红色。妈妈另用一块纸板剪下一个直径为4厘米的圆形，拿在手里对宝宝说：“你看，这是什么形状？”再指着画了图形的卡纸对宝宝说：“你能在这里帮它找到家吗？”宝宝会拿着比对并用手指出来。

这个游戏能够训练宝宝的图形知觉能力。宝宝对物体形状的感知需要多种分析器官的协同活动，当视觉、动觉和触摸觉相结合时，对物体形状的感知效果较好。宝宝能够辨认出相同的图形，表明他已经具有归类和概念化的思维形式，为其将来表象思维向更高水平发展提供了可能。

树叶游戏——创造性思维能力训练

妈妈在带宝宝出去散步或遛弯时可以摘下树叶给宝宝看，选择两种不同的树叶引导宝宝观察它们的颜色和形状，妈妈可以这样描述：“银杏树叶像一把小扇子；枫树的叶子像一只张开手指的手，像星星，更像小公鸡的漂亮尾巴。”妈妈要用很抒情的语调说：“银杏树叶在秋天来了的时候，要从绿色变成黄色，但是枫树叶子却要从绿色变成红色。”然后妈妈把树叶放在宝宝手里，让宝宝仔细观察并抚摸。妈妈则可以继续说：“我们把这些树叶收集起来夹在书里做标本好不好？”与宝宝一起把树叶用棉布擦干净，压平了放进书页里。以后不定时地把书拿出来给宝宝看这些树叶，等宝宝大一些了，这些都可以成为宝宝手工创作的材料。

这个游戏目的是训练宝宝的思维能力，提高宝宝的认知水平。另外，玩是宝宝的天性和主要生活内容，快乐的户外游戏可以让宝宝感受玩的愉悦，收获快乐情绪，从而形成开朗热情的性格。

猜猜看——视觉记忆力

找一些宝宝熟悉的并能说出名称的小动物或水果的图片，用白纸盖住图片，然后把白纸渐渐往下移，露出部分画面，让宝宝猜猜是什么。每多看到一点画面，宝宝便会期待到底是什么图案，妈妈可以同时制造一些音效，鼓励宝宝继续往下看。露出大部分画面时，让宝宝说出画面内容。

视觉能力是空间智能的重要方面，1～3岁也是宝宝视觉发展关键时期。爸爸妈妈应该多为宝宝创设适宜的环境和游戏，激发宝宝的想象力和空间视觉能力。这个游戏可以帮助宝宝锻炼和提高视觉判断能力。

小马过河——说话、阅读能力

虽然这个时期的宝宝已经能够说出简单的单音词了，但宝宝很少应用。妈妈找来《小马过河》，跟宝宝一边看图一边讲故事。妈妈要照着书上的话讲，宝宝一边听一边看图认物，一边背诵妈妈讲的每一句话。妈妈边讲边提问题“小马要去哪儿去？”宝宝会指河对面的位置来回答。妈妈同时要给宝宝指认书上的文字“这个是马字”。讲完一页要让宝宝动手翻书页，宝宝的手指还不太灵敏，一翻就是好几页，妈妈要帮忙再翻回来，多次练习以后翻错了宝宝也知道要翻回来了。

一样多——分类、数学能力训练

妈妈准备形状、颜色各异的积木，或各种颜色大粒木质串珠，和宝宝一起进行分类游戏。先教宝宝认识各种颜色和形状。将积木按颜色分类，将同种颜色的积木摆成一排，按不同颜色排出几排，妈妈先数一排“1个，2个，3个”，再数另一排“1个，2个，3个”，问宝宝各种颜色是否“一样多”。将积木按形状分类，相同形状积木摆成一排，让宝宝看看各种形状是否“一样多”。

有研究认为，婴儿天生就有数学理解基础，因此，爸爸妈妈应及时发现宝宝的数学潜力，运用恰当方式方法引导宝宝发展，为今后的学习打好基础。

蒲公英宝宝——逻辑思维能力训练

秋日，妈妈选择一个好天气，带宝宝去户外寻找蒲公英。妈妈在草丛中找到蒲公英后，摘下来让宝宝观察其形状和颜色。告诉宝宝，蒲公英宝宝在蒲公英妈妈身上围了一圈，圆圆的、蓬松的像一个毛球球。让宝宝把蒲公英拿在手里，慢慢抚摸。然后对着蒲公英使劲吹一口气，观察蒲公英宝宝们飞起来，向各个方向飞去。问问宝宝“它们去哪儿了”，再告诉他“它们长大了，离开妈妈要重新安家了”。试着让宝宝自己去草丛里找几个蒲公英。宝宝在观察植物发芽、开花、变成种子的过程中能理解植物的特性。经由身体的五感体验的大自然，可以激起孩子的好奇心，还能培养想象力和创造力。

有礼貌——逻辑思维、语言训练

宝宝看见爸爸妈妈能主动称呼“爸爸”或“妈妈”了，这是有意义的称呼。让宝宝看到来访的客人主动称呼“叔叔”、“大大”、“阿姨”等，宝宝叫了，妈妈就亲亲宝宝。

在宝宝叫错的情况下，妈妈要适时纠正，宝宝就会学到更多的称呼。经常见，经常叫，宝宝就能学会将人归类。宝宝会把年长的称“爷爷、奶奶”，年轻的称“叔叔、阿姨”，小朋友称“哥哥、姐姐”。在无人提示的情况下，宝宝也能做到称呼正确，这一点会令妈妈惊讶不已。当宝宝不愿意开口叫人时，妈妈不要过于急切，甚至威逼利诱，这样更容易造成宝宝的逆反心理。妈妈应该把话题转移，这时候放轻松的宝宝反而有可能会想要表现一下，自动自觉地重新开口。

与球球一起泡澡——数学、触觉刺激

妈妈准备几个彩色塑料球。让宝宝先坐在浴缸里，再将温水慢慢注入，让宝宝感觉到水位渐渐上升，依次淹住屁屁、大腿、肚脐、腰部，宝宝会兴奋地拍水玩。妈妈接着将一颗颗球放入浴缸中，同时数数。球球在宝宝拍水的过程中游来游去，宝宝体验到玩水的乐趣及触觉刺激，感受浴缸由没有任何东西到有水、有球的变化。

这个游戏的目的在于让宝宝感受玩水的乐趣。通过与水、球等物品接触，让宝宝体验触觉感受并启发宝宝对数量、多少的基本认知，从而提高宝宝的左脑数学能力。

踩影子——分析、逻辑思维训练

爸爸妈妈带着宝宝到户外，妈妈指着地上的影子告诉宝宝：“这是爸爸的影子，这是妈妈的影子，这是宝宝的影子。”爸爸踩妈妈的影子，踩到了就算赢。爸爸鼓励宝宝跟着踩妈妈的影子，妈妈要放慢速度让宝宝能够踩到。爸爸妈妈和宝宝相互踩影子，引导宝宝观察爸爸、妈妈、宝宝的影子有什么不同，以及早晨、晚上、中午的影子有什么不同。这样的游戏可以在每天出门或回家的路上进行，不用耽误太多时间，也不用准备什么材料。

宝宝刚学会走路时，这个游戏可以锻炼宝宝动作的协调性和灵活应变能力，让他们保持浓厚的兴趣和愉快的情绪。良好的运动智能发展会带给宝宝整体智能的提升，使其日后具有更加灵活的应变能力。

动物园游记——认知、语言能力训练

周末爸爸妈妈带宝宝去动物园玩，观看从书中看到的大型动物。动物园很大，宝宝太小，不可能一次看完，每次去看一部分，尽量多去几次，要让宝宝看清动物怎么生活、有什么特性。比如：看长颈鹿吃大树顶上的树叶，知道它脖子特别长；看大象用鼻子卷起食物送到嘴里，知道大象的鼻子很有用；看孔雀在花枝招展的漂亮女孩面前开了屏，知道孔雀喜欢漂亮的东西等。整个动物园行程中，妈妈要变身为耐心的解说员，吸引宝宝的注意力。

日常生活中可以通过念儿歌、猜谜语、听童话故事等方式，让宝宝对动物了解得更深入。节假日也可以带宝宝去动物园或市场或农村，回来后可以让宝宝讲认识了哪些动物，它们爱吃什么，哪些动物会飞，哪些动物会游，哪些动物会爬？

大与小——数字能力训练

妈妈准备一大一小两个碗摆在宝宝面前，问宝宝："宝宝，哪个碗大，哪个碗小？"如果宝宝回答不出来，妈妈就把自己的手与宝宝的手摆在一起，让宝宝边看边说"妈妈的大手，宝宝的小手"，再指着自己的手说"大的"，指着宝宝的手说"小的"。接下来妈妈说："宝宝你看，这两个碗哪个最大，哪个最小呢？"

宝宝这下该明白了，等宝宝指出来以后，妈妈要亲亲宝宝以示奖励，宝宝得到鼓励会更愿意继续把游戏玩下去。妈妈还可以准备更多的碗，把最大的和最小的碗摆在两头，对宝宝说"我们给他们排排队吧，个儿小的在前面，个儿大的在后面"，妈妈先做个示范，再把

顺序弄乱了要求宝宝重新排。在宝宝排的过程中，妈妈要给予指导，排成功了就奖励。

五颜六色的帽子——视觉记忆力

准备红色的玩具3～4种放在一起，告诉宝宝这些都是红色的，如红色的积木、红色的小碗、红色的笔等，再准备红、绿、蓝、黄、黑、白色的彩纸各两张，让宝宝捡出红色的纸张。妈妈告诉宝宝其他几种纸张的颜色，要求宝宝再指认几次。妈妈把这些彩纸都折成帽子，并要求指认红帽子、黄帽子、蓝帽子、绿帽子、黑帽子、白帽子。妈妈戴上红帽子，示意宝宝也戴，其他几种颜色的帽子依次进行。妈妈摘下自己的帽子，示意宝宝按指令戴帽子，如要求宝宝能找出红帽子并戴上。颜色视觉发展为宝宝认识多彩世界提供了条件，妈妈平时要有意识地发展宝宝颜色视觉。妈妈还可以用水果、衣服等日常物品与宝宝玩颜色识别游戏，以方便、有趣为原则。

堆积木的游戏——空间智慧能力

妈妈要给宝宝准备一些几何形状简单的积木，比如正方体、长方体。妈妈先给宝宝做示范，帮助宝宝把积木搭起来。宝宝搭积木不正时，妈妈要提示宝宝搭积木时要放正，边角对正才能搭得稳放得高。妈妈还可以让宝宝把积木搭成火车，在火车头处多加一块做烟筒，排火车比搭高楼容易，若积木倒了要鼓励宝宝重新再来。“哇，你堆得好高啊！”通过这种说明，宝宝能形成关于高度的概念。沿着一条线排列积木，然后告诉宝宝：“这些积木好长哦！”宝宝可以通过眼睛认识长度的概念。宝宝在开始玩时就要养成收拾的习惯，要求宝宝把积木放回盒内。

认识“全家福”——容貌识别、视觉记忆训练

这个阶段的宝宝能认识“全家福”里的所有成员，有的能自己说出来，有的还不会说，但是会用手指。有些人宝宝从未见过，但听妈妈说过，也能正确地指出来。如

果外出见到了常在一起玩的小朋友的家长（这位家长经常带孩子和宝宝玩），宝宝会高兴地四处张望，到处找这位小伙伴，在他的概念里，其家长的出现就代表着小伙伴的出现。让宝宝记认家庭成员，是很好的归属感训练，宝宝认识家人，把自己也当成这个团体的一员，关心他们的生活，爱听他们的故事，养成良好的归属感，以后才会爱家庭、爱家乡、爱国家。

小花猫钻山洞——空间想象能力训练

爸爸手撑地，用身躯把自己搭成一个“山洞”。在爸爸身体的一侧堆放一些玩具，鼓励宝宝钻过“山洞”向前爬，拿回玩具。妈妈可以在地面铺上小毛毯或其他柔软的覆盖物，以免地板太硬宝宝觉得不适。宝宝拿到玩具后，鼓励宝宝“往回爬”，把玩具交给妈妈。宝宝为妈妈拿回玩具，妈妈要及时给予鼓励并数数。

1岁宝宝爬行的水平直接影响到宝宝行走和站立能力的发展，而且变换身体方位和空间感觉的爬行游戏有助于丰富宝宝的空间知觉，为宝宝视觉空间智能的发展打下基础。视觉空间智能高的人通常有较好的方向感、空间感。

背狗狗——空间、协调能力训练

爸爸把宝宝背在背上，走来走去，一边摇晃一边哼着歌谣：“背狗狗，背狗狗，背在背上热乎乎，谁要买，快来买。”妈妈说：“不买。”爸爸继续走来走去，一边摇晃一边哼着歌谣：“背狗狗，背狗狗，背在背上热乎乎，谁要买，快来买。”爷爷说：“没有钱买。”奶奶把宝宝抱过来：“人家不买我要买，好乖乖，奶奶最喜欢。”拍拍宝宝小屁股，亲亲小脸蛋。

这个游戏能够锻炼宝宝的感觉协调能力。宝宝感知发展趋势是逐渐趋向组合与协调，对不同感觉信息的分析和转化能力是宝宝感知能力提高的标志。婴儿时期的智力是“感知运动智力”，如果宝宝不具有良好的空间知觉能力，就会影响到宝宝将来的发展和生存。

爸爸给我当飞机——平衡、人际关系能力训练

爸爸蹲下，妈妈帮助宝宝骑到爸爸背上，妈妈在旁边保护宝宝。爸爸抓住宝宝的双手说：“飞机就要起飞了！请小朋友坐好。这位小朋友要去哪儿？”爸爸慢慢站起，在地上转一两圈，说：“飞机降落了，请小朋友下飞机啦。”做游戏时可以说出一个亲属所在的地名，加入一些对话，增加宝宝对语言、声音的刺激和感受，提高宝宝语言发展能力。

1岁左右的宝宝需要更多的身体感觉经验，多和宝宝进行简单易行的合作游戏可以丰富宝宝的身体感觉经验，对宝宝从小建立合作意识、团队精神大有益处。

小脚丫到处走——探索、视觉追踪训练

妈妈准备一些宝宝喜欢的小毛绒动物玩具如小鸭、小狗等，妈妈拿着玩具问宝宝“这是什么？”这个阶段的宝宝能够答出来。把一条棉线绳的一端系在鸭鸭身上，另一端握在妈妈手中，妈妈对宝宝说：“宝贝，小鸭要走了，你来追它吧。”妈妈拉动棉线绳，使小鸭在地上走曲线路径，宝宝若想拿回他的小鸭会跟在后面拐来拐去地走。妈妈也可以把棉线递给宝宝，让宝宝拉着绳子，听妈妈的指令走。

这个游戏可以让宝宝把行走当成一件快乐事，考验宝宝视觉追踪能力，增进行走和协调运动能力。宝宝在早期就开始锻炼与视觉和肌肉运动技能有关的大脑神经，成年后宝宝可塑性会很强，能够积极适应社会。

挑战平衡木练——肢体协调、平衡训

这个阶段的宝宝可能会对测试平衡能力非常感兴趣。妈妈可以在地上搭一条

高10厘米、宽10厘米的长木板，把宝宝扶上去，妈妈在下面拉着宝宝的手，直到宝宝在平衡木上走为止。如果宝宝害怕不愿意上去，妈妈可以先做示范，独自在上面走几个来回，宝宝就会消除恐惧。妈妈也可以找安全的低平衡木，在另一头放上玩具，鼓励宝宝走过去将玩具取回。

通过这个游戏，宝宝可以提高平衡能力，同时还发展了重要的手脚协调能力，这对他以后跑、蹦、跳甚至锻炼体操都起着重要的作用。

小动物模仿操——音乐、肢体协调训练

父母在宝宝会爬、会走后，可以适当地为宝宝创设一些有趣的游戏范例，通过在音乐声中运动身体，学习按节奏来模仿动作，让宝宝运动技能得到充分锻炼，同时培养宝宝善于观察事物的好习惯。

妈妈准备《小动物模仿操》音乐磁带。在音乐伴奏下，让宝宝跟着爸爸妈妈一边念儿歌一边做小动物模仿操：

我学小鸡叽叽（两手在嘴前做鸡嘴状，同时跟着儿歌节奏上下点头）。

我学小鸭呷呷（两脚站成大八字，双手置于体侧，五指微微翘起，原地左右摇晃身体）。

我学小猫喵喵（两手放在嘴前，手心朝前，朝两边摸胡子两下）。

我学小狗汪汪（双手举在耳旁，手心朝前，跟着儿歌节奏头和手同时上下点动两次）。

我学小鸟飞飞（双臂在体侧上下摆动各两次）。

我学小兔跳跳（双手举过头顶，随着儿歌节奏上下跳动）。

踢球——协调、空间能力训练

在宝宝还不能单脚站稳时可以练习“扶物踢球”，而宝宝能单脚站稳以后就可以练习踢球了。找一块空阔的场地，爸爸妈妈和宝宝比赛看谁把球踢得远。每次宝宝很用力地踢出去一脚，只要是脚尖碰到球了，不管球行进的路线怎样，都要夸赞宝宝“踢得好”。也可以在宝宝对面把宝宝踢出去的球再踢回来，尽量踢到宝宝身边，不要让宝宝四处跑着追球。另外，还可以准备大纸箱、高凳子等物当做“球门”，让宝宝练习踢球。

第二章 19~24个月的育儿细节

细节1 能听懂语言的含义

每个宝宝的语言能力存在差异，有些宝宝在1周岁左右就能学会一两个词汇，而且能快速地掌握大量的词汇；而有些宝宝在1周岁零3个月时甚至连一个有具体含义的词汇都不会说，但在这个时期任何宝宝都能听懂语言的含义。只要家长坚持和宝宝说话、游戏、交流，等到语言爆发期时宝宝就可以说出完整的句子。

细节2 运动发育和情绪发育是一致的

运动发育和情绪发育就像是一辆车的前轮和后轮。特别是6岁前的幼儿发育阶段，总是互有先后，共同发展。由于彼此的联系紧密，某方面能力发展不足，往往会影响到另一方面的发育。

例如，不安和畏难情绪严重的宝宝，即使身体发育良好，学走路也会比较晚。这是因为这些孩子虽然具备了正常的运动能力，但是由于胆小，所以不敢去尝试走路。而且，一些精细运动能力的开发也会比较晚，因为精细运动能力需要通过经常活动身体并不断尝试来发展，而胆小的孩子往往好静不好动。而如果运动能力发育迟缓、自我意识不强，也会影响情绪发育，孩子的不安全感更强烈，进而形成恶性循环。

细节3 出现反抗

心理学中，自我概念是一个人对自身存在和自身观念的一种表述。幼儿的自我意味能够区分“我”和他人、“我”和世界的不同了。自我意识开始形成阶段，宝宝开始会说“不”或者“不喜欢”。对父母的话表示反对说明宝宝能够认识到“我”和父母是不一样的。所以，当宝宝表达反对意见的时候，父母应该认识到宝宝长大了。

在自我意识的形成过程中，表现出固执和逆反是宝宝的普遍特征。从幼儿发育阶段来看，任何机制刚开始发育时，身体和心理上都会有比较强烈的反应。同理，宝宝刚开始形成自我意识时表现出的固执程度，严重时可能会让父母产生错觉，认为宝宝的性格改变了。但是，通过外界环境的反馈和自身的感受，宝宝会逐渐掌握适度表现自我的方法。所以父母不必因为宝宝的自我表现比较强烈，就认为宝宝没有礼貌。

细节4 明确区分什么可以做，什么不能做

除了玩具，宝宝还总是对生活中出现的具体事物感兴趣。父母因为担心宝宝乱动乱摸，所以就把抽屉锁上，把橱柜门关好，只给宝宝玩安全的玩具。这种做法让宝宝失去了许多满足好奇心的机会。其实，只要收拾好那些的确是宝宝不能碰的危险东西，其他的还是要引导性的接触。但这并不意味着要纵容宝宝做任何事情，因为过分的自由会让这个阶段的宝宝越来越以自我为中心，变得越来越固执。父母应该明确地告诉宝宝什么可以做，什么不能做。适度的控制有助于儿童社会性的发展。

育儿小百科：不要指望2岁的宝宝懂得关心他人

2岁左右的宝宝是没有“他人”概念的，这时的宝宝除了自己，关注的对象就只有妈妈。如果因为打架挨了批评，宝宝也不会意识到“自己欺负了别人”，而只是觉得“我惹妈妈生气了”。让2岁的宝宝懂得关心、爱护他人只是妈妈的一厢情愿。宝宝只有在出生36个月以后，才会感受和他人相处的乐趣，并慢慢学会从他人的角度出发想问题。

细节5 经常把别人的东西拿回来

在这个年龄段，宝宝把别人的东西拿回来和偷窃是两码事。经常把别人的东西习惯性地拿走的宝宝，在物体的归属性上有些混淆，同时在情绪方面也可能存在问题。这种情绪问题主要是由父母对宝宝的抚养态度造成的。最常见的就是父母的关爱不足，宝宝希望通过这种“拿东西”的行为来获得满足感，并通过这种方式获得父母的关注。

另一方面，出现这种行为后父母的反应也对宝宝习惯的形成有着重要的影响。熟视无睹或者过分责备都有可能促使宝宝养成拿别人物品的不良习惯。如果宝宝认识不到拿走别人物品的行为是错误的，那么就算严厉地批评他也达不到目的，处理不好这个问题还会让宝宝心理畏缩、丧失自尊，情绪上越来越消极。

细节6 多拥抱宝宝是培养独立性的捷径

出生后1～2年的这个阶段，是宝宝独立性和社会性形成的早期，此时最重要的就是母子依赖关系的形成。当宝宝缠着妈妈的时候，妈妈故意和宝宝保持距离反而会扼杀宝宝的独立性。不要放手不管，让宝宝重回妈妈的怀抱才是培养其独立性的正确做法。宝宝只有在通过母爱找到安全感的时候，才会放心大胆地去探索世界。这时候，如果母子依恋关系稳定，宝宝即便暂时离开母亲，也不会感到不安。只要感觉到妈妈在附近或是在一个大的空间范围内，宝宝就能够独立玩耍。当然，他还是会不时地确认妈妈是否就在附近。

细节7 通过有规律的游戏和宝宝共同度过有益的时光

并不是说妈妈和宝宝在一起的时间久，就能够和宝宝保持亲密的关系。就算整天和宝宝待在一起，如果妈妈不能调整好心态、不能充分满足宝宝的要求，也会造成宝宝的心理不安，影响情绪发育。所以，重要的不是妈妈和宝宝在一起的时间长短，而在于在一起时母子互动的质量。母子相处的时间虽短，但只要提高相处时的亲密度，同样可以形成稳定的母子依恋关系。

细节8 24个月时是宝宝反抗的高峰期

从开始说“不喜欢”、“不行”，宝宝的反抗行为在24个月的时候会达到巅峰状态。24个月左右时，宝宝几乎可以像大人一样完整地表达情绪了。其结果是自我意识明确出现，反抗也愈加激烈。如果能把宝宝的反抗当做孩子智力发育和各种丰富情绪分化的必然产物，即便抚养的过程再困难父母也不会感到累，反而会体验到一份乐趣。

细节9 培养自律性和独立性

宝宝满周岁以后，父母的抚养态度应该发生根本性的改变。之前的重点是保护好宝宝，今后则要集中精力培养宝宝的自律性和独立性了。由于这个阶段的宝宝自律性较差，父母往往会干涉很多，但最好尽可能不去阻止宝宝自发性的行为，而是默默地帮助他们完成挑战，成功后要多多给予赞扬。不要批评宝宝的失误，训斥宝宝的固执，更不要用命令的态度对待宝宝。这不但会让宝宝感到羞耻，还会磨灭他想独立完成某一事情的意志。比如，如果妈妈因为宝宝自行其是而发脾气，宝宝反而会故意“搞破坏”。在此阶段大人一定要学会尊重宝宝，给宝宝选择的权力，留给宝宝独自做事的空间。也可以适当地“正话反说”来引导宝宝。

细节10 不正常的处理方式助长宝宝的耍赖习惯

耍赖是宝宝自我意识形成过程中的一个正常现象，由于此时的宝宝还不能通过语言有条理地表达想法，所以，当他想做的事情被父母阻止的时候就会耍赖。虽然这是正常现象，但如果宝宝耍赖达到父母难以接受的程度，就必须坚决制止。固执难缠的宝宝更善于耍赖是事实，但是正是父母的错误态度助长了

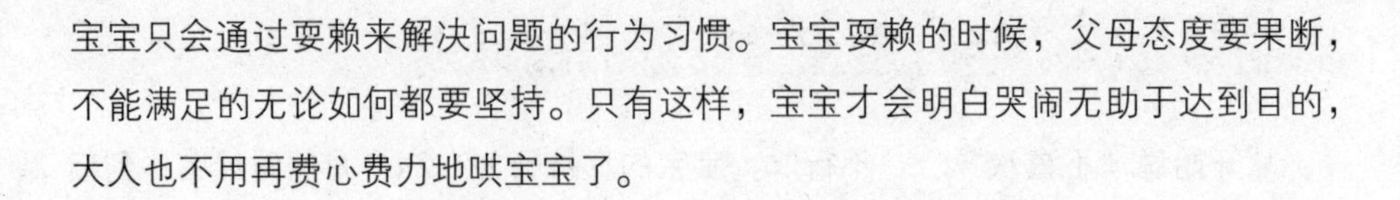

宝宝只会通过耍赖来解决问题的行为习惯。宝宝耍赖的时候，父母态度要果断，不能满足的无论如何都要坚持。只有这样，宝宝才会明白哭闹无助于达到目的，大人也不用再费心费力地哄宝宝了。

细节11 不宜吃鱼松

有的家长认为，鱼松营养丰富，口味有很适合宝宝，应该多给宝宝吃。研究表明鱼松中的氟化物含量非常高。如果宝宝每天吃10～20克鱼松，就会从鱼松中吸收氟化物8～16毫克。加之从饮水和其他食物中摄入的氟化物，每天摄入量可能达到20毫克左右。然而人体每天摄入氟的安全值只有3～4.5毫克。如果超过了这个安全范围，氟化物就会在体内蓄积，时间久了可能会导致氟中毒，从而严重影响牙齿和骨骼的生长发育。平时可把鱼松作为一种调味品给宝宝吃一些，但不要作为一种营养品长期大量给宝宝食用。

细节12 不宜多吃动物肝脏

有的家长认为，动物肝脏很有营养，而且还含有丰富的维生素A，给宝宝吃得越多越好。其实肝脏具有通透性高的特点，血液中的大部分有毒物质都会进入到肝脏，因此动物肝中的有毒物质含量要比肌肉中多出好几倍。除此之外，动物肝中还含有特殊的结合蛋白质，与毒物的亲和力较高，能够把血液中已与蛋白质结合的毒物夺过来，使它们长期储存在肝细胞里，对健康有很大影响。其实，吃上很少量的动物肝就可获得大量的维生素A。一般来讲，未满1岁的宝宝每天需要1300国际单位的维生素A，1～5岁每天需要1500国际单位，相当于每天吃动物肝12～15克。

细节13 宝宝的高铁高钙食谱

1岁多的宝宝正处在长骨骼和牙齿的阶段，因此补充钙和铁非常重要。父母可为宝宝安排含铁、钙丰富的食谱，但同时要符合宝宝的消化能力。另外，由于此时宝宝的乳牙尚未出齐，咀嚼能力较弱，因此食物要做得软烂一些。

鸡血豆腐汤

将适量豆腐和鸡血洗净均切成细条，再将适量黑木耳、熟瘦肉、胡萝卜洗净并切成细丝；下入鲜汤中烧开，加入适量酱油、盐、料酒，用少许水淀粉勾薄芡；淋入打好的鸡蛋液，加少许香油、葱花即成。此汤颜色美观、味道鲜美，且含有丰富的蛋白质、铁、胡萝卜素和膳食纤维，有助于提高宝宝的血色素含量。

青椒炒肝丝

将适量猪肝、青椒洗净，切丝；猪肝丝与少许淀粉拌匀，下入四五成热的油中滑散捞出；锅内留少许油，用适量葱丝、姜片炝锅，下入青椒丝，加入适量料酒、白糖、盐及少许水，烧开后用少许水淀粉勾芡；倒入猪肝丝，淋入少许香油和醋即可。此菜含有丰富的铁、蛋白质及维生素A，经常食用可补血，对患缺铁性贫血的宝宝效果极佳。

香椿芽拌豆腐

选适量嫩香椿芽洗净后用开水汆烫5分钟捞出，挤出水切成细末；把盒装豆腐倒出盛盘，加入香椿芽末、少许盐和香油拌匀即成。此菜清香软嫩，含有丰富的大豆蛋白、钙质和胡萝卜素等营养素，很适合宝宝食用。

虾皮紫菜蛋汤

用适量姜末炝锅，下入适量虾皮略炒，加水适量，烧开后淋入鸡蛋液；随即放入少许紫菜、香菜，并加入适量香油、盐、葱花即可。此汤口味鲜香，含有丰富的蛋白质、钙、磷、铁、碘等营养素，对宝宝补充钙和碘非常有益。

骨汤面

将适量猪骨或牛骨砸碎，放入冷水中用中火熬煮，煮沸后加适量米醋，继续煮30分钟；将骨弃之，取清汤，将适量龙须面下入骨汤中，将洗净、切碎的适量青菜加入汤中煮至面熟，加少许盐即成。骨汤富含钙，同时还含有丰富的蛋白质、脂肪、铁、磷和多种维生素，可为正在快速成长的1岁以上的宝宝补充钙质和铁，可以预防软骨症和贫血。

给宝宝冲奶粉不宜过浓

奶粉中含有钠离子，如果冲泡浓度过高，宝宝饮用后会使血管壁压力增加。宝宝的毛细血管很脆弱，易引起脑部毛细血管破裂，导致出血。如经常给宝宝喝过浓的奶粉，出血多了会影响宝宝的智力发育。

细节14 培养良好的饮食习惯和能力

此阶段要加强宝宝良好的饮食习惯和能力培养，家长要注意以下几点：

- 严格按食谱安排宝宝每日的饮食，尽可能选择多样性的食物，保证宝宝的饮食多样化，摄入更全面的食物。

- 饭桌上不要讲话，不要呵斥宝宝，应注意桌面整洁，餐具齐全、卫生，饭菜的冷热要适度，并根据进餐人数适当分配，培养宝宝关心他人不独自享用的好习惯。

- 要加强宝宝正确使用餐具和独立吃饭的能力。开始时可在宝宝专用小碗中装小半碗饭菜，要求宝宝一手扶碗，一手拿勺吃饭，如果宝宝能独自吃饭，要对其进行表扬。当宝宝吃得差不多时，大人再帮助他把饭喂完，保证宝宝吃饱，切忌粗暴处理或包办代替。

- 如果宝宝偶尔进食量较少时也不要勉强，进餐时不能催促宝宝，要让宝宝细嚼慢咽，可给宝宝准备一条干净的餐巾，让他随时擦嘴，保持其卫生。一定要让宝宝咽下最后一口饭，才能让其离开饭桌。

为了避免宝宝挑食偏食，大人要以身作则，不要在宝宝面前讨论哪种菜好吃，哪种菜不好吃；更不能因自己不喜欢吃某种食物，就当着宝宝的面不吃，或是少买这种食物。为了宝宝的健康，父母应改变自己的饮食习惯，努力让成长中的宝宝吃到各种各样的食品，以此维持宝宝生长发育所需的营养素。

细节15 宜吃小米

小米中含有丰富的维生素和无机盐，维生素B_1的含量是大米的数倍，无机盐含量也高于大米，可以防止宝宝消化不良，并且有帮助睡眠的作用。喜欢夜啼的宝宝可以经常吃小米，以促进睡眠。

细节16 宜吃大米

大米中含有多种营养素，如蛋白质、脂肪、糖类、膳食纤维、钙、铁、磷、钾、镁、铜、B族维生素、叶酸、泛酸、烟酸等，虽然含量不是很高，但也可以大量补充营养素。大米氨基酸组成较全，但赖氨酸含量较低，所以可以和赖氨酸含量高的豆类一起食用，以增强氨基酸的吸收和利用。大米能刺激胃液的分泌，有助于消化，并可促使奶液中的酪蛋白形成疏松又柔软的小凝块，帮助宝宝消化吸收。

细节17 宜吃海带

海带含有丰富的钙、钾、钠、镁、碘、硒、维生素C、维生素K等营养素。海带中的碘能为宝宝智力发展提供物质基础；海带中的DHA对于宝宝的智力和脑力的发展非常重要，是健全神经系统所必需的营养成分；海带中的胶质可以促使体内的放射性物质随大便排出，减少患疾病的危险；海带中大量的不饱和脂肪酸和食物纤维可以清除血液中的废物和体内废物。

细节18 宜吃青菜

青菜大都富含膳食纤维、维生素和钙、铁、磷、铜等多种营养素，是宝宝补充营养的好途径。青菜中丰富的维生素可以增强宝宝的免疫力，丰富的膳食纤维可以刺激胃液分泌和肠道蠕动，有助于宝宝消化吸收，促进代谢废物排出，同时还能消除多余脂肪，防止便秘。青菜大都是碱性食物，可以与肉类等酸性食物中和，调整体内酸碱平衡，发展宝宝智力。

细节19 宜吃含粗纤维的食物

虽然人体不能消化吸收膳食纤维素，但是它的作用不可小视，它可促进肠道有益菌繁殖，从而抑制有害菌产生毒素。膳食纤维素能刺激大肠蠕动，加快粪便排出，减少肠道对有害物质的吸收。膳食纤维素还能吸收肠道中的胆固醇，加速排出。含纤维素较多，适合宝宝吃的有小油菜、小白菜、粗粮等。

细节20 宜吃红薯

红薯含蛋白质、糖类、钙、磷、钠、维生素A、维生素C、叶酸等营养素。红薯的蛋白质质量高，吸收利用率也较高，对宝宝的智力发展有一定的作用。红薯中的维生素含量也比较高，对促进宝宝肠胃蠕动、防止宝宝便秘有很大的作用。红薯富含纤维素和果胶，具有组织糖分转化脂肪的作用，多吃红薯还可以防止宝宝过于肥胖。

细节21 有助长高的食物

蛋白质是构成骨细胞的最重要原料，含蛋白质丰富的食品首推牛奶、鱼类、蛋类、动物肝脏，豆及豆制品次之。每餐如有两种以上蛋白质食物，可以提高蛋白质的利用率和营养价值。

婴儿期缺锌也是影响宝宝身体长高的原因之一，牛羊肉、动物肝脏、海产品都是锌的良好来源。草酸、纤维、味精等会影响锌的吸收，宝宝不宜食用。吃含草酸高的菠菜、芹菜时应该先用开水焯一下。

和骨骼生长最密切的矿物质是钙和磷，钙的吸收和利用要通过鱼肝油、蛋黄、乳品中的维生素D以及阳光中紫外线照射才能发挥作用，含钙丰富的食物有牛奶、虾皮、海带、紫菜及豆制品、芝麻酱、深绿色蔬菜。

细节22 少给宝宝吃冷饮

贪食冷饮容易引起肥胖

冷饮中含糖较多，而冰糕和冰淇淋中则脂肪含量很高。对于食欲旺盛的宝宝来说，吃冷饮虽然不会影响正餐的食量，但却等于在正餐之外又增加了许多糖和脂肪的摄入，久而久之会导致肥胖。

冷饮不解渴

当人体的血浆渗透压提高时，虽然体内并不缺水，也会感到口渴，直至将体内渗透压调节到正常水平为止。冷饮中含有较多糖分及脂肪等物质，其渗透压要远远高于人体，因此，宝宝食用冷饮并不能解渴，只是当时觉得凉爽，但几分钟过后，胃肠道温度升高，便又会感到口渴，而且会越吃越渴。所以，解除宝宝口渴的最好办法是饮用凉开水，而不是无限制地吃冷饮。

过食冷饮引起营养不良

冷饮或含糖饮料中虽然也含有一些营养物质，但常以碳水化合物为主，而人体所需要的蛋白质、矿物质、微量元素和各种维生素含量都极少，有些冷饮脂肪含量又过高，使得其中的营养素严重失衡，如果长期嗜食冷饮或含糖饮料就会影响正餐的摄入，导致营养不良。

过食冷饮引起肠胃不适

宝宝食用冷饮后，胃肠道局部温度骤降，可以使胃肠道黏膜上的小血管收缩，局部血流减少。久而久之，消化液的分泌就会减弱，进而就会影响胃肠道对食物的消化吸收。不明原因的经常性腹痛是许多宝宝夏天易得的病，这大多与过量食用冷饮有关。另外，夏天宝宝的胃酸分泌减少，消化道免疫功能有所下降，而此时的气候条件又恰恰适合细菌的生长繁殖，因此夏季是宝宝消化道疾病的高发季节。

细节23 训练宝宝自己如厕的能力

让宝宝学会控制大小便，看似是一件小事，但由于每个宝宝的发育进度并不相同，如果操之过急会给宝宝心理和生理的正常发育带来不利影响。

如何帮助宝宝学会如厕

为宝宝选择一个合适的坐便器。安全舒适最重要，款式不要太复杂。市场上流行的玩具坐便器，有的带有音乐，有的带有各种动物的鸣叫声，多半并不实用，宝宝很容易因此而分心，影响排便。

帮宝宝养成良好的坐便习惯：大小便时不让宝宝玩玩具，也不要吃东西。要特别注意避免宝宝长时间坐在坐便器上，以

免形成习惯性便秘。

细心观察宝宝大小便前的信号：比如当看到宝宝突然涨红脸不动时，问宝宝是不是要小便？然后立刻带宝宝进入厕所使其坐在坐便器上。平时父母要教宝宝用语言表达自己想大小便的意愿。

若宝宝能自己控制大小便时，父母要及时表扬宝宝，但应就事实本身肯定宝宝的努力，不要过于夸张。

而当宝宝不能控制大小便，尿湿或弄脏衣服时，父母的态度要温和，告诉宝宝：“下次排便前要告诉妈妈。”

有时宝宝可能出现明明已经学会控制大小便却又突然尿床，或者白天大小便时不愿意喊人的情况，这多半与宝宝的情绪有关。可能是环境突然改变，熟悉的看护人离开或者这段时间玩得太兴奋等。这种反应是非常正常的，父母应以宽容的态度看待宝宝的突然倒退，并找出原因帮宝宝轻松度过过渡期。

细节24 养成良好的卫生习惯

养成良好的卫生习惯，对宝宝来说是大有裨益的。一般来说，幼儿期是习惯养成的重要时期。因此，父母应该牢牢把握住这个时期。

勤洗手

宝宝进入幼儿期后，相对于婴儿期来说，好奇心更强了，对什么东西都能产生浓厚的兴趣。如果在外面玩，他会捡地上的石头、挖泥土、拔地上的草，甚至会乱捡垃圾，弄得小手脏兮兮的。此时如果宝宝用脏手揉眼睛，会引起眼睛感染；用脏手直接拿东西吃，手上的细菌和寄生虫卵会被一起吃到胃内，造成宝宝拉肚子。因此，必须让宝宝养成勤洗手的好习惯。即使

小手没有弄脏，回家也要先洗手，因为很多细菌是肉眼看不见的。在用肥皂或者洗手液洗手的时候，父母可以边让宝宝自己搓揉双手边慢慢帮宝宝数数，等数到30了再用水冲洗，确保把小手洗干净。

早晚漱口

为了保护好宝宝的乳牙，从1岁多起就应开始训练宝宝早晚漱口，并逐渐培养他养成习惯。训练时先为宝宝准备好水杯，并预备好漱口所用的温白开水（夏天可以用凉白开水）。不要给宝宝用自来水刷牙，因为宝宝在开始时不可能马上学会漱口的动作，往往漱不好就会把水咽下去，所以刚开始最好用温（凉）白开水。

初学时，父母要为宝宝做示范，把一口水含在嘴里做漱口动作而后吐出，反复几次，宝宝很快就会学会。需要提醒的是，不要让宝宝仰着头漱口，这样很容易造成呛咳，甚至发生意外。在训练过程中，父母要不断地督促宝宝，每日早晚坚持不懈，这样天长日久宝宝就会形成良好习惯。

细节25 宝宝流鼻涕的处理

宝宝流鼻涕了，父母首先就会想到：是不是感冒了？该吃什么药呢？其实宝宝流鼻涕也有很多原因，父母应查清情况对症下药。另外当宝宝经常流鼻涕时，父母一方面要积极地给宝宝治疗，另一方面还要帮助宝宝及时清除鼻腔内的鼻涕。

流鼻涕的原因

感冒引起的鼻炎被称为急性鼻炎，此时鼻腔黏膜充血、肿胀，腺体分泌增多即形成鼻涕，开始为清水样，3～5天后渐为脓涕，以后逐渐好转直至痊愈。

若常流清鼻涕并伴有鼻塞、鼻痒、打喷嚏等症状，清晨起床后尤其明显，从温暖的被窝中出来立即连打喷嚏，接着清鼻涕流个不停，此时需警惕宝宝是否患有过敏性鼻炎。宝宝因急慢性鼻炎继发鼻窦炎时也常常会鼻涕很多，有时还伴有头痛。

个别宝宝仅单侧有鼻涕，但擤也擤不出来，鼻孔不通气，睡觉打呼噜，这时就要警惕是否有鼻息肉的存在了。

教宝宝擤鼻涕

在教宝宝擤鼻涕时，要亲自示范给宝宝看。首先，父母应选择柔软、无刺激的手帕或卫生纸。然后将准备好的手帕或卫生纸置于宝宝的鼻翼上，先用一指压住一侧鼻翼，使该侧的鼻腔阻塞，同时让宝宝闭上嘴用力将鼻涕擤出，最后用拇指、食指从鼻孔下方的两侧往中间对齐，将鼻涕擦净，两侧交替进行。

反复几次后，可让宝宝自己拿着手帕或卫生纸在父母的帮助下进行尝试，经过多次训练，多数宝宝不仅可以学会擤鼻涕，而且还会擦去擤出的鼻涕。

警惕鼻子吸入异物

如果宝宝的一侧鼻腔有臭味，流脓涕，有时涕中带血丝，则应考虑鼻腔内是否有异物。这种情况多是由于宝宝玩耍时因好奇把纸张、豆类、花生米等异物放入鼻腔内，塞入后取不出，水分被吸收后发生腐败产生臭味；但金属类小零件、小纽扣塞入鼻腔后不一定引起臭味。一旦发现上述情况，父母应立即带宝宝去医院的耳鼻喉科就诊。

细节26 教宝宝自己穿衣脱衣

快2岁的宝宝可以开始学习穿脱衣服了。父母在教宝宝穿脱衣服的同时与他说话，这样不仅能让宝宝配合，还有益于宝宝认识自己身体的各个部位、学习动作名称、认识衣服各个部位，逐渐培养宝宝愿意自己做事的自觉性。

学习配合穿衣脱衣

有了合适的衣服，父母就可以开始训练宝宝穿脱衣服的能力了。父母给宝宝穿衣时，可以边做边对他说有关动作的话，要求他与你合作。如“来，宝宝穿裤子，先伸这条腿”，“穿鞋，伸脚，使劲蹬”，若宝宝做对了要表扬他“好，就像这样，我的宝宝知道怎么穿衣服了”宝宝就会愿意与父母配合。父母还可让宝宝自己尝试，如让宝宝学着拉开衣服上的按扣等。

逐步学穿衣脱衣

事先计划：教宝宝穿衣前应先分析一下穿着各种衣物的难度，然后由浅入深。大致而言，脱比穿容易，套头的比开襟的上衣容易，穿比实际尺码大一点的衣服或鞋袜也比较容易练习。

步步为营：光有步骤还不行，还得实战演习，将各步骤恰当地联系起来，从脱开始，在父母的帮助下一步步完成练习。

以退为进：每次穿衣服时，留下最后一个步骤让宝宝独立完成，这样宝宝会比较容易获得完成任务的成就感。

用布娃娃练习

当宝宝有想自己穿衣服的兴趣时，父母可以让他从给布娃娃穿衣服开始，这样既能让宝宝明白穿衣服的步骤，也能培养宝宝的动手能力。他每完成一步都要表扬他，并耐心地给他一些提示，让他多练习，从简单入手，慢慢来，父母不要心急，毕竟宝宝还小，最终总是会学会的。

学习穿脱衣的具体方法

为宝宝选的衣服的纽扣、钩扣等最好要少一点，以方便宝宝穿脱；有扣子的地方，父母要教宝宝怎么解开和系上；学穿套头衫的时候，当宝宝把双手伸进袖子时，父母要帮宝宝把头伸出来；学脱裤子的时候，宝宝一般都能把裤子拉下来，但怎么把裤子从两只脚上退下来，父母则要为宝宝做示范；以后逐步增加难度，挑选稍微复杂的衣服让宝宝试试。

细节27 支持宝宝的探索行为

这个时期的宝宝，个个堪称是积极的“探险家”。什么都想看，什么都想做，对任何事情都要亲自碰一碰。显然，他对这个多彩的世界充满了独立探索的欲望，表现出了不懈的探索精神。但是，探索就难免会碰到危险和麻烦。建议父母尽量理解宝宝的行为，并对宝宝加以引导和保护。

灵活的眼睛

小脑袋总是转来转去，眼睛总是四处张望，对任何事物都充满好奇心，父母越是藏藏掩掩不想让宝宝看到的东西，宝宝越是留心。“周围这么多好东西怎么都没看过？真奇怪，我都看不过来了，要是能再有一双眼睛该有多好啊！”宝宝面临的是广阔的未知世界，了解这个世界是他成长的需要。2岁前的宝宝认识事物离不开各种感觉器官的作用，其中大量信息是通过眼睛获得的。

好动的小手

宝宝的一双小手几乎总是要摸摸这、弄弄那，遇到细小的窟窿还要把小手指伸进去捅一捅，比如在盒子里放上许多小玩意儿，然后摇一摇让里面的东西叮当作响；捏一捏这个东西是软的还是硬的；摸一摸它是光滑的还是粗糙的。2岁前的宝宝语言发展水平还有限，所以他基本上是靠摆弄各种物品来认识世界的。

不安分的小脚

宝宝的一双小脚到处走动，喜欢爬高，比如在家里的沙发上踩上踩下；在桌子下钻来钻去；顺着桌椅板凳爬上窗台；溜进厨房扳动灶具和各种电器的开关。

由于宝宝的自我保护能力有限，特别容易发生意外事故，但是这不能成为父母限制宝宝活动的理由，父母只需要做好看护工作，适时制止宝宝的危险动作，并告诉宝宝原因即可。

细节28 处理宝宝的对抗

由于此时宝宝的注意力非常有限，所以人们往往感觉他的情绪波动非常大。对父母而言，最大的挑战是既要帮助宝宝自立，又要使他能够控制好自己的情绪，特别是那些消极情绪。

对抗情绪的表现

最开始时，宝宝的对抗多是用一种无声的语言。如年龄较小的学步期的宝宝知道通过把汤匙推开或把头扭开来拒绝送到嘴边的食物，知道挺直身体来拒绝别人把其抱起来。用语言进行对抗的能力可以说为他“开创”了一个新的天地。或许在接下来的几个月里，无论父母提出什么问题和要求，宝宝的回答总是“不”。

对抗转为发脾气

许多宝宝在1～2岁之间还会平生第一次大发雷霆。其实，在宝宝小的时候也许发过火，但随着其预见能力越来越强，失望感也就越来越强烈。起初，对大多数学步期的宝宝来说，他们的愤怒情绪多半都是由某件东西诱发的，如卡在椅子背后的玩具，或者拼板塞不进拼图框里去。随后，越来越多的情况使有些宝宝将怒气向父母发泄。

正确理解宝宝的对抗

宝宝的对抗态度常使人感到恼火，但这也是父母获得满足感的源泉。对抗是宝宝独立的一种表现，它表明宝宝想自己照料自己，想自己说了算。更准确地说，宝宝的对抗行为表明他们已经知道人们所作出的决定不是不可更改的。他们开始认识到日常的生活规律并不是由法律或自然法则所规定的，而是由人确定的，他们也想成为作出决定的人。起初，因为宝宝的理解能力有限，他们只看到了对抗他人决定的可能性。以后他们会逐渐跨过这一步，找到更多其他积极的办法来使自己加入到作出决定的人当中。

父母应持的态度

如果父母对宝宝发脾气的问题关注较多，无论这种关注是积极的还是消极的，都有可能产生相反的效果。当宝宝大声尖叫时，父母老是不拿它当一回事也许很难，但这却是使宝宝少发脾气的最有效的办法。

细节29 正确疏导孩子的嫉妒心

嫉妒是人类一种原始的情感，也是宝宝成长过程中的一种自然现象，但父母不能因此而听之任之，而要及时疏导，以免使宝宝形成不良的性格。

嫉妒心的表现

不能容忍身边亲近的大人疼爱别的孩子：孩子最初的嫉妒总是与自己的父母

等身边亲近的人有关。当父母疼爱别人时，孩子往往会表现出不满、哭闹、反叛等情绪，有的甚至会出现一些倒退行为，如故意尿湿裤子，故意做出比自己实际年龄幼稚的行为，希望以此引起大人们的注意。

对获得家长、老师等表扬的其他孩子怀有敌对情绪：当别的孩子受到了父母、老师的表扬时，自己往往表现得不高兴、不服气，认为自己不比受表扬的孩子差，有的还会当面揭发受表扬孩子的缺点或不足之处。

对拥有比自己的玩具、用品、零食多而又不和自己共享的伙伴进行排斥：一般情况下，每个孩子都很喜爱和拥有很多玩具、用品、零食的同伴在一起玩，因为他们可以从中得到益处。但当同伴们不将自己的东西与他们分享时，他们往往就会表现出嫉妒情绪，如损害同伴的玩具、孤立同伴等。

明显的外露性

这是儿童嫉妒心理与成年人嫉妒心理最主要的区别。成年人往往会考虑各种因素而尽量掩饰自己的嫉妒心理，而孩子一般会通过具体的言行直率地表露自己的嫉妒情绪，他们通常不会考虑自己的嫉妒是否会引起别人对自己的不良评价等后果。此特点可以帮助父母、老师及时发现孩子的嫉妒心理，及时根据具体情况采取恰当手段加以制止，引导孩子向正确的方向发展。

直接的对抗性

因为孩子对事物的认识具有直观性，他往往会直接将自己因嫉妒引起的不愉快情绪归罪于自己所嫉妒的人，进而对引起他嫉妒的人或事做出

了解嫉妒的起因

父母平时应多和孩子接触，及时掌握孩子嫉妒的直接起因。只有了解了孩子产生嫉妒心理的起因，才能从具体事情着手解决孩子的嫉妒心理。这是化解孩子嫉妒心理的前提。

帮助孩子正确认识嫉妒心

父母应帮助孩子全面分析造成他和所嫉妒的对象之间的差距产生的原因，教育孩子理解每个人都有优势和长处，引导孩子充分发挥自己的长处，扬长避短，同时也要学会正视别人、欣赏别人的优势和长处，通过学习和借鉴别人的长处来弥补自己的不足。

直接的对抗行为，以发泄心中的不满。比如，直接打骂他所嫉妒的人、毁坏令他嫉妒的具体物品等。此时，父母应帮孩子保持愉悦舒畅的心情，并对孩子进行积极的情感暗示，如用鼓励的目光进行情感暗示，或者转移他的注意力，给他讲故事，带他出去散步等，使他用另一种情感冲淡或代替嫉妒心。

鲜明的主观性

孩子认识事物一般都是从自己的角度出发，他往往会以是否符合自己的意愿为标准，简单地对事物进行分类。因此，当其他孩子比自己强或其他孩子拥有自己所没有的东西时，他就会因外界的事物不符合自己的意愿而造成心理上的不快。这种不快心理就是嫉妒心理，具有强烈鲜明的主观色彩。

细节30 宝宝专注力的培养

如果宝宝很容易被周遭的事物所吸引，或者很容易为身边的事情分心，这表明宝宝缺乏足够的专注力。如果专注力不集中，不仅会影响宝宝学习的品质和效果，而且对宝宝的成长也极为不利。

专注力的概念

专注力是指宝宝能将焦点或意志集中在某件事物或某种游戏上，而不被外界刺激所干扰的能力。每个宝宝专注力集中的时间长短不一，一般来说，会随着年龄、发展情况及个体差异而有所不同。年龄越大，专注力持续的时间也会相对增加。此外，宝宝本身的个性特质、学习环境的安排及对学习内容的兴趣也是影响专注力的主要因素。

专注力的目的性

这个阶段的宝宝对事物的注意是随意的、被动的，大多由刺激物本身的特点引起，缺乏目的性。因此这一阶段的宝宝还不能进行有组织、有目的地注意，很容易受到无关事物的干扰，致使原来的任务不能完成。比如，宝宝很可能一会儿玩这个玩具，一会儿又要玩另一个，总是将玩具扔得满地都是。

专注力的稳定性

这个阶段的宝宝集中专注力的时间很短，很容易转移注意的对象。研究显

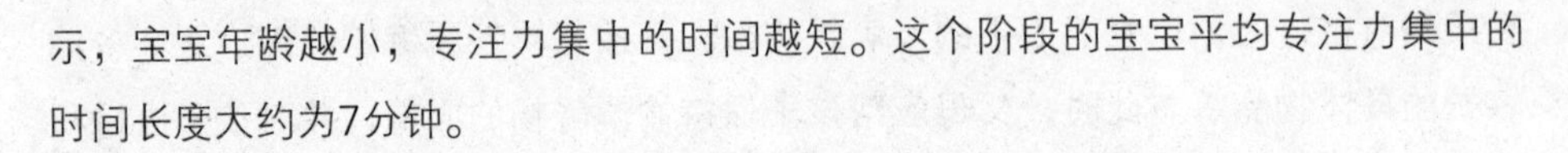

示，宝宝年龄越小，专注力集中的时间越短。这个阶段的宝宝平均专注力集中的时间长度大约为7分钟。

专注力的细致性

这个阶段的宝宝只注意表面的、明显的事物轮廓，不注意事物较隐蔽的、细微的特征，而且还不太注意两个事物之间的关系。比如，让宝宝比较两个相似图形的区别在哪儿，他就不大能说出来。

专注力的分配性

这个阶段的宝宝不可能同时注意很多的事物。如果妈妈指着大楼说："宝宝，你看!"爸爸又几乎同时指着小鸟让宝宝看，那很可能使宝宝什么也注意不到。

培养专注力的原则

不能过分苛求宝宝保持很长时间的专注力，父母可以在了解上述专注力特征的基础上，以平和的心态、科学的方法，慢慢地培养宝宝的专注力。

利用宝宝的好奇心

新颖、色彩丰富、富于运动变化的物体最能吸引宝宝的专注力。父母可以选择有玩偶跳舞的音乐盒、会跳的小青蛙、会敲鼓的小木偶等玩具让宝宝集中注意力观察、摆弄，以此来训练他集中专注力。另外，还可以带宝宝到新的环境中去看稀奇的事物，比如逛公园，让他看一些未曾见过的花草、造型各异的建筑；带宝宝到动物园去看一些有趣的动物等，利用宝宝对新事物的好奇心去培养专注力。

在游戏中训练专注力

宝宝在游戏活动中，专注力集中程度和稳定性会增强。因此，父母可以和宝宝进行有趣的互动游戏，这样不仅能强化亲子关系，还能在活动中有意识地培养宝宝的专注力。比如，让宝宝将几样东西看上1~2分钟，然后撤掉其中的一个或两个，让宝宝猜猜是什么东西被撤掉了。宝宝对这类游戏往往十分着迷，玩起来20~30分钟都不愿停下来。

明确活动的目的性

目的性不强是宝宝注意力的特征之一，所以如果让宝宝对活动的目的理解得更深刻一点，那么在活动过程中宝宝的专注力就会更集中，专注力持续的时间也会更长。在日常生活中，父母就可以训练宝宝带着目的去自觉地集中和转移注意力，比如，问宝宝“妈妈的衣服哪儿去了”、“桌上的玩具少了没有”等。这样有目的地引导宝宝学会有意注意，可以让他逐步养成围绕目标、自觉集中注意力的习惯。

引导宝宝玩放弃了的玩具

有时宝宝自己选择的玩具，玩不了两下就不玩了。要么是太难，他玩不了；要么是太简单，他觉得没新意。此时父母可试着介入，引导宝宝继续玩下去。若太难可降低一下难度，力求让宝宝能接受；若太简单了就变换一下玩法，让宝宝重新喜欢上它。

别打断宝宝的行为

1岁多的宝宝经常会坐在几件玩具前，这儿摆摆，那儿放放，一坐就是很长时间。宝宝全身心地投入到那几件百玩不厌的玩具中，正是专注力高度集中的时候，如果父母在这个时候打断宝宝的活动，不但会引起他的反感和烦躁，还会无意间破坏了对宝宝专注力的培养。

细节31 宝宝生活能力培养训练

这一时期要重视对宝宝生活能力的培养，爸爸妈妈应继续鼓励宝宝做力所能及的事，培养良好的睡眠、饮食、卫生等习惯和爱劳动、关心别人的品德。

孩子的生活习惯不是一天两天就能培养起来的，大人应该常督促、提醒。为了使孩子产生兴趣并能很好地掌握一些生活能力，家长可编成儿歌，如洗手歌、洗脸歌、刷牙歌等。

一日三餐

培养宝宝进餐的正确姿势，教会宝宝正确使用餐具，不要边玩边吃，不要在饭桌上引逗宝宝大笑，以防呛咳窒息。饭后不要让宝宝做剧烈活动，可让宝宝轻微安静地活动半小时，避免呕吐。

睡眠要规律

白天睡眠的次数逐渐减为1～2次，可根据作息制度将宝宝白天的睡眠安排在午饭后，睡眠时间为1.5～2小时。宝宝改用新的作息制度需要有一个过程，家长可根据自己宝宝的身心特点，逐渐使宝宝的作息时间向新的制度过渡。

教宝宝洗手

儿歌《小手洗干净》

自来水，哗哗哗，

洗一洗，擦一擦，

饭前洗手讲卫生，

看谁小手最干净。

爸爸妈妈可以准备一些相关的图片，如有关饭前便后洗手的字卡“洗手”、“干净”等。然后妈妈拿出图片，教育宝宝饭前便后要洗手。接下来，教宝宝学习洗手的步骤：用水沾湿手；打上肥皂或洗手液；搓手心、手背、关节、手腕；冲洗干净，甩3下；擦干。

宝宝洗完手后让他伸出小手给妈妈看看，妈妈要用夸张的口吻赞扬宝宝“小手洗得真干净！”以此来鼓励宝宝养成洗手的好习惯。

培养宝宝刷牙的习惯

小宝宝，爱刷牙，

嘴巴小，牙刷大，

刷呀刷，刷呀刷，

刷得小牙白花花。

爸爸妈妈准备好牙刷实物或图片，字卡“牙刷”、“白花花”，然后可以让宝宝猜谜语：“一把小扫帚，个头不算大，早晚来清洗，牙齿白又亮。”提示宝宝答案是牙刷。爸爸妈妈可用手指教宝宝刷牙的方法：前面上下刷，里面左右刷，打开门横着刷、竖着刷。每天早晚父母刷牙的时候可以让宝宝一起参与，久而久之孩子自然就会养成早晚刷牙的好习惯。

培养宝宝早睡早起的好习惯

爸爸妈妈先准备一些宝宝在早晨的太阳下做操的图片，字卡“太阳”、“早”。然后妈妈们出示图片问宝宝：“图中都有谁？这是什么时候？宝宝到哪儿去了？宝宝在做什么？天上有什么？”

接下来，妈妈出示字卡“太阳”、“早”，教宝宝认识。还可以配合动作来教宝宝说歌谣：

“太阳公公起得早”——双手上举，左右摇摆。

“它怕宝宝睡懒觉”——双手相合，放在脸的一旁，做睡觉状。

“爬上窗口瞧一瞧”——做疑问状。

“一二一二做早操”——两臂伸直，上下轻微摆动。

《睡觉》

大地公公睡觉，静悄悄。

月亮婆婆睡觉，眯眯笑。

小娃娃睡觉，像花猫。

爸爸妈妈准备一些夜晚的图片，小宝宝睡觉的图片，字卡“睡觉”、“月亮”。然后出示图片问宝宝：“图中有谁呀？它们在干什么呀？”如月亮出来了，天黑了，小花猫睡觉了。这时爸爸妈妈要说：“小宝宝睡觉也要像小花猫一样，静悄悄的。”接着学习《睡觉》儿歌，并且宝宝每次睡觉前妈妈都念儿歌给宝宝听，语速要轻、慢。在学习儿歌时，重点掌握短语“静悄悄、眯眯笑、像花猫”，让宝宝有表情地念出来，体会语言的表达。通过训练，培养宝宝安静睡觉的好习惯。

细节32 提升宝宝智能的亲子游戏29例

大拇哥，二拇弟——综合性语言能力

妈妈把宝宝搂在怀里，摊开宝宝的小手，一个一个地点宝宝的手指头，一边说歌谣：“大拇哥，二拇弟，中三娘，四兄弟，小妞妞，来看戏，手心手背，心肝宝宝。”左右手交替进行。妈妈让宝宝的双手交叉握在一起，帮助宝宝做手指抬起的动作，“大拇哥跳一跳，二拇弟跳一跳，中三娘跳一跳，四小弟跳一跳，小妞妞出来了，大气球爆炸了，哗啦啦，哗啦啦。”说到“大气球爆炸了”时，打开宝宝双手，做“哗啦啦”的动作。此游戏的目的是训练宝宝手口一致能力。提高宝宝大脑反应水平。歌谣的节奏感非常强，经常配合游戏说歌谣，可以丰富宝宝的音乐感知能力，这种能力将会影响宝宝体验美、创造美的能力。

小汽车滚斜坡

带宝宝外出时，可以让宝宝观察车子的运动，并跟宝宝讲一些基本常识，比如，司机是坐哪边的，车子是靠什么来开动的等等。用一块硬纸板做成一个斜坡，让宝宝看小玩具车如何从斜坡上滚下，一旦他明白这一点就改变坡度，看看车子怎样跑得快，怎样跑得慢。这个游戏能够展示因果关系，训练宝宝观察力和想象力。

糖和盐去哪儿了——分析能力

妈妈把三个透明玻璃杯分别装上水，外面分别贴上“沙子”、“糖”、“盐”的纸签，将这几个标签上的字给宝宝指认，并告诉宝宝，杯子里面是水。再用小勺子将事先准备好的沙子、糖、盐依次舀一部分，倒入杯中，边倒边告诉宝宝“妈妈把糖（盐、沙子）倒进水里了”。妈妈动作要慢一点，以便让宝宝看到糖和盐逐渐溶化的过程。对比沙子，让宝宝知道沙子是溶解不了的。妈妈给宝宝尝一尝糖水和盐水的味道，并告诉宝宝“糖水是甜的，盐水是咸的”，同时让宝宝记住杯子上的几个标签名称。妈妈把贴纸去掉，拿着玻璃杯让宝宝先观察再品尝，并让宝宝判断杯子里是什么，根据味道来选择对应的贴纸。

培养宝宝的观察力应从宝宝感兴趣的事物入手，这样才能激发宝宝观察的欲望，使他进一步进行观察活动。通过让宝宝观察不同材料放进水里的变化，让宝宝懂得什么是溶化，帮助宝宝对事物有一个初步认识。丰富的知识经验能促进观察能力的发展，提高观察力水平。

小小降落伞——观察、手眼协调训练

妈妈准备1块方手帕、4根线、1块小石头。在手绢的四个角上拴四根等长的线，再把这四根等长的线绑在小石头上。操作过程中要设计一些让宝宝帮忙的环节，引导宝宝自己动手。

妈妈举起手中的“降落伞”，把它往下放，降落伞在空中张开慢慢落下来，让宝宝用手接住。还可以让宝宝站在高处，自己放下降落伞，反复玩几次。妈妈调节四根线的长度，让宝宝观察降落伞在降落的过程中会有什么变化。此阶段的宝宝心智发展较迅速，语言、记忆及思维想象力、精细动作等发展加快，好奇心强，喜欢模仿。父母要采取科学有效的培养方法来逐步激发宝宝的各种智能，使他们的心智发展上一个台阶。

背诵儿歌——语言、听觉记忆力训练

妈妈要教宝宝学儿歌的押韵词，让他记住每一句的最后一个字。例如：“小白（兔），白又（白），两只耳朵竖起（来），三瓣瓣（嘴），四条（腿），爱吃萝卜和青（菜），蹦蹦跳跳真可（爱）。”再比如：“床前明月（光），疑是地上（霜），举头望明（月），低头思故（乡）。”妈妈要一次次地重复，想起来就跟宝宝一起念，等他会说话以后，很快就能全首背诵。妈妈可以在宝宝背儿歌的过程中，引导宝宝说短句。比如妈妈可以问：“宝贝告诉妈妈，什么样的兔子呀？大的还是小的？白的还是黑的？”“小白兔爱吃什么？”，每个宝宝的语言发育不同，有的刚开口说话不久就会背诵整首儿歌，有的要等到两岁之后才能学会，基本上有半年甚至一年的差别，大人要耐心引导，总有一天宝宝能够学会。

积木“回家”——分类、逻辑思维训练

妈妈准备红、黄、绿色的小桶各一个，红、黄、绿色的积木块若干。妈妈和宝宝把积木倒在地板上，告诉宝宝“这是红色的”、“这是黄色的”、“这是绿色的”，妈妈先把红色的积木放在一起，再示意宝宝把黄色的和绿色的积木分别堆到一起。然后妈妈把红、黄、绿色的小桶摆在宝宝面前，告诉他“红色小桶是红色积木宝宝的家”、“黄色小桶是黄色积木宝宝的家”、“绿色小桶是绿色积木宝宝的家”。妈妈说：“哦，天黑了，积木宝宝该回家了，让我们把它们送回家吧。”请宝宝帮忙分别把红、黄、绿色的积木放到对应的小桶里。

颜色视觉的发展为宝宝认识多姿多彩的世界提供了条件，有意识地培养宝宝的视觉识别能力，有助于宝宝更好地观察事物。这个游戏采用拟人化的手法、形象的比喻，使宝宝知道任何物品都有一个家，使用后应该送物回家，从而养成良好的行为习惯。

时间观的建立——抽象概念、逻辑智能训练

妈妈要让宝宝明白“白天或晚上”的概念。告诉宝宝天亮时有太阳就是白天，白天可以出门玩。告诉宝宝天黑时有月亮就是晚上，晚上要休息、睡觉。如果宝宝已经能理解白天和晚上，就可以进一步让宝宝认识中午及下午或清晨的时间观。妈妈还可以让宝宝明白“一星期有七天”的时间概念。爸爸妈妈可以准备一张画好七个格子的纸张。编上星期一至星期日的文字，星期六、日可用星星表示。从星期一醒来就给宝宝一张贴纸贴在第一格，并提醒他：今天星期一先贴第一张。星期二贴第二张、星期三贴上第三张，以此类推，让宝宝有时间累加的感觉。到了假日就可以给予不同颜色或造型的贴纸，让他感觉假日这两天不太一样。

妈妈可以别出心裁地安排一些特殊的事情

（是宝宝喜欢做的事），在某一天的某一时间段，让宝宝心存期待地等着那一天的到来，在整个等待的过程中，妈妈要不时告诉宝宝我们还要等几天。

捡豆子——锻炼下蹲

妈妈准备一些豆子（不要超过10粒），放进一个小盒子里。先和宝宝一起数一数豆子的数量，妈妈要特别强调豆子的总数量，让宝宝记住了。然后妈妈可以假装不小心把豆子撒在了地上，妈妈先做示范，捡起一粒豆子放进盒子里，同时把数字念出来。接下来妈妈要让宝宝帮忙捡豆子，告诉宝宝捡豆子时要蹲下来一粒一粒地捡，边捡边和妈妈一起数数。豆子捡完了，让宝宝在地上再找一找，看有没有漏捡的豆子。然后再数一数盒子里捡起来的豆子，够不够之前数过的数量。如果少了，告诉宝宝还有没捡起来的，让宝宝继续找，继续捡，直到全部捡起来。

宝宝能独立站立、行走后，爸爸妈妈就应逐渐发展宝宝“下蹲”能力，如到户外玩沙子、捡树叶等。这是一种既简便易行又颇具锻炼价值的活动。需要宝宝具备很强的身体协调和平衡能力，是促进宝宝身体运动智能的好方法。

风在哪儿——推理能力训练

妈妈准备几张正方形的卡纸，卡纸分别对角折好，然后用剪刀沿着卡纸对角线的印迹，剪至卡纸中间点的2/3处，四个对角线都剪了。将四个角折至中心，并用胶水固定，用图钉和大头针把风车固定在筷子或小木棍上。让宝宝拿着风车摆动、跑动，看看什么时候风车才会转。让宝宝说说风在哪儿。还可以用彩纸做成三角形和长方形的旗子，固定在筷子或小木棍上，让宝宝感知风吹动的方向。妈妈在做风车时，可以给宝宝另外准备一张纸，让他模仿妈妈的动作自己折叠一个风车，注意宝宝用剪刀时要在妈妈的监护下进行。

这个游戏的目的是为了提高宝宝感知自然的能力。风是无形的，通过风车转动让宝宝感知风的形态和力量，丰富他对自然现象的感受，有效促进自然感知智能的发展。

认识昆虫——认知能力训练

妈妈带宝宝去公园或树林里玩的时候，可以带上小罐子、手套、镊子、夹子等工具，一边玩一边寻找虫子，如蚂蚁、蜘蛛、蚯蚓、蜗牛等。找到时妈妈要用镊子、夹子或用手指及手套轻轻夹起，放入带盖的罐中，罐盖子上打几个通气的孔。妈妈也可以协助宝宝把虫子放到罐子中，同时要教育宝宝爱护小昆虫。妈妈可以教宝宝认识那些能叮咬或蜇人的昆虫，并帮助宝宝识别无害的昆虫。对于在空中飞行无法捕捉的昆虫，比如蝴蝶、蜻蜓、小蜜蜂等，妈妈可以在见到的时候指给宝宝看，并告诉宝宝它们的名称。最好能和同龄的宝宝一起玩耍，这样会使认识昆虫的行为本身变得更有趣味。

认半圆形——数学、逻辑智能

妈妈买一张大饼，问宝宝“这是什么形状”，宝宝正确说出就表扬，妈妈接着说“妈妈要变魔术，接下来看看圆形变成什么形状了？”妈妈在烙饼的中间切一刀，妈妈把一半烙饼提起来给宝宝看，告诉宝宝“这是半圆形。”并要让宝宝知道把两个半圆形合拢就成了圆形。然后让宝宝自己学着把圆饼分成两个半圆形，再把两个半圆形合成一个圆形。另外，妈妈可以在晴朗的夜晚带宝宝出去看月亮，问宝宝“月亮像什么？”宝宝自然会联想到圆形或半圆形。经常锻炼宝宝对图案、颜色、式样的分辨能力，能够促进宝宝更好地观察和认识周围的世界，提高宝宝的数学能力和分辨力。

能放进去吗——视觉空间智能训练

妈妈准备1个包装盒，四周开几个洞。第1个洞可以放入1块圆柱形的积木或玩具；第2个洞可以放入1块方形积木或玩具；第3个是窄缝，可以放入1元的硬币；第4个是略比2×4厘米大些的长方形开口。妈妈准备一些圆柱形和方形积木或玩具，1元硬币，1个直径4厘米、厚1厘米的圆盒子，将这些东西全都排列在桌子上让宝宝观察。然后妈妈要求宝宝把这些东西放进纸盒里。如果宝宝不知怎样开始，妈妈可以示范，先比对，然后塞进去。宝宝如果有进行比对的这个过程，妈妈应表扬，鼓励宝宝继续。

五颜六色的小手印画——形象思维训练

妈妈准备红色、黄色的颜料和两个颜料盘，把颜料分别挤在颜料盘上。妈妈用手在颜料盘里蘸上红色颜料，把大手印印在一张白纸上，示意宝宝也蘸上红色颜料，在大手印的旁边印上小手印。然后让宝宝用另一只小手蘸黄色颜料，也印在白纸上。妈妈让宝宝分别指出这两种颜色的名称、手印的大小，说对了就亲亲宝宝。接下来妈妈用纸巾把宝宝的手擦干净后，让宝宝随意蘸取颜料，在纸上印画。

印画游戏有助于让宝宝手部动作更加协调，同时也能丰富宝宝的生活，让宝宝在生活中得到更多体验和更多经验来丰富其想象力，从而使宝宝具有超凡的创造能力。

今天天气真好——探索能力训练

这个时期的宝宝经过多方面训练已经具有了良好的综合能力，有意识地引导将会促进宝宝综合运用感官的能力，并学会观察事物的方法。丰富的刺激和感受，可以提高宝宝探索自然的兴趣和能力，养成善于探索、善于发现的良好习惯。

爸爸妈妈带宝宝外出郊游时，要引导宝宝说出天空的颜色、白云的形状；让宝宝说说风吹在脸上是什么感觉；引导宝宝观察大树的高度；小河的流动、辨别花朵的色彩；听听小鸟的歌声，找一找小鸟的家在哪里；引导宝宝闻一闻空气里泥土和小草的味道。教宝宝儿歌《今天天气真好》：今天天气真好，花儿都开了，杨柳树儿对着我们弯弯腰，蜜蜂蝴蝶飞来了，小鸟吱吱叫，小白兔儿一跳一跳又一跳。

我们都是好朋友——人际交往能力训练

妈妈带宝宝到公园找小朋友较多的地方玩耍。见到小朋友时，妈妈要鼓励宝宝主动与对方打招呼，然后请他们彼此做自我介绍，并提醒宝宝记住对方的名字。如果其他小朋友在玩多人游戏，要鼓励自己的宝宝也加入进去。要回家时，应鼓励宝宝与其他小朋友约定再次相聚一起玩耍的具体时间和地点。如果宝宝与其他小朋友有约，妈妈一定要帮宝宝记住约定并提醒和监督宝宝说到做到，养成“一诺千金”的良好品性。同龄宝宝在交往中经常会出现摩擦，互不相让，但很快就会和解。宝宝通过交往逐渐学会妥协、让步、宽容等人际交往中的经验，这是在与爸爸妈妈的交往中学不到的。

捉蝴蝶——乐感训练

妈妈唱儿歌《捉蝴蝶》，先做示范动作，然后放音乐配合音乐和宝宝一起做动作。

妈妈念“蝴蝶蝴蝶飞飞（两手在体侧平举，上下摆动）；宝宝宝宝追追（两手握拳在身体两侧，前后摆动）。”如果宝宝做得姿势不到位，妈妈要多教几次；妈妈接着念“青蛙青蛙跳跳，（屈臂两手掌朝前，上下跳动）；宝宝宝宝笑笑（两手握拳食指朝脸蛋，头左右摆动）。”宝宝把动作正确完成了，妈妈大声表扬宝宝“真棒！”

音乐和舞蹈都是人们表达情感的形式，让宝宝从小感知音乐和舞蹈的美感，可以激发其潜在的创造力，使生命更富于活力。

太阳、月亮、星星——空间想象能力训练

妈妈分别选择在晴朗的白天和晚上带宝宝到屋外。白天，妈妈问宝宝：“天上有什么呀？”宝宝回答：“太阳、云彩。”再让宝宝观察云彩像什么？宝宝一定会回答出像他熟悉的东西，如小狗、汽车等。晚上，妈妈问宝宝：“天上有什么呢？”宝宝回答：“月亮、星星。”家长可顺便给宝宝讲讲牛郎织女的故事，重点讲牛郎担着两个孩子找妈妈织女时两个孩子如何想念妈妈。讲完后，可观察一下宝宝的反应。

从高往下跳——综合能力训练

妈妈选择较大的游戏空间，室内和室外均可。先教宝宝儿歌“一只青蛙一张嘴，两只眼睛四条腿，扑通一声跳下水”。在念出“跳”字时，妈妈可以在地上跳一下。在室内时，将被子叠成10厘米左右的高度放在床上，让宝宝站到被子上面，模仿妈妈的样子，在儿歌念到“跳”字时，双脚起跳，跳到床上。在户外，找一个有小台阶的地方，让宝宝从台阶上跳下来，根据宝宝运动发展情况适当选择台阶的高度。

跳跃运动对骨骼、肌肉、肺及血液循环系统都是一种很好的锻炼，可以促使宝宝长得更高、更壮、更健康。另外，这种运动对淋巴系统也很有益，能够增强宝宝的免疫力。

花样走——身体协调能力训练

妈妈在地上画出一条直线、一条弧线和一条S形线。妈妈先示范走直线：双脚前后相接，即用右脚尖接左脚跟、左脚尖再接右脚跟，交互前进，注意保持身体平衡。然后鼓励宝宝模仿，如果宝宝做不到双脚前后相接，可以降低难度，按平时走路的形式把直线走下来即可。妈妈还可以提示宝宝，为了保持身体平衡可以两手向双侧平举。也可以在宝宝手上放两个小玩具，要求宝宝走直线时手上的东西不能掉下来，等宝宝熟悉后还可以走弧线和S形线。

运动智能和心智的培养、提高是紧密联系的，妈妈不能仅仅局限在身体的机械训练上，要从整体智能发展的角度出发，采用丰富多样的方式吸引宝宝积极参与，提高控制和平衡能力。学习双脚前后交替相接前进，可以有效提高宝宝行走技能，让宝宝感受行走带来的乐趣，增强独立行走信心。让宝宝从小感受挑战的乐趣能使其心态比较稳定，遇到困难不会慌乱、逃避，从容接受挑战。

树叶作画——创造性思维训练

爸爸妈妈带宝宝去户外捡拾树叶，一边捡一边和宝宝欣赏树叶的色彩和形状，最后把树叶装到袋子里带回家。妈妈在纸上画一个大树干，教宝宝用大拇指和食指合作，将大树叶撕成许多小树叶，然后用拇指和食指将小树叶一片一片地蘸上糨糊，贴在树干上。妈妈应多使用能传递正面讯息的语言赞美宝宝，如：“你用了好多的颜色，有红色、蓝色和黄色，色彩真丰富!”另外，还可以让宝宝挑出一些好看的树叶，把它压在镜框里，做成一个很好的装饰品，把它当做爸爸妈妈生日的礼物。

手的动作能力不仅是促进大脑发育的途径，更是宝宝日后独立生活的行为基础，这个游戏可以训练宝宝双手配合协调动作的能力，提高手部运动的随意性和准确性。同时也能锻炼宝宝对构图、线条、色彩的敏感性，有助于宝宝创造性思维和想象力的发展，从而培养较高的艺术鉴赏力。

跳房子——运动能力训练

爸爸在户外水泥地上用粉笔画三个房子，一个是圆形，里面写“宝宝”，一个是正方形，里面写“妈妈”；一个是三角形，里面写“爸爸”。爸爸给指令，让宝宝往相应的形状和房子里跳。然后擦掉房子里面的字，让宝宝凭记忆按照爸爸的指令跳。或者妈妈和宝宝比赛（单脚、双脚跳），看谁跳得对，跳得快。也可以在“房子”里面写上数字，教宝宝认识这些数字，并根据妈妈的指令来跳。

这个游戏能够锻炼腿部力量，增强身体灵活性，使体质得到锻炼；还能促进脑中多种神经递质活力，使大脑思维反应更为活跃、敏捷，并通过提高心脑功能，加快血液循环，使大脑享受到更多的氧气和养分，从而达到提升智力的作用。

爬过爸爸“山”——肢体协调、意志力训练

爸爸俯卧在床上，腰略拱起，让宝宝在爸爸的腿部和背部爬上爬下。多次练习后，爸爸可以用手臂支撑跪在床上，使体位抬高，引导宝宝从爸爸腿部向背部爬行。当宝宝爬到爸爸背部时，将双臂绕在爸爸的颈部，爸爸背着宝宝来回爬行，最后将宝宝从背上滑放到床上。也可以在家中准备一块较大的活动场地，让爸爸和宝宝比赛，看谁爬得快。

爬行对宝宝来说是一项较剧烈的活动，消耗能量较大，据测定：爬行时要比坐着多消耗一倍能量，比躺着多消耗两倍能量，所以宝宝能够吃得多、睡得好，从而促进身体生长发育。这个游戏可以训练宝宝的爬行和翻越能力，促进大脑的发育。攀爬的过程不仅是对体质的训练，更是对意志力的磨炼。

好人？坏人？——交际、形象思维训练

这个阶段的宝宝，已经有了好人与坏人的标准。妈妈可以把曾经给宝宝讲过的故事列出来，比如《白雪公主》、《三只小猪》、《小兔子乖乖》等，再把故事中的人物列出来，白雪公主、小矮人、王后、王子、猪老大、猪老二、猪老三、大灰狼、小兔子等，逐一让宝宝说出“谁是好人，谁是坏人”。宝宝大体上不会弄错。有时故事中没有好坏人之分，只有聪明人与笨人之分，或者是其他方面的区别，但宝宝也能区分大体形象。在宝宝心目中，好人应当得到帮助。

道德标准是抽象的，宝宝从日常生活中、妈妈的评论中和故事中总结了一个模糊的标准，需要妈妈在具体情况下更正。经常同宝宝讨论每一个故事或每一件具体事，使宝宝的想法与妈妈接近，这就是耳濡目染的道德教育。

绕过障碍物——肢体协调、人际关系训练

在间隔较长的距离摆放积木，让宝宝在不碰撞积木的前提下，走过积木障碍。等宝宝熟悉游戏规则后，可以缩短积木之间的距离，以及延长障碍物的长度。让宝宝用同样的方法走过积木所制成的细长途径。

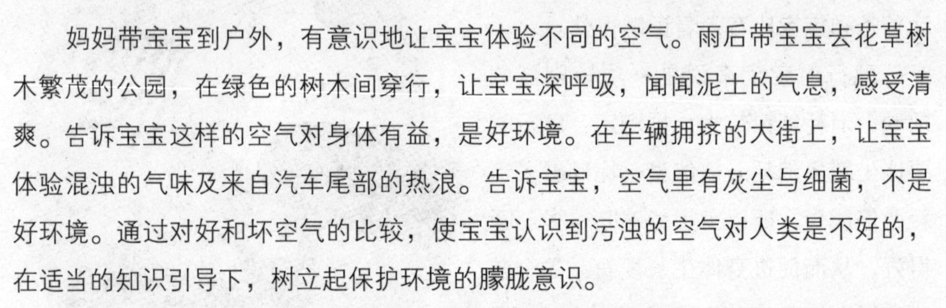

空气的味道——综合性训练

妈妈带宝宝到户外，有意识地让宝宝体验不同的空气。雨后带宝宝去花草树木繁茂的公园，在绿色的树木间穿行，让宝宝深呼吸，闻闻泥土的气息，感受清爽。告诉宝宝这样的空气对身体有益，是好环境。在车辆拥挤的大街上，让宝宝体验混浊的气味及来自汽车尾部的热浪。告诉宝宝，空气里有灰尘与细菌，不是好环境。通过对好和坏空气的比较，使宝宝认识到污浊的空气对人类是不好的，在适当的知识引导下，树立起保护环境的朦胧意识。

宝宝的嗅觉发育与视觉、听觉、味觉、触觉等感觉统合的发育同样重要，感觉统合影响着宝宝的身体和心理发育，因此，适当的刺激将有助于宝宝身心健康的发展。

雨中漫步——感受自然

下小雨时可以带宝宝到小区的绿地或楼下的院子，让宝宝看看雨点打到伞上的样子，听听雨点打在伞上的“啪嗒啪嗒……啪啪啪……啵啵啵……”以及观察在地面上溅起的小水花声。

一片树叶，几颗石子，几根青草，一种景象，在雨中都会呈现出不同的面貌。妈妈要把这些美景指给宝宝，引导宝宝去观察。等雨停后让宝宝在小水塘里踩一踩，把花草树叶上的雨水撸下来，再挖条小水渠让积水排到沟里去。也可以把室内的花盆端到室外淋淋雨。

在哪只手里——空间、视觉能力训练

妈妈准备一个能放进手掌里的小玩意。在宝宝面前摊开手掌，让宝宝看见掌心里的小物件，然后妈妈将双手攥成拳头藏在背后，接着再把两双手从后面伸到前面来，让宝宝猜猜那个小东西在哪只手里。慢慢打开他选择的那只手，如果选错了，就重来一次。如果选对了，宝宝会高兴地大笑，妈妈亲亲宝宝，并把小物件交给宝宝玩。也可以玩一个小花招，悄悄地把玩具放在背后，哪只手里都不会有。头几次他会很吃惊，但是很快他就会想出来玩具在哪儿，跑到妈妈背后去找。让宝宝藏，妈妈猜，每次无论猜得对还是猜错，都要记得表达出高兴或沮丧的神情。

由于宝宝观察的稳定性不强，需要经常变换方式，所以家长应创设条件让宝宝通过眼看、耳听、鼻闻、嘴尝等多种方式观察事物、认识事物，培养宝宝从多个角度来观察事物的习惯。同时，要引导宝宝把所见、所闻、所触用清晰、准确的语言表达出来。

最初的“山水画”——艺术、想象力训练

宝宝用笔画直线时经常会出现一些“小小的颠簸”，妈妈可用欣赏的口吻

说："像江河里的水。"并让宝宝多画几次。如果宝宝画的坡度较大，妈妈则可以说："宝贝看，像不像小山坡？"宝宝会感到"这支笔真有用"，可以用来画山和水。妈妈可以示范在纸的中间画出一两个山峰，在纸的上方或下方再画一两个山峰，问宝宝："像不像远一些和近一些的山峰？"妈妈在更近的山峰下面添上几排"小小的颠簸"，如同河水那样，就成了山水画了。宝宝会很高兴地模仿，有时画得还真有点像呢。

第一首歌——音乐才能训练

妈妈一定有一首经常唱给宝宝听的歌，比如《小燕子》。在妈妈再次哼唱这首歌时，对宝宝说："妈妈教你唱《小燕子》好不好？"事实上，由于妈妈经常唱，歌词宝宝早就记住了。妈妈可以一句一句地唱，让宝宝跟着学。由于宝宝音域有限，可能会唱不准，但只要是他在唱，妈妈就要表扬。对于唱不出来的部分，宝宝可能会把歌词说出来，或者喜欢加上动作，使人听出他唱的是什么歌。

第三篇　2～3岁

智力开发要趁早

第一章 25～30个月的育儿细节

细节1 得到的爱越多，性格越好

父母的性格、身体情况、心理状态、夫妻关系、社会和经济地位、压力程度等因素，在和宝宝天生的气质、健康程度、社会性相互作用的过程中，宝宝的性格逐渐形成。

宝宝在婴儿期和父母形成的依恋程度，决定了宝宝对外部社会的态度，同时对宝宝的性格发育也起着至关重要的作用。也就是说，稳定的依恋关系有助于宝宝形成对他人的信任感和对自身的正确认识。因此，在培养宝宝良好性格的过程中，父母一定要充分发挥作用。

细节2 自我意识和占有欲形成的时期

宝宝在练习走路的同时逐渐产生自我意识，开始明白妈妈和自己属于不同的个体，可以不用按照妈妈的意思去行动。也正是从这时起，宝宝开始尝试着不依靠妈妈去做自己想做的事情，探索、操控新事物的能力以及占有欲开始发展。最常见的是，玩一个玩具变成了你争我夺的大事情，有时还会发生宝宝把别人的玩具藏到自己书包里的事情。

遇到这种情况时，父母可能会担心自己的宝宝有小偷小摸的倾向，或者是因为缺少关爱才出现类似行为。其实这是情绪发育过程中的正常现象，因为宝宝的注意力逐渐从自己和妈妈身上转移到小朋友和别人拥有的物品上了。只是他还不懂不能拿别人的东西的道理，也不知道自己的东西应该和大家分享。

细节3 好斗是过于活泼的表现

2岁大的宝宝如果好斗，不要忙于制止，要先想一想问题的原因。因为这一时期宝宝表现出的暴力倾向往往是无意识的，最常见的原因可能是宝宝性格过于活泼。活泼的宝宝平时动作幅度比较大，做事可能不太细心，如走路的时候经常会碰到边边角角，玩登高游戏的时候经常会踩到其他小朋友等。如果天性活泼的宝宝和他人发生争执，父母不必严加指责，因为宝宝受到逆反情绪的影响，性格反而会向暴力方向发展。

细节4 讨厌去幼儿园

有的宝宝不愿意上幼儿园，不是讨厌离开妈妈，而是讨厌幼儿园生活。此时，妈妈就要确认是什么原因让宝宝感到上幼儿园是很困难的事情。如果是幼儿园在运营理念上太注重学习或者老师的资质有问题，可以考虑给宝宝换一家幼儿园。但是，最好提前判断宝宝是否会适应新的幼儿园。

如果是因为宝宝很难遵守幼儿园的规定，如性格活跃、散漫、注意力容易分散的宝宝可能会讨厌在卫生间门口排队、上课时要保持安静等要求，则不能因为宝宝不喜欢被约束就放弃对宝宝进行遵守社会规范的教育。最好告诉宝宝为什么需要规则，如果不遵守规则会怎样等。通过这样的过程，帮助宝宝从家庭这个狭小的空间里走出来，熟知社会生活所必需的行为准则。

细节5 对宝宝必须有问必答，有助于语言能力发育

2岁宝宝会经常说“这是什么呀？”“为什么呀？”等，即便宝宝总是重复提出同样的问题，大人也要给予认真的解答。这样宝宝才会感到被尊重，好奇心也才会得到发展。同时在这一过程中，父母还能帮助宝宝提高语言能力，宝宝通过不停地提问和倾听父母的回答，每天可以熟悉5～6个词，对宝宝的智力发育大有益处。

细节6 父母关系和谐，宝宝社会性获得成长

在这个阶段，对宝宝社会性影响最大的是父母。只有得到父母充分疼爱的宝宝，才会在与父母依恋关系的基础上结交朋友。另外，通过观察父母如何相互沟通、协商意见，宝宝会学习到如何和朋友相处。相反，如果父母每天都吵架，却要求宝宝与朋友友好相处，宝宝会很感到困惑。所以当父母发觉宝宝社会性方面出现问题的时候，首先要反省一下自身情况。

细节7 鼓励好奇，制止无礼

宝宝不仅在陌生的环境里会充满好奇心，即使在熟悉的环境中也会寻找新鲜事物，尝试进行新游戏。比如大人说话的时候宝宝突然插嘴提问，或者宝宝对于第一次看到的东西都想摸摸看等。成年人出现这样的行为是属于注意力分散，但如果是发生在宝宝身上，不过是他通过各种方法体验成功或者失败，尝试了解新事物的过程。因此父母对于这种注意力分散要有一定程度的宽容。

但是父母对宝宝不礼貌的行为则不能放任不管，应该关注宝宝不合礼仪的行为。教导宝宝在别人交谈的时候，应该等别人讲完后再说出自己的想法；对物品有好奇心、想触摸时必须得到爸爸妈妈的许可。

细节8　如果非语言性的沟通能力正常，就不用担心

如果宝宝虽然不太会说话，但能用眼睛与人对视，还能模仿别人的行为，并通过手脚动作等非语言方式与人自由沟通，就不用太过担心。这说明宝宝听得懂大人的语句，更多只是还不能用语言表达而已。这时，父母只要再增加一些语言上的刺激，给宝宝一些时间，他就会自己打开语言的闸门。因此，宝宝用非语言方式表达自己的心情和意思的时候，妈妈要积极地予以回应。

相反，如果宝宝这种非语言性的沟通存在问题，那么就有可能患上了自闭症等发育障碍疾病，需要去医院进行专科诊断。

细节9　压力是宝宝长时间口吃的原因

暂时性的口吃一般会随着宝宝的成长得到解决。但是如果宝宝口吃的次数越来越多，持续时间越来越长，则要考虑宝宝是不是由于压力原因才出现口吃的情况。比如父母是不是将自己的宝宝和别家宝宝相比较，并说出了伤害宝宝自尊的话？是不是听了周围人的话强迫宝宝学东西？是不是为了培养宝宝的社会性一厢情愿地带宝宝出去“社交”等。如果父母对这种问题放任不管，宝宝的人生态度可能也会变得消极，进而发展成事事都要依赖父母。

细节10　不要指责宝宝口吃

宝宝口吃的时候，有些妈妈为了帮助宝宝会试图对宝宝进行指点，纠正他说话中的每一个错误。对于这个时期的宝宝来说，强迫他们培养正确习惯的做法是徒劳无功的，特别是像学习说话这样需要认知能力的事情更是如此。而当父母指责口吃的时候，宝宝则会对“自己有口吃”这一事实加深认识，口吃的情况可能会更加严重。

所以宝宝开始说话时即使有些口吃也不要打断，而要让他把话说完。对宝宝来说，把自己想说的话完整地说出了比什么都重要。只有这样，宝宝才能产生自信心，掌握表达思想的方法。

细节11 纠正宝宝不合理的进食方式

在人的生命过程中婴幼儿时期的营养决定了其一生的身体形态、智力发育、生存能力以及寿命长短。所以，宝宝的科学喂养尤其重要，父母要改正宝宝不合理的进食方式，让他健康成长。

不要过分要求吃饭速度

由于宝宝的胃肠道发育还不完善，胃蠕动能力较差，胃腺的数量较少，分泌胃液的质和量均不如成人。如果在进食时能充分咀嚼，在口腔中就能将食物充分地研磨和初步消化，从而减轻下一步胃肠道消化食物的负担。这样就能提高宝宝对食物的消化吸收能力，保护胃肠道并促进营养素的充分吸收和利用。

不要饮食无度

对宝宝过分迁就，宝宝要吃什么就给什么，要吃多少就给多少，结果引起积食及肥胖。为避免上述状况的发生，父母应严格控制宝宝的饮食，使宝宝的饮食根据生长发育的需要来供给，每餐进食量要相对固定，品种要丰富，营养要均衡。

不要饮食无时

宝宝饮食不定时容易造成宝宝消化功能紊乱，生长发育需要的营养素就得不到满足。因此宝宝要从小就养成良好的饮食习惯，进食定时、定量，以一日三餐为正餐，早餐后2小时和午睡后可适当加餐，但也要定量。

睡前不要吃得过多

宝宝睡觉前吃东西常会使食物来不及消化而储存在胃里，导致胃液分泌增多，让本应夜间休息的消化器官被迫继续工作。这样不仅影响睡眠质量，而且易积存能量，容易导致肥胖。因此，宝宝在睡前1小时之内最好不要吃东西。

不要饭后立即喝水

不但饭前不宜让宝宝喝水，饭后给宝宝喝水的做法也不符合健康原则。因为胃肠道在进食时会条件反射分泌消化液，如牙齿咀嚼食物时嘴里就会分泌出大量的唾液，胃里分泌大量的消化酶，这些消化液与食物的碎末混在一起把食物的营养素消化吸收进血液里，向全身各个组织器官提供营养。如果宝宝刚吃完饭就让他喝水就会将消化液稀释，减弱消化液的活力，影响消化吸收，甚至会造成消化不良。

细节12 让宝宝从小爱上蔬菜

蔬菜不仅含有丰富的营养，而且它还能在咀嚼中给宝宝提供丰富的口感体验。国外饮食心理方面的专家研究认为，蔬菜有鲜脆、辛烈、清苦等诸多滋味，会与宝宝日后形成良好的性格及很强的环境适应能力有密切的关系，拒绝蔬菜的宝宝往往有不愿意接受周围环境的倾向。

一般而言，幼年时对食物的种类尝试得越多，成年后对事物的包容性就越大，适应环境的能力也就越强。因此，父母不可以在宝宝吃蔬菜的问题上听之任之，而应在平时多给宝宝提供各种不同的蔬菜，让宝宝从小就爱吃蔬菜。

告诉宝宝多吃蔬菜的益处

不失时机地告诉宝宝多吃蔬菜有什么好处，不吃蔬菜会导致什么不好的结果，并有意识地通过一些故事、图片让宝宝知道多吃蔬菜会使他的身体长得更结实，更不容易生病。

为宝宝做榜样

父母应带头多吃蔬菜，并表现出津津有味的样子，千万不能在宝宝面前议论自己不爱吃什么菜、什么菜不好吃之类的话题，以免对宝宝产生误导。

激励宝宝多吃蔬菜

通过激励的方法鼓励宝宝吃蔬菜，当宝宝吃了蔬菜后应给予表扬、鼓励，以增加宝宝吃蔬菜的积极性。

不强制宝宝吃不喜欢的蔬菜

有辣味、苦味的蔬菜不一定非强制宝宝去吃，包括味道有点怪的茴香、胡萝卜、韭菜等，以免让宝宝产生反感情绪。

注意改善蔬菜的烹调方法

给宝宝做的菜应该比为大人做的菜切得细一些、碎一些，以便于宝宝咀嚼，同时注意色、香、味、形的搭配，以增进宝宝的食欲。也可以把蔬菜做成馅，做成包子、饺子或小馅饼给宝宝吃，宝宝会更容易接受。

父母千万不要为了让宝宝吃蔬菜就轻易地向他许愿，这样会使他认为吃蔬菜是一件很苦的差事。正确的做法是培养宝宝对蔬菜的兴趣，对蔬菜产生美的感官认识。父母可通过让宝宝和自己一起择菜、洗菜来提高他对蔬菜的兴趣，如让宝宝帮妈妈洗黄瓜、西红柿等，这会让他觉得很有趣。吃饭时可以向同桌的人推荐吃宝宝动手加工的蔬菜，这会让宝宝有成就感，从而使宝宝逐渐亲近蔬菜。

细节13 防止宝宝食物过敏

食物过敏是指食物中的某些物质（多为蛋白质）进入了体内，被机体的免疫系统误认为是入侵的病原，进而发生了免疫反应，在婴幼儿中发病率较高。当宝宝发生食物过敏时父母不要太担心，应保持高度警觉，细心观察，并配合医生的治疗与建议，找出可能的过敏源，这样才能让宝宝远离食物过敏。

容易引起过敏的食物

最常见的易引起过敏的食物是异性蛋白食物，如螃蟹、大虾，尤其是冷冻的袋装加工虾、鳝鱼及各种鱼类、动物内脏。另外，有的宝宝对鸡蛋尤其是蛋清也会过敏。

有些蔬菜会引起过敏，如豆类（扁豆、毛豆、黄豆等）、菌藻类（蘑菇、木耳等），以及吾菜、韭菜、芹菜等香味菜，在给宝宝食用这些蔬菜时应该多加注意。特别是患湿疹、荨麻疹和哮喘的宝宝一般都是过敏体质，在给这类宝宝安排饮食时则要更为慎重，应避免宝宝摄入致敏食物，导致疾病复发和加重。

对食物不适应不等于食物过敏

食物不适是指对于吃下去的食物，身体内的酶无法正常予以处理、消化、分样，因而产生某些症状。比如，有些宝宝只要喝到牛奶和牛奶制品就会发生腹胀、腹痛、腹泻，主要是因为身体缺乏分解乳糖的酶，一般只要牛奶喝的量少就不会发生。

预防食物过敏的措施

通过对食品进行深加工去除、破坏或者减少食物中过敏原的含量。例如，可以通过加热的方法破坏生食品中的过敏原，也可以通过添加某种成分来改善食品的理化性质、物质成分，从而达到去除过敏原的目的。

避免摄入含致敏物质的食物是预防食物过敏的最有效方法。如果宝宝是单一食物过敏，应将其从饮食中完全排除，用不含过敏原的食物代替；而对于多种食物过敏的宝宝，则要请营养师进行专门的营养指导。一旦发现宝宝对哪些食物有过敏反应，应立即停止食用。对于会引起过敏的食物尤其是过敏反应会随着年龄的增长而消失的食物，一般建议每半年左右试添加一次，量由少到多，看看症状是否减轻或消失。

细节14 不宜吃膨化食品

膨化食品属于高油脂、高热量、低粗纤维的食品，长期食用会造成油脂、热量摄入高，粗纤维摄入不足。而宝宝大量食用膨化食品不仅会影响正常饮食，导致多种营养素得不到保障和供给，易出现营养不良；而且由于膨化食品普遍高盐、高味精，将会导致宝宝成年后易患高血压和心血管病。

在膨化食品制作过程中会有微量的铅进入到食品中。一般来说，食用低剂量的铅造成的危害通常叫做“无症状的损伤”，主要表现为注意力低下、记忆力差、多动、容易冲动、爱发脾气等等。如果剂量比较大，中毒的程度比较深，就会严重危害到宝宝智力的发育和神经系统的健康。因此建议家长少给宝宝吃膨化食品。

细节15 多给宝宝吃健脑食物

所有的父母都有一个共同的愿望，就是让自己的宝宝变得聪明伶俐。宝宝的大脑发育，除了先天因素外，后天的营养也与智力发展有着密切的关系。宝宝从出生到两岁之间是大脑发育的关键时期，如果营养充足就能保证和促进大脑的发育，反之则会影响和阻碍脑的发育。

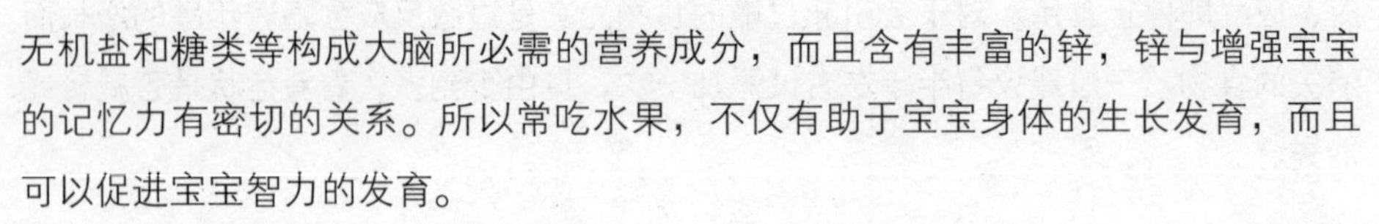

动物内脏、瘦肉、鱼

动物内脏、瘦肉、鱼等含有较多的不饱和脂肪酸及丰富的维生素和矿物质，是健脑的理想食物来源。

水果

水果不但含有多种维生素、无机盐和糖类等构成大脑所必需的营养成分，而且含有丰富的锌，锌与增强宝宝的记忆力有密切的关系。所以常吃水果，不仅有助于宝宝身体的生长发育，而且可以促进宝宝智力的发育。

坚果类食物

坚果类食物含脂质比较丰富，如核桃、花生、杏仁、南瓜子、葵花子、松子等均含有对发展大脑思维、记忆和智力活动有益的脑磷脂和卵磷脂等。

豆类及其制品

豆类及其制品含有丰富的蛋白质、脂肪、碳水化合物及维生素A、B族维生素等。尤其是蛋白质和必需氨基酸的含量较高，尤其以谷氨酸的含量最为丰富，它是大脑赖以活动的物质基础。

食用健脑食物的注意事项

健脑食物应适宜于宝宝的消化吸收。只有能够消化吸收才能使大脑得到营养，否则不但达不到健脑的目的，反而易损伤宝宝的消化功能。

健脑食物应适量、全面，不能偏重于某一种或是以健脑食物替代其他食物。食物摄取要广泛，否则容易导致宝宝营养不全，甚至营养不良。

健脑食物的种类及数量应逐步添加，食物种类全面不等于毫无节制，要注意宝宝的特殊进食心理和尚未完善的消化机能，避免宝宝消化不良。

均衡食用酸类食品和碱类食品。酸类食品如谷物类、肉类、鱼贝类、蛋黄类等的偏食，易导致记忆力和思维能力减弱，故应与碱类食品如蔬菜、水果、牛奶、蛋清等科学搭配，均衡食用。

细节16 为宝宝创设合理的生活环境

首先要为宝宝布置一个适度刺激的环境，比如有意识地给孩子一些粗细、软硬、轻重不同的物品，使其经受多种体验。其次要注意给宝宝布置的生活环境中玩具不要太多、太杂，造成“刺激过剩”，反倒会使孩子无所适从，导致孩子兴趣不专一，注意力不易于集中，也不利于培养宝宝有条理的习惯。

另外，不要剥夺孩子尽可能多地探索环境的机会，因为这一时期的宝宝会在家里爬上爬下，找东找西。大人不能因为怕孩子把家里的东西搞乱，就把零散东西收拾起来。父母除了要把危险、不安全的因素“收”起来外，还应该有意识地给孩子提供一些不同的、有趣的物品。宝宝也会怀着好奇心和兴趣去摆动各种物品，从中探索到各种物理知识和心理体验，这对发展孩子的智力也是很有利的。

细节17 保护宝宝的视力

在外界环境光线的不断刺激下，宝宝的视力在逐渐发展。宝宝处于生命的起点，用眼的时间还有很长。一旦“心灵之窗”出现问题，就会使宝宝的身心遭受痛苦。所以父母应该注意保护宝宝的视力，不要因为粗心让宝宝很小就戴上眼镜。

视力异常的检查方法

为了早期发现宝宝是否视力异常，父母可以自己做一些简单的试验，如分别遮住宝宝的一只眼，让他看眼前0.5～1米处的一张画片。如两眼分别看时都能讲述画片的内容，说明两眼视力相似，无明显的视力下降；当用某一只眼看画片时，常说错画片内容，或此时宝宝变得很烦躁，急于打开被遮盖的眼，则可能未遮盖眼视力下降。此试验需反复做几次，并要注意所用画片的内容应是宝宝所熟悉的。

宝宝可能出现的主要视力问题有屈光不正和弱视等。如果宝宝视力不佳会有一些征兆，如看东西时靠得很近，惯性眯着眼睛看东西。

饮食对视力的影响

在饮食上不能任凭宝宝的喜好而偏食，因为血液的酸碱度常受食物种类的影响。当宝宝偏食而使血液呈酸性时，眼部组织的弹性和抵抗力会下降，容易形成近视。而且，过多地摄入甜食，不仅会因缺钙而导致眼球弹性下降促使近视发生，而且糖分过多还会造成体内维生素B_1的不足，从而影响视神经的发育。

强光下的防护

外出时，如果光线强烈可以给宝宝戴上一副质量可靠的儿童遮阳墨镜，但父母需要注意的是不要因为宝宝觉得戴墨镜好玩就在阴暗处或室内也戴着不摘掉，这样同样会使视力受到损伤。

眼内进异物的处理

当异物进入宝宝的眼睛里时，先阻止他用手揉，然后将宝宝的上下眼睑轻轻翻开，并用嘴小心将异物吹出。有条件的话，可用生理盐水将异物直接冲出来，也可以滴入眼药水，促使异物随药水和眼泪一起流出来。一旦异物出来后，应坚持滴眼药水或涂眼药膏以防止继发感染。

细节18 教宝宝认识自己的身体

宝宝一点点长大时，父母会注意到宝宝渐渐地对自己身体的每个部分都感兴趣，他喜欢拿自己的身体和父母的身体作比较，如“我的脚丫小”或“妈妈的脚丫大”。这些行为是宝宝开始探索自己身体的表现。在这个时期，宝宝需要通过认识自己的身体，从中了解自己并建立自我认同感。

身体游戏

这个阶段父母应该逐步地教宝宝说出身体每个部位的名称，如“这是鼻子”、“这是耳朵”、“这是嘴巴”，让宝宝与其他人比较身体，如“这是宝宝的鼻子，那是哥哥的鼻子，每个人都有一个鼻子，但每个人的鼻子都长得不一样”。

特别的照相机

准备一面小镜子和一架照相机。先让宝宝照镜子仔细观察自己的眼睛，问问宝宝“眼睛里面和外面有什么？”然后对照着照相机，让宝宝了解眼睛的功能：眼睛里的眼珠就好比是照相机的镜头，可以让我们看到外面的东西；眼睛外面的眼睑（眼皮）就好比是照相机的镜头盖，以保护眼珠，不让灰尘进入眼睛，还能让眼睛休息。还可与宝宝讨论如果眼睛看不见会怎样？此时可以用布蒙上宝宝的眼睛，让他体验眼睛看不见所带来的不便。

胃的工作

取一个透明的塑料袋，放入若干饼干、碎面包块等，然后倒入饮料，将袋口用橡皮筋扎紧，比作装满食物的胃。让宝宝用双手揉捏挤压塑料袋，并观察袋中食物的变化，从而让宝宝了解胃的功能。还可以和宝宝讨论胃中的食物太多好不好？太少好不好？以帮助宝宝理解人需要正常且适量地进食。

肠的吸收

准备一个空塑料瓶，从瓶盖的下端起至瓶底沿瓶壁纵向剪成船状，比作肠的一段。在瓶的内壁垫上几层纸巾，然后让宝宝将前一实验中塑料袋内的食物存放在瓶中。过一段时间后观察到原来液体的食物变干了，水分被周围纸巾吸收了，让他了解肠有吸收食物中的营养与水分的功能。同时可以问宝宝：“如果一连几天不大便会怎样？”然后告诉宝宝如果几天不大便，大便会变得又干又硬，影响健康。

细节19 正确对待左撇子宝宝

提高左撇子宝宝的自信

很多左撇子的宝宝会觉得自己和别人不同，容易产生自卑心理。父母应让宝宝了解左撇子是一种正常的生理现象，只要左撇子能发挥自身的长处，就有可能成为杰出的人物。平时，父母对左撇子宝宝要特别注意安全教育和适应能力的培养，让宝宝体会到个人优势及父母的关爱。

很多父母为宝宝习惯用左手而烦恼，因为生活中的绝大多数用具都是为习惯用右手的人群设计的，这对左撇子宝宝来说确实会造成一些困难和不便。但是，

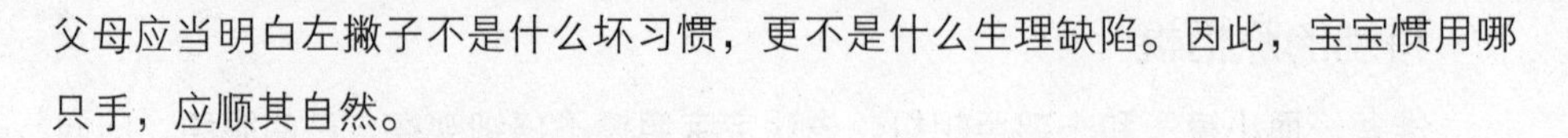

父母应当明白左撇子不是什么坏习惯，更不是什么生理缺陷。因此，宝宝惯用哪只手，应顺其自然。

习惯用哪只手来自遗传

绝大多数宝宝惯用手的习惯是家族遗传的。比如，父母中有人是左撇子，宝宝习惯使用左手的机会也就相对提高。从研究数据来看，大部分惯用左手的宝宝都可以从亲属中找出相同习惯的长辈。

不要强迫宝宝使用右手

2岁左右的宝宝使用左手或右手的习惯已经很明显了，当父母发现宝宝比较擅长使用左手时应让宝宝顺其自然。千万不可以强迫宝宝一定要用右手，或以言语不断地纠正，那样做容易造成宝宝害怕、有挫败感，变得不喜欢动手操作。而且长时间让宝宝处于挫折与无助感中，容易造成宝宝说话结巴、神经紧张、情绪不安等。

多刺激不常使用的那只手

不管宝宝是常使用右手还是左手，父母都要多刺激宝宝不常用的那只手，左撇子的宝宝可以让他学着用右手捡球；同理，惯用右手的宝宝可以学着用左手捡球。因为在双手操作中可同时刺激宝宝左脑和右脑的活动，多刺激脑部活动对宝宝的发展有相当大的帮助。但是遇到宝宝要操作精细动作时，例如吃饭、画图等就不要强迫宝宝一定要右手写字、左手做事了。

细节20 孩子的数学教育训练

培养孩子的数学思考和运算能力是刺激婴幼儿大脑神经元发展的最佳途径。父母可以将数学的概念尽可能趣味化，而且尽量减少孩子在学习过程中的压力。孩子的天性是好奇，要和孩子“玩”数学而非“教”数学，只有这样才能为他以后的正规训练打下基础。

经常向孩子提问

父母要善于抓住时机，教育孩子多开动脑筋做算术。例如，当孩子要求父母买一些小甜饼时，父母就可以趁机提问题：“你看，我买了4盒小甜饼，如果你和朋友每人吃了1盒，那么还能剩下几盒呢？”鼓励孩子自己得出答案。每次回答是否正确不是特别重要，重要的是要让孩子一步一步学习计算的过程。

数字之旅

当父母带着孩子逛街、远足或外出旅行时，让孩子看着道路的标示牌、店铺的招牌和广告牌，看见了数字就大声地读出来。这样一来，孩子在进入幼儿园之前就能够有数字的概念。另外还可以在排队时数数队列里的人数，在回家的路上数数梧桐树的数目，或者上楼时和孩子一起数数楼梯的台阶。

儿歌里的数字

父母需要挑选一些带有数字的儿歌和童谣教给孩子，例如：“我说1，1张纸来1支笔，学习数学做练习，都要用到纸和笔。我说2，身上长着多少2？左边右边数一数，眼睛、手脚和耳朵。”这些带数字的儿歌给了孩子基本的数字概念，让他了解到学数学不单是做题目和上课，在游戏和唱歌时也可以学到数学知识。

问候电话

在节假日里，父母可以列出一张朋友和亲戚的电话单子，依次给他们打个问候电话。父母可以拿着单子念号码，由孩子拨通电话。当然，父母也可以和孩子换一下分工，由孩子大声地念出单子上的电话号码，父母负责拨电话。或者父母可以在平时多注意，让他记住家里的电话和爷爷奶奶家的电话，训练孩子记忆不规则的数字组合。

细节21 培养宝宝懂礼貌

很多父母看到别人家的宝宝乖巧又有礼貌，很是羡慕，其实自家的宝宝也可以这样的。父母应马上行动起来，积极而又耐心地培养宝宝的礼仪观念。

学会打招呼

宝宝回到家，要对父母说“我回来了”，出门时要说“我出去了，妈妈（爸爸）再见”。教会宝宝第一次后，督促宝宝做第二次、第三次，久而久之宝宝的好习惯就养成了。

学会礼貌用语

宝宝学说话时，父母就可以教宝宝“你好”、“谢谢”等礼貌用语，并在平时的日常生活中教会宝宝学会使用这些礼貌用语。

学会良好的行为

在家时父母应训练宝宝说话时不要大声喧哗、说话要清楚；与大人讲话时要看着对方的眼睛；当大人正在谈话时宝宝不要随便插嘴；坐的姿势要端正，站立的时候不能东倒西歪。

学会待客

有客人来家做客时正是父母训练宝宝礼貌待客的好机会。客人进门，宝宝甜甜地问声好，将客人领进来。稍大一点的宝宝，妈妈可以让他摆摆糖果、放放饮料等。如果有宝宝的小客人来访，大人除了热情招待外，还要让宝宝自己学做小主人，领着小朋友到处看看，拿出心爱的玩具和小客人一起分享。

学会和小伙伴相处

小朋友有自己的交往方式，懂礼貌的小朋友见了面会拉拉小手，碰碰身体，点点头。碰到矛盾，大人要引导宝宝与小朋友一起商量，学会自己解决问题的方法和交往的法则，这样宝宝与他人交往起来才会觉得很轻松。

学会做客

宝宝出门做小客人时也是训练宝宝礼貌的好时机。出门前，父母要先和宝宝定好目标——做个受人欢迎的小客人。父母应先告诉宝宝到谁家、如何称呼主人。如果是节假日，鼓励宝宝想一些祝福的话。要是主人家也有小朋友，可以让宝宝准备一件礼物送给那家的小主人。

学会礼貌用餐

餐桌上最能看出宝宝有没有礼貌了。父母应教宝宝饭前要洗手，不能随便乱跑。要教育宝宝在餐桌上不可挑食，也不能将东西随便乱吐，更不能在吃饭时随便说话或者乱搅饭。

细节22 怎样让孩子更听话

很多父母总是抱怨自己的孩子不听话，总是把所有的责任都归咎在孩子的身上，其实有时并不是孩子不肯听父母的话，而是父母没掌握好和孩子说话的技巧和方式。

建立良好的关系

父母如果想让孩子合作点，就应该把重心转到培养彼此的关系上来。当父母总是唠叨着孩子所犯的小错误的时候，父母和孩子都会因此而倍感挫折，父母感到自己不是个称职的妈妈或爸爸，孩子也感到总是不能自己做好一件事。

因此，父母最好每天都尽量给孩子正面的评价。比如："你挑选了一种很特别的颜色画画!""你对待你的娃娃真温柔啊!"另外，无论工作如何忙碌，父母每天都要花一定的时间陪伴孩子，陪他做他喜欢做的事情。

做一个鼓励者

父母可能会因为担心孩子而不厌其烦地告诉他做事情的每一个小细节，但是这样监控他的人生，其实是对他能力的质疑。因此，父母应该尽可能地让孩子独立完成一些小事情。父母可以在这个过程中稍微用一些简单的句子或小提示帮助他解决问题。当孩子完成一些事情，哪怕是极小的事情时，也要适当地鼓励他，这都会增加孩子的自信心。

时刻保持冷静

当父母让孩子关电视，而他却屡劝不听的时候，父母可能会恼羞成怒，对他大吼。但是，父母迟早会发现暴力或者怒火是不能让孩子跟你合作的。这只会让你更加愤怒，让孩子对你更加抗拒。

因此，父母必须很好地控制自己的情绪，不要轻易向孩子宣泄愤怒和沮丧。当孩子跟父母发小脾气的时候，父母不能发火；相反，应该冷静地告诉他他做了什么不对的事情，并且给他另外一个选择。

避免用有负面意义的语气说话

不能用“我命令你……”、“我警告你……”、“你最好赶快……”、“限你在5秒钟内……”、“我数一、二、三……否则……”、“你应该……”、“你真笨”、“你好坏”、“你太让我失望了”、“不可以……”等带有指挥、命令、警告、威胁、责备、谩骂、拒绝等有负面意义的语气和孩子说话。

共情的方式

孩子虽然小，但是他跟成人一样需要理解。因此，表达父母对他的理解是非常重要的。以看电视为例，如果父母不是强行制止孩子看电视，而是先表达对他迫切想看动画片的这种心情的理解，那么事情可能就不会那么糟糕了。

顺势诱导的方式

孩子是最现实的，他只关注他当下正感兴趣的事情，所以如果强烈阻止他，他就会激烈地反抗。因此，当父母的要求跟孩子的欲望发生冲突的时候，父母可以采取相对比较柔性的方式顺着他的期望进行，然后再帮助他转弯。

比如孩子特别喜欢吃糖，见到糖就迈不开步，这时候强行抢下他手中的糖果可能会让他哭闹不休，最终不可收拾。不如干脆就把糖剥了给他吃，并且顺着他的想法来说：“糖很甜，吃多了糖，牙就坏了，然后我们就要去医院看医生，医生就会拿一把大钳子，使劲地把我们的牙拔掉。哇，天哪，拔牙可痛了。你还记得那本《鳄鱼伯伯牙医伯伯》吗？鳄鱼去拔牙的时候是不是吓坏了？”采用这种诱导方式会比粗鲁地制止更加有效。

停止说教，让孩子自己体验对与错

没有比亲身体验更能说服孩子的了，很多时候父母把不能做某件事情的道理已经说得很明白了，可孩子还是不听，仍然按照自己的意志去做。这时候，过多的说教是毫无意义的，不如干脆停止说教。他想要那么做，没有关系，只要没有危险，就可以让他自己去体验一下这么做的后果。一旦孩子体验到确实是他自己错了，下次就不会再这么做了。

细节23 宝宝有独占意识怎么办

这个阶段的宝宝会产生明显的以自我为中心的意识，往往是从“我”出发，而不知道还有“你”、有“他”、有别人，因而导致了独占行为的发生。这与“自私自利”有着本质区别。

形成独占意识的客观原因

随着家庭经济收入的普遍提高，宝宝在经济上往往得到最优先、最可靠的保证，一些父母不惜一切代价投资于宝宝智力的发展，而忽略了道德品质的培养，因此造成了宝宝缺乏经常和别人分享食物、玩具的愉快体验，久而久之便产生了唯我独尊、独占一切的思想。另外，有些父母总怕宝宝吃亏，无论什么事都把自己的宝宝放在第一位，殊不知这样做只会损害宝宝的良好性格与品德的形成。

培养宝宝的谦让意识

培养宝宝的谦让意识，让宝宝了解集体与个人的关系，把自己从“我”的概念中摆脱出来。应该让宝宝从小懂得大家生活在一起，他需要的别人同样也需要，别人同样有享受的权利，不能一人独占，要想着别人。例如，吃东西时让宝宝学会愉快地把大的、好的给爷爷奶奶、爸爸妈妈，把小的、不好的留给自己，使他懂得谁最辛苦谁就应该得到更多，自己不是家庭中的“功臣”。

注重言传身教

模仿是宝宝的天性，因此成人应该在日常生活中潜移默化地对宝宝施以积极的影响。比如，带宝宝坐公共汽车时，父母在车上看见年迈的老人和抱小孩子的妇女要主动起身让座。这虽然是生活中的小事，但在宝宝幼小的心灵中却巩固了尊老爱幼和谦让的意识。

让宝宝真正懂得谦让

通过多种手段和途径，使宝宝学会谦让的语言和动作，以促进宝宝的谦让行为。由于宝宝年龄小，所接受知识和生活经验的局限，语言发展不成熟，不能完整地表达谦让的意思，他常常只知道谦让就是好，但是在什么情况下要谦让又不明白。所以，父母应先讲明为什么要谦让，对什么样的事要谦让，然后通过游戏、行动等来创造条件帮助宝宝学会谦让。

细节24 儿童多动症的发现和护理

儿童多动症是一种常见的儿童疾病，以儿童注意力缺陷和活动过度为主要特征，除了很少一部分是由于孩子大脑功能紊乱引起的以外，绝大多数是由于孩子自身的性格所造成的。多动的孩子在家里总是给父母制造麻烦，在幼儿园里又受到老师的训斥和同学的白眼，孩子的自尊心受到极大的伤害。因此，对于多动的孩子，父母一定要注意，早发现，早治疗。

无目的性的活动过多

多动的孩子多不受意识支配而不停活动，如毫无目的地摇桌子、晃椅子，即使被老师提醒、制止或批评，马上又不由自主地重复原来的小动作。平时手脚不停，无目的地乱闯，自控能力差，大人说话的时候迫不及待地插嘴。对同伴时常有莫名其妙的挑衅行为等。

注意力不集中

患多动症的孩子注意力很难集中，如边做作业边玩，随便涂改，不加考虑地突然站起来动一会儿，或正在做作业的时候对别人说话进行插嘴。很少有专心做某一件事或注意力集中的表现。

自控能力差

多动的孩子自控能力差，玩得高兴时又喊又叫，又跑又跳，手舞足蹈。莫名兴奋，情不自禁，得意忘形，对大人的厌烦表情和制止不能产生约束性心理反应。

受到强制性约束的时候，不是安静下来，而是表现出闹脾气、不高兴、发泄沮丧情绪，采取敌意和对抗性行为。令大人既厌烦又无可奈何，令同伴害怕和敬而远之，因此不合群，得不到别人的尊重。

发展注意力

患多动症的孩子无意识注意占优势，可让他从事感兴趣的活动，如看画册、听故事。随着孩子年龄的增长，可有意识地让他下棋、画画等，锻炼注意力的集中性、持久性。但是，要求孩子学习做事的时间不宜过长，以免引起疲劳。

善始善终

孩子做事时，往往容易受到外界事物的干扰，如别人的交谈、窗外的声响等都会使孩子放弃手中正在做的事情。因此，家长对孩子做事要多关心和指导，并加以肯定和表扬，鼓励他善始善终地做好每一件事，坚持把每一件事做完而不半途而废。

培养自制力

要提高孩子的意识，让他知道什么事该做，什么事不该做，帮助孩子逐步学会正确判断和评价自己的行为；要制定一些简单的规章制度作为孩子的行为准则，让孩子约束自己的行为，养成良好的行为习惯。

儿童多动症的治疗

药物治疗：药物治疗要谨慎小心，用药的种类、剂量及时间应按医嘱进行，并密切观察。

饮食治疗：目前还没有足够的证据能肯定哪些食物与多动症的发生有关，但在孩子的食物中应尽量避免加入人工色素调味品、防腐剂和水杨酸酯等。

心理治疗：矫正治疗孩子的多动症需耐心地对其教育、引导和矫治，切不可采用打骂等粗暴的手段，否则不但不能达到矫治的目的，而且有可能使症情加剧，影响孩子的身心健康。

分散学习法：将孩子的学习时间化整为零，每隔10分钟就让他休息一会儿。学习的环境中不要放置容易分散注意力的东西。

及时评价法：当孩子表现出安静地做功课、较少的小动作时，应及时给予表扬。反之，要及时批评。

程序训练法：用指导语训练孩子控制和指导自己的行为的能力。如先让他观察大人自言自语写作业，然后再自己执行，在做作业时一边写一边自言自语：我要写作业了，要认真做，第一题是什么……

细节25 注意男孩的教养方式

父母可能觉得男孩总是很调皮，总是惹麻烦，有时还很固执、不听话，其实具有某些行为恰恰因为他是男孩。男孩和女孩有很多地方是不同的，因此养育男孩需要不同的规则和技巧。

多拥抱男孩

男孩需要更多的拥抱。因为男孩大脑成长比女孩慢，所以他们的情感比女孩更加脆弱，他们需要更多的关怀。

理解男孩的冒险行为

男孩调皮捣蛋，带他出去玩，他总是喜欢做一些危险动作，比如登高、从高处往下跳。父母经常因为担心他的安全而制止他的行为。

有些家长总要求孩子保持安静，总是想办法约束孩子的行动。其实，做父母的应该时刻想到，我们的小男孩是远古时期的小猎人，他们需要广阔的空间和自由的行动，他们依靠运动和攀爬来健康地发育大脑。父母不要束缚他，而需要在不干涉他的前提下尽量保护他的安全，并且相信他天生的空间判断能力。同时，鼓励你的小猎人多参加体育运动，多在户外奔跑活动，各种感官综合的经验带给他的是更健康的发展。

体谅男孩的特殊表达方式

由于体内睾丸素的作用，男孩比女孩更容易愤怒，更需要发泄，侵略、冒险和竞争是男孩的天性。男孩是用身体来表达他的情感的。即使表示对父母的爱，他可能也只是拉拉父母的衣角。有时男孩在非常高兴的时候也会摔东西，这都是睾丸素在发挥作用，是这个小男子汉成长中的正常行为。这个阶段的男孩容易发火，父母不要压制他的反

抗，否则可能会破坏他一生的性格。父母应该告诉他什么是更好的表达方式，他有能力、有责任、也有时间去调整自己。同时给他发泄的机会，允许他喊叫，甚至指定一样东西比如沙发或者沙袋等让他捶打。

帮助男孩表现自己的同情心

男孩同样有同情心，只是很少像女孩那样用语言和倾听来表达自己的关切，他们更注重自己能够为对方做些什么具体的事情、给予对方切实的帮助。当父母情绪不好或者身体欠佳的时候，女儿也许会陪伴着你，给你说些甜蜜的话语，男孩却会用实际行动表达他对你的关爱。也许他会笨手笨脚地给你倒一杯水，也许他会积极地收拾好自己的玩具，表示他不用父母操心。

帮助男孩认识英雄主义

衣食无忧、万事不用自己操心的男孩只能学到很少的冒险精神，缺乏使命感。所以，父母要鼓励男孩去发现自我价值并努力去实现它。在鼓励中告诉他最有意义的是实现价值的过程，而不是最后的结果。

让男孩走进集体

男孩天生是群居动物，他们生性成群，在群体中学会社交、学会爱、学会生活、学会责任感和道德观，并找到自己的归属。如果男孩在孩提时代没有学会处理团体中的关系，缺少团体意识，将来就不懂得发展良好的人际关系，也不可能和别人保持融洽的关系。他们寻找的是能让自己放松、能给他任务、能让他感到自豪的集体。父母应该适当鼓励他们参与积极竞争的活动，比如体育活动，让他们从中找到自己是谁。家长也可以设计具有挑战性的任务，让他们在有挑战、感兴趣的氛围中学到能力、技巧和责任感。

教男孩学会自律

男孩有很强的进攻性，父母应该教育他们懂得自己的价值，了解一种规范来约束自己的行为。父母可以通过教男孩懂得价值观、道德观实现他的自律。电视节目、好的故事都可以告诉他什么行为是好的。

细节26 让宝宝学会等待

人类欲望的满足可分为几种：延迟满足、适当不满足、超前满足、即时满足、超量满足。好的教育总是提倡“延迟满足”和“适当不满足”。

宝宝想要什么，父母马上给予，经常处在这样的情况下的宝宝，父母的动作稍慢一点就大呼小叫，性格急躁，缺乏耐心，今后做事情容易有始无终。而且如果所有的东西都让宝宝轻而易举地得到，宝宝就会不懂珍惜，也感受不到幸福，反而会觉得这是应该的。因此，父母不应对宝宝的要求全部满足，应“适当不满足”，以利于宝宝的成长。

“延迟满足”的家庭课程

这个时期的宝宝，对很多话已经明白了大概意思，因此，边做边说是可以的，而且要用简短的语言告诉他为什么。

情景一：宝宝想喝奶，但奶是刚从冰箱里拿出来的，太凉，他却有些迫不及待。妈妈可以尝试着这样说：“宝宝，你摸摸，奶太凉了，喝了会肚子疼，你等一等，温热了再喝。”

情景二：带上宝宝去超市。当宝宝看到里面那么多好吃的时，禁不住拿起来想吃。妈妈可以试着这样说：“宝宝，在超市里面不让吃，只有妈妈付过钱，你才能打开包装吃。你看这里面穿制服的叔叔，他就是管着不让人随便吃的。”虽然宝宝还小，但对宝宝讲清道理，宝宝逐渐就会变得懂事，学会等待。

情景三：宝宝看见别的小朋友有恐龙玩具也想要。妈妈可以尝试着这样说：“宝宝，你看今天妈妈没带钱，等明天，妈妈一定给你买。”

细节27 提升宝宝智能的亲子游戏26例

你拍一，我拍一——语言能力训练

这个游戏可以锻炼宝宝与妈妈动作配合的协调能力，也是训练宝宝对他人行为作出积极回应的反应。

妈妈面对宝宝，伸出双手，边念儿歌边拍手。妈妈先双手对拍，同时念“你拍一”，念“一”的同时伸出右手拍宝宝的右手，接着再双手对拍，念“我拍一”，念“一”的同时再伸出左手拍宝宝的左手。念“一个小孩开飞机”时，伴随两只胳膊向两侧平举做开飞机的动作。其他几句都要照上面的程序来，说到每句的最后一句时，按照儿歌里内容做相应动作。宝宝胳膊及手掌的协调性还达不到配合很好的要求，妈妈一定要多试几次，耐心地教。

附：《拍手歌》

你拍一，我拍一，一个小孩开飞机；
你拍二，我拍二，两个小孩梳小辫；
你拍三，我拍三，三个小孩吃饼干；
你拍四，我拍四，四个小孩写大字；
你拍五，我拍五，五个小孩来跳舞。

手指好朋友——精细动作训练

妈妈在宝宝的手指上分别贴上小熊维尼、兔子瑞比、跳跳虎、屹耳、小猪的不干胶贴画。请宝宝把手伸出来，跟着儿歌一起活动。妈妈一边说歌谣一边动动手指：“维尼维尼弯弯腰，瑞比瑞比弯弯腰，跳跳虎弯弯腰，屹耳屹耳弯弯腰，小猪小猪弯弯腰，一二三四五，大家一起弯弯腰。”每个手指弯曲后都要马上伸直，念到最后一句时，可以让宝宝手指多弯曲几次。还可以用水彩笔在手指上写上数字，把歌谣改成“老大老大弯弯腰，老二老二弯弯腰，老三老三弯弯腰，老四老四弯弯腰，老五老五弯弯腰，一二三四五，大家一起弯弯腰”。

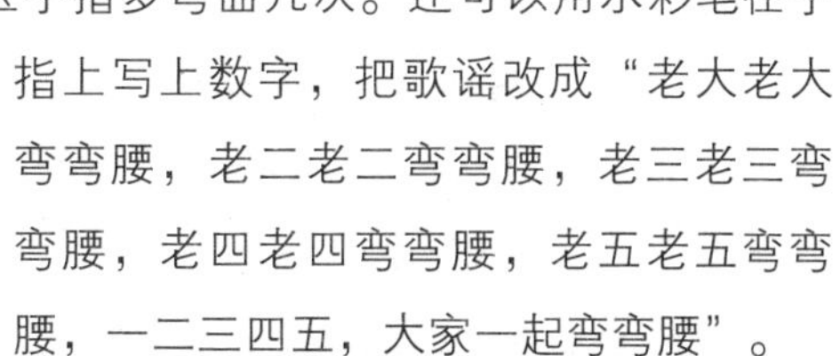

这种富有节律的游戏可以让宝宝感受节奏、发展小肌肉动作。通过游戏可以同时认识五个手指和比较它们之间的不同，提高宝宝自我认知能力，增强自信心。

红豆豆，绿豆豆——数学、分类能力训练

分类是宝宝学习数学的重要内容，分类能力的发展是逻辑思维发展的一个重要标志，通过游戏强化宝宝的分类意识，可以为其今后的数学学习奠定基础。宝宝按照一定要求进行分类，很好地锻炼了他们的逻辑思维和概括能力，潜移默化之中培养了他们做事的条理性和规律性。

妈妈准备红豆、黄豆、绿豆、黑豆各7颗，水彩调色盘一个。妈妈先将各种豆子混在一起，装在调色盘中央的格子中。请宝宝将豆子一颗颗拣出来，按照颜色分类摆在调色盘外围的格子里。边拣豆子边说儿歌：“红豆豆，绿豆豆，我们一起数豆豆，一二三，三二一，一二三四五六七；黄豆豆，黑豆豆，我们一起数豆豆，一二三，三二一，一二三四五六七。”摆好后，妈妈告诉宝宝每种豆子的名称和日常食用方法，例如绿豆汤、豆沙包、豆浆、豆腐、豆粥等。

超市的意义——交际、认知能力训练

超市是最佳的亲子学习平台。妈妈只要是带着宝宝去了卖场，就不要放过每一个提高宝宝认知能力的机会。在蔬果区有五颜六色的蔬菜、水果，是认识颜色的好素材，妈妈可一一指着给宝宝认识：“甜椒有红色、黄色，空心菜是绿的，胡萝卜是红的。”如果可以的话，就让宝宝亲自摸一摸蔬果，获得更直观、更丰富的感官体验。不同的商品摆在不同的陈列架上，可借此认识“上下”、“左右”等方向概念，并让宝宝自己找出东西摆在哪里。在拿取商品时，可带着宝宝数数，对小一点的宝宝，就带着他念“宝贝一个、妈妈一个、爸爸一个、奶奶一个……”让他依序说出家中成员的称谓。

小转轮、大转轮——平衡、空间能力训练

不论是简单的追赶跑跳碰、旋转摇摆、吃饭洗澡到读书写字，甚至是喜怒哀乐等，都必须以前庭平衡为基础。有了前庭系统充分的协调，宝宝才能做得轻松，玩得开心。提升宝宝的前庭平衡能力与方向感，有助于宝宝稳定及调和情绪，父母可以通过简单的活动如爬立交桥来刺激宝宝前庭平衡的发展。

小转轮

在没有阻碍的较大的空间里，爸爸与宝宝背靠背站好，爸爸的右手拉着宝宝的左手。爸爸说："一、二、三，小转轮转喽"，然后拽着宝宝的手向左前方使劲儿，宝宝就会顺着左边以爸爸为中心围着爸爸转圈，一圈过后宝宝紧紧贴在爸爸身上。换一个方向继续转，转累了时不妨提着宝宝小幅度地左右摇晃。

大转轮

爸爸和宝宝面对面站好，爸爸用双手拉住宝宝的双手。爸爸说："一、二、三!"夹着宝宝的腋下把宝宝提起来，一边说："大转轮转起来了"，一边以自己为中心转圈。左转之后再右转。爸爸转累了可以提着宝宝小幅度地左右摇摆。

耳语传话——语言能力训练

宝宝到了2岁半左右，有意记忆开始萌芽了。这时候，爸爸妈妈要提出一些要求让他完成，平时让宝宝帮助做一些力所能及的事，让他记住简单的委托等。在成人的这种要求下，宝宝会努力地去记住一些东西，促进其有意记忆的发展。给宝宝讲故事的时候，妈妈可以通过让宝宝回答故事中的小动物说了什么，以增强其记忆和表述能力。爸爸妈妈分别到两个房间，爸爸在宝宝耳边轻轻说："告诉妈妈，爸爸要一本书。"宝宝来到妈妈身边，将爸爸的话小声告诉妈妈，妈妈按照宝宝的要求把所需物品交给宝宝。宝宝拿回的东西如果是正确的，爸爸不要忘了夸奖宝宝，然后换一个要求，重新开始游戏。宝宝拿回的东西如果是错误的，则要告诉宝宝，这不是爸爸刚才要的东西，然后再将要求小声重复，让宝宝再去告诉妈妈。

这个游戏一方面有助于宝宝听力的训练，另一方面将听到的指令记住并传递给别人，又是一个强化记忆力的过程，可以提高宝宝有意记忆的能力。将听到的指令用语言传递给别人是一个较为复杂的思维表达过程，对宝宝语言智慧的发展、与人交往能力的提高都是很好的锻炼。

学会分类——归类、抽象思维

归类技能是宝宝思维能力的基础，通过游戏可以提高宝宝将事物进行分类的意识，促进智力发展。抽象概括思维能力是智力核心部分，要想宝宝聪明，从小就要培养他的思维能力。良好的思维能力应该具备广阔、深刻、敏捷的特点，独立性、批判性和逻辑性要强。

妈妈准备一些动物、水果、蔬菜的图片，如老虎、猴子、狮子、大象、西瓜、橘子、草莓、苹果、香蕉、白菜、扁豆、辣椒、萝卜等。给宝宝看以上图片，让宝宝一一说出它们的名称。宝宝说名称的时候引导宝宝说出它们的类别，比如宝宝说这是老虎，妈妈问："老虎是动物、植物还是水果呢？"引导宝宝把图片中的动物放在一起，水果放在一起，蔬菜放在一起。

这个游戏玩熟了以后，妈妈可以把所有图片放在一起，随意抽出一张，让宝宝说出该图片所属的类别。

一起去买东西——了解钱的用途

爸爸妈妈带着宝宝一起出门买东西。妈妈可以拿起物品，告诉他上面贴的是价钱，要有足够的钱才能买东西。接着让宝宝看妈妈和售货员交易，之后再告诉宝宝，如果妈妈给的钱是刚好的就不用找钱，不然就要等售货员找钱。可以给宝宝刚好的钱，训练他自己去买其中一个小额商品，例如一包糖果等。

棋子比赛——数学、逻辑训练

大人们常用的“毫米”、“斤”等概念，对宝宝来说是无法理解，而且没有意义的。因此只有以宝宝能理解的方式来建立“量”的概念，才能帮助宝宝学会测量及估计的意义。

妈妈准备一副棋和一个棋盘。妈妈和宝宝围着棋盘坐下。妈妈让宝宝决定要哪种颜色的棋，宝宝决定好后妈妈和宝宝各拿好自己的棋子。妈妈说：“开始！”宝宝和妈妈将自己的棋子排列到棋盘上，直到妈妈喊“停”为止，然后让宝宝比较谁排得多，谁排得少。训练可反复进行。当训练结束时，将棋子一个一个收回盒子里，边收棋子边数数。比如，放一个，数一个数；再放一个，再数一个数。这样可使宝宝理解数字。

堆雪人——创造性、人际交往训练

妈妈准备玩沙玩具、石头、胡萝卜和一些松树枝。下雪的日子带宝宝到户外玩，让宝宝用平时玩沙的工具玩雪，想怎么玩就怎么玩。妈妈还可以和宝宝一起滚雪球，妈妈滚一个大雪球，宝宝滚一个小雪球，滚好后妈妈把两个雪球摆在一起，对宝宝说：“我们堆个雪人吧，告诉妈妈怎么堆呢？”妈妈把大雪球当雪人的身子，小雪球当雪人的头，装好后，让宝宝把雪人的五官安上，宝宝会想到用石头做雪人的眼睛，胡萝卜当雪人的鼻子，松树枝做雪人的头发。宝宝也可能会把石头当雪人的嘴巴，还可能把眼睛装斜了，甚至没有鼻子。不管宝宝给雪人安装的五官有多么奇怪，妈妈都要表示欣赏。妈妈要让宝宝自由想象，妈妈帮助宝宝来完成雪人。

大自然是最好的老师，宝宝可以学到很多知识，在玩的过程中可以引导宝宝观察雪花的形状，了解雪花的由来，增长知识，收获乐趣。下雪时候，一家三口在户外打雪仗，让宝宝在雪地里自由奔跑，感受自然与亲情。

钓鱼——手眼协调训练

妈妈准备积木、彩纸、曲别针，带吸铁石的钓鱼竿。用彩纸剪成大小不同的鱼，在每条鱼身上别上曲别针。也可以把写有字的卡片当成“鱼”，让宝宝来钓，钓鱼的过程中还可以识字。

把鱼放入盆中，让宝宝用钓鱼竿钓鱼，只有将钓鱼竿上的吸铁石碰到鱼身上的曲别针才能将鱼钓上来。游戏结束时，妈妈可和宝宝数一数，一共钓了几条鱼，每种颜色的鱼有几条。

通过让宝宝抓住鱼竿、控制鱼竿的动作，能够发展宝宝手眼协调能力和上肢控制能力，从而锻炼了整个身体动作的协调性。具有耐力训练的游戏，不仅增加了宝宝对大小、数量、颜色的感知，发展了宝宝数学智能和空间智能，更重要的是在成就感影响下树立了宝宝自信品格。

认识光与影——空间想象能力

妈妈与宝宝站在阳光下，让宝宝观察两个人的影子，宝宝会说“妈妈的影子大，宝宝的影子小”。妈妈拉着宝宝走，影子也跟着两人走，妈妈说：“宝贝，你把影子抓住，不要让他们跟着我们。”宝宝会用手去拉影子，当然什么也拉不到，影子还是紧紧地跟着。妈妈说：“我们藏起来，影子就跟不到了。”带着宝宝到有阴影的地方，影子真的不见了，妈妈问：“影子怎么才能出来呢？”宝宝会跑到阳光下，再次见到了影子。妈妈要告诉宝宝，有阳光的时候就有影子，见不到太阳的阴天就看不到影子了。

通过游戏，宝宝不仅对光与影的因果关系有了初步思考，还增长了自然知识，提高了语言表达能力。凡事喜欢问问“为什么”并努力去寻找答案，可以培养较强的逻辑思维能力，严谨的学习态度。

谁是不一样的？

在一堆相同的东西中，放置一个不同的物品，例如在一堆书籍中放置一辆玩具小车，请宝宝拿出里头不一样的东西。当宝宝把东西拿出来的时候，请宝宝试着说明为什么要拿出这个东西。爸爸妈妈在聆听完宝宝的理由后，再加以适当的引导，帮助宝宝建立“异、同”的概念。爸妈还可以根据宝宝的实际状况，提高这个游戏的难度，比如在一堆苹果中放一个橙子；在一堆一元硬币中放一个一角硬币，让宝宝区别细微的差别，同时让他了解苹果、橙子虽然形状、颜色、香味不同，但都是水果，有共同点也有不一样的地方。

找出相同点或是相异点的观察能力，是培养宝宝熟练“分类”概念的基础。爸爸妈妈可以多运用生活中的东西和宝宝进行游戏。

我给妈妈讲故事——语言能力训练

妈妈一段时间总是重复讲述同一个故事，宝宝已经对妈妈曾经讲过的故事耳熟能详了。妈妈选择宝宝上床时间早，同时情绪也不错的时候，拿出宝宝的故事书，请宝宝给妈妈讲故事。例如《一只乌鸦口渴了》的故事，妈妈可以边翻书边引导宝宝，让他主动去讲故事情节，直到完全不用引导。如：

妈妈：这个是谁？

宝宝：这是乌鸦。

妈妈：乌鸦在干什么？

宝宝：找水喝呢。

妈妈：它找到水了吗？

宝宝：找到了。

妈妈：它喝到水了吗？

宝宝：没有喝到。

……

这个阶段的宝宝已经能说比较复杂的句型了，他们有时情愿独立完成一件事。如果宝宝在所讲故事的某一个情节上卡壳了，回答不出来，妈妈不要立即插嘴进来相助，要等到宝宝主动提出要妈妈帮忙的意愿时妈妈再帮忙。

石头记——分类、精细动作训练

妈妈准备一个塑料袋或小桶，选一个晴朗的日子带宝宝去户外、小区的花园或公园。在石头多的地方，提醒宝宝找某一种石头，比如“让咱们找个白色石块”，“让咱们找些光滑的石块”，“妈妈需要黑色的石头”。可以找各种各样的石头，大的、小的、粗糙的、光滑的、有棱角的、白色的、褐色的等，告诉宝宝这些石块的特征。然后仔细观察它们，说说它们可能来自哪里，样子像什么，让宝宝把这些石头分类，也可以把石头带回家，洗干净在上面作画。

让宝宝在观察自然界事物的同时，培养宝宝敏锐的观察力和好奇心，在产生问题和思考问题的过程中，培养宝宝的钻研精神。

小青蛙——肢体协调能力训练

这个时期的宝宝已经能够双脚离地，做短距离的蹦跳了，让宝宝多练习可以使宝宝熟练掌握蹦跳动作，增强宝宝体力，强化宝宝运动能力。运动游戏可以锻炼宝宝意志，提高免疫力，也可以使宝宝情绪愉悦，从而使宝宝获得健康快乐的身心，为今后的成长打下良好基础。

爸爸妈妈面对面坐下，两腿伸开，脚底与脚底相抵形成一个菱形的“小池塘”。爸爸妈妈念儿歌：“小青蛙，叫呱呱，游泳跳高本领大；不吃米，不吃瓜，专吃害虫保庄稼。”同时让宝宝从池塘里跳进跳出。也可以在地面上画出一个圆形池塘，爸爸妈妈和宝宝一起跳进跳出。为了提高宝宝的兴趣，可以准备青蛙头饰和其他道具。另外，开始游戏的时候宝宝跳跃的距离不宜过远，时间不宜过长。

玩沙子——创造性思维训练

妈妈准备小铲子、小桶、小水壶等玩沙玩具。在风和日丽的日子，带宝宝到郊外或附近玩沙子或泥土。爸爸可以指导帮助宝宝挖“山洞”、用小桶扣“蛋糕”。或找一些石子铺设一条小路，在“山边”挖一条“小河”，找一些树枝当做小树栽种在“河边”……总之，爸爸妈妈要多多开动脑筋，给宝宝提出一些需要完成的任务，宝宝的目标明确了，玩起来就会十分投入。需要注意的是，要选择干净松软的沙子，看看里面有没有尖锐物品。还可以鼓励宝宝和其他小朋友相互认识，把自己多余的玩具借给没有玩具的小朋友玩。

随着年龄的增长，宝宝的探索欲日渐增强，这时爸爸妈妈要多带宝宝走进大自然，让宝宝自由探索，不要因为担心弄脏衣服而过多限制宝宝的活动。在游戏过程中宝宝的手部可以随意活动，并经由脑部传输的信息来操作手中的工具，可以促进手眼的协调性和动作的准确性。

寻找彩虹——创造性、视觉记忆力训练

雨后天晴时，妈妈可以要带宝宝到户外看看天边有没有半轮彩虹。如果有幸看到了，妈妈要让宝宝数一数彩虹有几种颜色，分别是什么颜色。如果看不到，妈妈也可以带着宝宝去寻找彩虹。在阳光很好的天气里，围着社区正在喷水的喷泉绕几圈，上下左右地绕，紧紧盯着喷泉水雾弥漫的地方看就能看到彩虹若隐若

现。如果恰巧有一股风把水雾吹得更散了，彩虹就会更明显。在寻找彩虹的过程中，妈妈要告诉宝宝往哪里看，怎么看。一旦经过努力看到了彩虹，宝宝就会很兴奋，这时妈妈可以告诉宝宝彩虹的形成原理。

由于宝宝的视觉器官还没发育成熟，不能把外界事物的各个组成部分清晰地分辨开来，因而对事物总是作为整体来认识，容易记住事物的整个轮廓而忽视细节。而且宝宝在观察时容易受兴趣左右，对感兴趣的东西观察就比较仔细，对不感兴趣的东西就很难进行持续观察。一般来说，色彩鲜艳、动态的事物容易引起宝宝的观察兴趣。因此，应根据宝宝的特点引导宝宝去观察，培养宝宝的观察能力。

推球入门——身体协调能力训练

妈妈准备干净、轻便的扫帚一把，红、黄、绿色的球若干，写有数字的纸片若干。把玩具球放在客厅，用两把椅子摆成一个球门，爸爸先告诉宝宝训练规则。让宝宝拿着扫帚，把球一个一个推到球门中去，每次球入门时爸爸要欢呼庆祝。也可以让宝宝根据妈妈的指令把球推到其他房间去，或者将写有数字的纸片分别贴在球上，让宝宝根据妈妈的指令按照数字把球推入球门。按照指定路线推动小球，不仅能锻炼宝宝的运动协调能力，还能培养宝宝按照指令行事的能力。将认识数字和颜色的活动融入游戏中，可以提高宝宝的学习兴趣。

待客之道——人际交往能力

妈妈可以经常和宝宝一起玩“做客”游戏，妈妈扮演客人，到宝宝家做客。妈妈模拟敲门声“当，当，当”，对宝宝说：“你好，我到你家来做客。”请宝宝根据情节来招待客人。在游戏中要说“你好，请喝茶，在我家里吃饭吧，不客气，再见”等礼貌用语。也可以在实践中直接学习。有客人来时，妈妈备好水果茶点，让宝宝用小盘子托着送到客人面前。如果客人带着小朋友过来，招待小朋友的任务应该由宝宝来承担。宝宝可以带小朋友到自己的房间，拿出玩具同小朋友玩。妈妈要教会宝宝周到地招待小朋友，照顾比他小的小朋友，看看小客人是否要吃东西、喝水、上洗手间。

学会待客是一种良好的交往本领，爸爸妈妈平时要注意为宝宝提供良好的学习榜样，并给宝宝良好的社会行为以积极强化与反馈。随时注意培养宝宝礼貌待人的习惯和品质。

我是小助手——合作交往能力训练

妈妈准备午餐晚餐时可以让宝宝在厨房里帮助妈妈拿东西，例如给妈妈递盐、酱油、醋等东西，帮助妈妈拿碗、盘子等餐具。妈妈择菜时，可提醒宝宝给自己找一只板凳，允许宝宝与自己一起择菜。准备吃饭时，还可以让宝宝帮妈妈擦桌子、摆餐具。准备洗澡时，让宝宝帮自己拿拖鞋、毛巾、肥皂等东西。在爸爸干活时，也可让宝宝帮自己递锤子、拿钉子、拿改锥等。每次干得好不要忘了表扬他，使他越干越爱干，越来越能干。在帮助妈妈的过程中，宝宝不仅能越来越多地认识事物，还会因为感到自己长大了而获得自豪感。

上下分得清——方位、形象思维训练

在上、下、左、右等基本方位中，宝宝对上和下方位理解相对比较容易，这个游戏通过让宝宝摆放物品，并结合语言和动作来理解上和下的概念。准确理解他人是宝宝语言智能发展到一定水平的体现，理解能力的提高也有助于与他人的配合与协作。

宝宝认知能力的高低，有时候不一定通过语言来体现，当宝宝行为正确了也说明他理解和掌握了事物的规律。爸爸妈妈不要总是急于让宝宝用语言来表达，应注意观察宝宝的行为表现，以便正确掌握宝宝的认知发展水平。

妈妈准备各种颜色和形状的积木，让宝宝随意搭配积木。妈妈可以指着积木问宝宝，哪种颜色和形状的积木在哪个位置，如“黄色三角形积木在红色长方形积木上面还是下面”，“绿色方形积木下面是什么”等等。妈妈让宝宝按照指令把积木叠起来。如“把红色长方形积木放在黄色三角形积木下面”，“把两个方形积木放在半圆形积木下面”等等。把宝宝的玩具按照上下左右摆开，让宝宝说说，谁在谁的上面，谁在谁的下面，谁在谁的左边，谁在谁的右边。

刚开始的时候宝宝观察到的和表达出来的可能不一致，即使真说错了或做错了，妈妈也不要着急，而是要给予充分肯定，让他能够准确地掌握方位概念。

龟兔赛跑——肢体协调能力训练

爸爸妈妈带着宝宝去郊游时可以让宝宝选择一棵大树，以此为终点跑过去，摸一下大树，然后再跑回来。或者以大树为终点玩龟兔赛跑的游戏，不必拘泥于故事情节，宝宝扮演小白兔，爸爸扮演乌龟，想怎么跑都行，先到大树下者为胜。

有些爸爸妈妈工作繁忙，不引导宝宝去接触鲜活的事物，或让宝宝自己看电视，或扔下一堆僵硬的学习材料让宝宝自己翻看，这种做法是不可取的。

有目的的奔跑可以锻炼宝宝的奔跑技能和水平，提高宝宝运动兴趣和体能。喜欢大自然的宝宝往往具有乐观向上的精神状态，热情开朗的性格，能够适应集体生活，为未来的成长奠定良好的心理基础。因此爸爸妈妈要经常带宝宝去接触大自然，让宝宝开阔视野、认识和观察自然景物。

寻找小蚂蚁——探索能力训练

妈妈先和宝宝一起唱《小蚂蚁》：“小蚂蚁，真有趣，头上长对小胡须；小蚂蚁，有情谊，见面点头很有礼。”接着带宝宝到户外寻找蚂蚁。妈妈可以带一个放大镜，见到蚂蚁后让宝宝用放大镜观察蚂蚁身体的构造及走动路线，判断蚂

蚁要去干什么；观察蚂蚁搬运食物，观察蚂蚁之间如何进行沟通；跟着蚂蚁寻找它们的家。当看到蚂蚁窝上有一个个的小土包包时，妈妈要告诉宝宝，不久就要下雨了，蚂蚁这样做是为了保护家园，以免被雨水冲毁。妈妈要告诉宝宝，蚂蚁是勤劳的小昆虫，整日奔波忙碌，不要轻易伤害它们。妈妈需让宝宝在安全的状态下活动，并指导宝宝什么是危险的行为、什么行为影响自然环境生态，建立宝宝尊重自然、爱护自然的观念。

抓小鱼

父母面对面双手对握成拱桥状，让宝宝和外公、外婆、爷爷、奶奶等一起列队从拱桥下经过；在宝宝走过来的同时，与宝宝一起唱儿歌：“小鱼游来了游来了，快快、快快抓住他！”等宝宝站在手底下的时候，立即把拱桥放平，抓住正在经过拱桥的“小鱼”。这个游戏能够锻炼宝宝的反应能力，增进亲子感情。

玩简单的拼图

拼图游戏能训练宝宝的观察能力、分析能力及动手操作能力、图形感知能力，培养宝宝的耐心细致的性格。

可以给宝宝准备一些简单的拼图。妈妈在和宝宝玩拼图时，应该在一旁提醒宝宝如何观察图案特征，帮助宝宝把图块转为合适的角度，让宝宝容易发现关联。在宝宝愿意的情况下，可以把正确的图块递到宝宝手中。等宝宝熟练后，就可以放手让他自己去探索了。

第二章 31～36个月的育儿细节

细节1 开始具备调整身体和情绪的能力

这个时期的宝宝已经明白自己和别人不一样，他们开始用各种方法来理解自己。他们会通过活动身体来判断自己的体能，并给自己提出各种要求，通过实现要求来提高自己的控制力。宝宝2岁时自控能力还很差，当想做的事情被阻止的时候会产生挫折感，会通过发脾气或攻击性的行为来发泄。这些行为在3岁以后会稍有减少，这是因为宝宝开始具备一定的控制能力。因此，在这个阶段，宝宝开始和朋友做游戏，也能够稍微学些东西。这个阶段最重要的事情是宝宝发脾气时要正确处理，要让宝宝培养自控能力。

细节2 3岁开始形成内在的自我调节能力

宝宝3岁以后，自我调节能力发育到相当程度，既可以调整不好的情绪，也能够控制大小便。在自我调节能力发育的同时，宝宝的智力发育也非常好。这可以从宝宝的游戏中看出来。2岁的时候大多玩模仿现实生活的游戏；3岁以后开始玩充满想象力的游戏。

从发展心理学的角度来讲，宝宝在每个时期都有相应的发育任务。例如，2岁时的语言发育、3岁时的控制大小便能力等。如果该项发育任务没有完成，宝宝不可能就此跳过直接进入下一阶段。因此，即使宝宝玩与自己年龄不相符的游戏，父母也不要阻止，要让宝宝充分进行。只有这样，才能培养宝宝的自我调节能力，让宝宝的行为举止与年龄相符，并在情绪发育成熟的基础上再进入下一个阶段，即认知发育阶段。

细节3 爸爸的作用对儿子很重要

爸爸能培养宝宝的领导才能、自立能力和道德观。调查结果显示，即使爸爸妈妈做出同样的行为，宝宝所受到的刺激也不一样。一般情况下，妈妈能刺激宝宝的情绪，而爸爸能刺激宝宝的智力发育，培养宝宝的社会适应能力。如果宝宝从小受到爸爸的教育，就能成长为智力发达、社会适应能力很强的人。跟女儿相比，爸爸对儿子的影响更为显著。通过跟爸爸玩游戏，儿子能学到爸爸具有的男人风度，尤其是刺激身体的激烈活动对儿子的智力发育也非常重要。

细节4 喜欢搞破坏

宝宝喜欢玩破坏性的游戏，意味着他感兴趣的事情正逐渐增多。积木不止是用来拼接和堆砌的，把它推倒也别有乐趣。推倒积木之前的紧张感，以及看到按照一定模样排列好的积木一下子倒掉时的惊心动魄的感觉，让宝宝觉得这个游戏非常有趣并会反复地玩。与其把这种行为叫做搞破坏，还不如说是一种快乐的游戏，因为这种游戏能让宝宝对自己的行为引发的巨大变化感到刺激和快乐。因此，父母不用太担心。宝宝玩到一定程度后就会感到索然无味，也就不会玩了。

细节5 培养自尊感是首要课题

从小事做起，让宝宝感觉到自己被尊重，从而珍惜自我的存在。例如，宝宝读书的时候，因为精力集中的时间很短，很快就对书本产生厌倦，把头扭到一边。在这种情况下，妈妈应该尊重宝宝的行为，不要干涉。宝宝在接受外部刺激的过程中，需要一个中间休息的时段。

细节6 不要打扰专心玩游戏的宝宝

注意力是宝宝智力和思维能力发育的基础。宝宝在很小的时候如果对某种事物产生兴趣，注意力会非常集中。比如，宝宝很仔细地看自己手指头的时候，或者宝宝正玩得高兴的时候，父母不要以洗澡、读书或者购物为理由，中断宝宝的游戏。父母要为宝宝专心玩游戏提供一个安静的场所，这对培养宝宝集中注意力会有所帮助。

细节7 宝宝说脏话的时候要立即纠正

宝宝在此阶段说脏话有时是因为好奇或好玩而学别人说话，家长需要及时告知宝宝这是不好听的话，别人不喜欢。宝宝若喜欢反复说固定的几句脏话，家长可以假装没听见淡化他，因为此时宝宝是想通过这样的方式来吸引家人的关注。另外，家长必须注意自己的言行举止，以免不好的习惯被宝宝模仿；家长平时要教宝宝与他人交往的正确方法，比如见到别人要主动打招呼、说你好等。

细节8 不要对宝宝过分照顾

父母为了和宝宝充分形成依恋关系而对宝宝过分照顾、保护的做法也是不可取的。对宝宝的要求百分百地满足，甚至有时宝宝还没提出要求，父母就揣摩出宝宝的想法并立即满足，这些做法都是不正确的，会让宝宝感到“地球都在围着我转”，自我中心意识只会更加强烈。

被过分照顾的宝宝在儿童乐园、幼儿园等地方参加社会交往活动时会感到很难适应，因为宝宝以为别人都会迎合自己的心意，但实际上并非如此。对于这样的宝宝来说，那时候再让他去谦让和关心别人就更不可能了。

细节9 不要替宝宝要回被抢走的玩具

小朋友拿着宝宝的玩具玩，宝宝一边哭着一边不停地说“我的！我的！”如果遇到这种情况应该如何处理呢？虽然要回被小朋友抢走的玩具能够让宝宝立刻停止哭泣，但这样做会强化宝宝的自我中心意识，而且玩具被要回的小朋友也会哭。

此时，最好让宝宝和小朋友一起玩玩具。比如，宝宝们玩沙子的时候，为了抢铲子而发生了冲突，这时可以让一个宝宝用铲子铲沙，另外一个宝宝用碗装沙。这样的话，宝宝们能够体会到与人分享的快乐。如果到了某一阶段，宝宝可以做到不和小朋友争抢玩具而是在一起玩，这就意味着宝宝的自我中心意识已经在减弱，社会性正在慢慢增强。

细节10 发烧的治疗和护理误区

发烧是宝宝时期常见的症状，宝宝发烧时父母往往特别紧张，为了能使宝宝尽快退热，有时会采用一些不当的方法，这样反而影响了治疗效果。

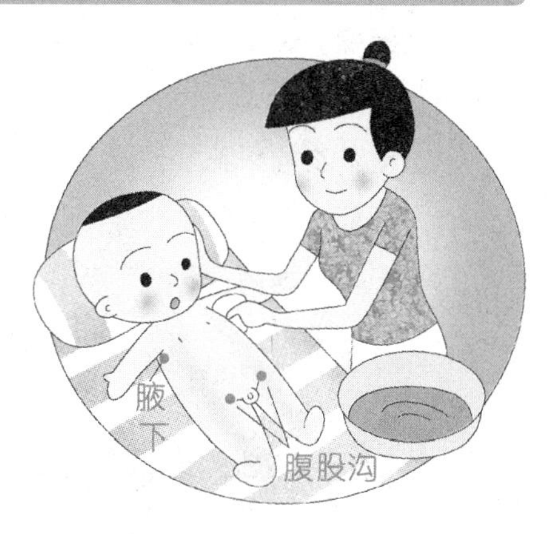

误用退烧药

有许多父母一看到宝宝发烧就用退热药物快速降温，殊不知降温过快并不表示病情好转，若是应用不当还可能引起宝宝大汗淋漓，出现虚脱反应。正确的做法是：当宝宝体温低于38.5℃时，可以不用退热药，最好是多喝开水，同时密切注意病情变化；或者应用物理降温的方法。当宝宝体温超过38.5℃时应服用退热药，但是最好在儿科医生的指导下使用。

误用高浓度的酒精和冷水擦浴降温

人们通常认为选用酒精或冷水擦浴可以起到迅速退热的作用，实际上这种方法往往会事与愿违。因为当宝宝发热时，皮肤的血管扩张，体温与冷水的温差较大，会使宝宝的血管强烈收缩，引起宝宝畏寒、浑身发抖等不适症状，甚至加重宝宝的缺氧而出现低氧血症。有的父母用的酒精浓度过高，如用95%的浓度，不但不能起到退热作用，而且有可能造成宝宝皮肤脱水，加重病情。正确的方法是：给宝宝使用浓度为35%~45%的酒精或温水进行擦浴，主要是在大血管分布的地方，如前额、颈部、腋窝、腹股沟及大腿根部，这样即能达到退热的效果。

误吃消炎药

宝宝发热是常见的症状，多见于急性上呼吸道感染性疾病，但有些医生和父母一见宝宝发热就盲目地喂消炎药物。其实，引起宝宝发热的原因有很多，因此在病因不明时最好不要滥用消炎药物。是药三分毒，滥用消炎药物可造成宝宝肝肾功能损害，增加病原菌对药物的耐药性，不利于身体康复。因此，宝宝发热时最好在医生的指导下，根据病情对症下药，以起到治疗的效果。

不要乱打点滴

有不少父母认为打点滴降温的效果好，而且还可以补充水分，但是这种治疗方法也有不少不良反应及交叉感染的可能。其实，对于发烧病症，最好采取根据病情选择用药的方式，首先要让宝宝保证充分的休息，多喝白开水，吃些易消化的食物，同时配合药物的治疗。当出现体温持续不退、饮食欠佳时，再用静脉输液进行治疗。

细节11 宝宝过敏性鼻炎的防治

冬季气候多变，室内外温差大，不少宝宝会出现鼻塞、咽痛、头痛、打喷嚏等症状，家长们以为宝宝患了感冒，就感冒药、消炎药一起用，但效果并不明显，殊不知这是宝宝鼻炎在作怪。

鼻炎的危害

过敏性鼻炎的季节性比较明显，大多数发生在秋冬季节，因为冬季气候寒冷，空气干燥，而宝宝正处在生长发育期，免疫机制还不完善，抵抗力相对较低，极易患上鼻炎。如不及时控制，可诱发鼻窦炎、腺样体炎、中耳炎、咽炎、支气管炎、支气管哮喘、顽固性头痛等并发症，严重者可导致记忆力减退，智力发育障碍，影响宝宝的学习和生长发育。长期鼻塞和张口呼吸还会影响面部和胸部的健康发育。

过敏性鼻炎的表现

过敏性鼻炎的主要症状和体征是流清涕、鼻塞、鼻痒、打喷嚏。做鼻腔检查时，经常可以发现鼻黏膜出现肿胀，常被误认为是伤风感冒。还可出现眼部发痒、结膜充血、耳痒、咽部痒、嗅觉减退、哮喘等伴随症状和体征。发病严重的患儿，甚至睡眠、日间活动、运动、游戏、上学都会受到影响。过敏性鼻炎可能季节性发作，也可能常年存在。

家族遗传

过敏性鼻炎是人体对某种物质的病态反应在鼻部的表现，是有多种免疫活性细胞和细胞因子参与的鼻黏膜的慢性炎症反应。此病与遗传和环境因素有关，患者具有过敏体质，可能有家族史，在接触过敏源后即可发病。

生活中接触过敏源

具有家族遗传因素或哮喘病患者，在接触尘埃、花粉、螨虫、动物皮毛、烟雾、冷空气等，以及牛奶、鱼、虾、牛肉、羊肉等食物后，容易诱发过敏性鼻炎。

患有哮喘病

有哮喘或过敏性鼻炎家族史的宝宝，发生过敏性鼻炎的风险较普通人群高出2～6倍，发生哮喘的风险高出3～4倍。多数患儿先是出现鼻炎，而后发生哮喘；少部分患儿先有哮喘然后出现鼻炎，或是二者同时发生。可见过敏性鼻炎和哮喘的发病具有明显的相关性。通常，高风险者是否患病以及患病后在呼吸道的表现，与遗传基因的易感性、接触过敏源的种类、时间及强度有关。

预防过敏性鼻炎的方法

对已经发生其他过敏性疾病的患儿应积极进行治疗，以防发生过敏性鼻炎。可以从以下几方面做起：

- 积极防治急性呼吸道疾病，以免诱发过敏性鼻炎。
- 消除室内尘螨，每周用热水洗涤床上用品，并用热烘干器烘干或在阳光下晒干。
- 床上用品最好使用防螨材料制品，每天起床后叠被子。

■ 少用填充或毛绒玩具、地毯和挂毯，室内尽量少放家具。

■ 保持室内干燥通风，注意减少室内植物，室内要定期进行彻底清扫。

■ 不在室内吸烟，避免带宝宝到允许吸烟的公共场所，定期注射流感疫苗。

■ 花粉多的季节少带患儿出门，尤其是有风的时候，要特别减少甚至避免户外活动。

■ 生活要有规律，平衡饮食，加强体育锻炼。

■ 锻炼宝宝从小用冷水洗脸，使皮肤经常受到刺激，增加局部血液循环，保持鼻腔通气。

过敏性鼻炎的治疗

过敏性鼻炎的治疗一般是以药物治疗为主，手术治疗为辅。

抗组胺药物：对鼻痒、打喷嚏、流涕等的疗效尤为明显，第一代抗组胺药物常有嗜睡、倦怠等中枢神经副作用，而第二代抗组胺剂对中枢神经及心脏无副作用，因此已被广泛应用。

血管收缩剂：可以改善鼻黏膜充血所导致的鼻塞等症状，但只能短期、局部应用。

皮质类固醇：俗称“激素”，可以通过抗炎和抑制免疫系统对过敏源的过度反应，从而改善过敏症状。长期使用可致全身性不良反应。

减敏治疗：对于无法彻底避免的过敏源，可以少量、多次注射抗原以使机体适应该过敏源的刺激。

细节12 咳嗽的防治

咳嗽是一种正常的生理防御反射，有助于清除呼吸道黏液。不过，宝宝的咳嗽症状还是应该引起父母的足够重视，因为它也是感冒、支气管炎、咽炎、哮喘等疾病的表现形式之一。值得注意的是，不同疾病所导致的咳嗽声是有区别的，如果父母懂得一些有关咳嗽的常识，可以了解宝宝患病的轻重缓急，这对治疗更有帮助。

需要赶紧就医的咳嗽

宝宝突然咳得很严重，并且呼吸困难，可能有异物堵住了气管。容易误吞的东西有花生米、铅笔套、药丸、纽扣、硬币等，这类情形非常危险，应及时去医院诊疗。

发高烧、咳嗽、喘鸣并伴有呼吸困难者，需立即送医院紧急处理。

婴幼儿很容易患毛细支气管炎，这是肺炎的一种。患儿常表现为脸色发紫或者呼吸增快，吸气时胸壁下部凹陷，应及时送医院救治。

普通感冒

咳嗽时带痰，不伴随气喘或是急促的呼吸，咳嗽不分白天黑夜，伴有嗜睡、流鼻涕、流眼泪并且伴有轻度发烧（通常不高于38.6℃）。这是普通感冒，在鼻子、鼻窦、喉咙及肺部等主气道均有病毒性感染。通常情况下咳嗽症状会持续整个感冒过程，一般为7～10天，而有些时候咳嗽的时间则会更长，在半个月到20天。

尽量保持宝宝鼻腔的清洁，鼻塞或流鼻涕都将加重咳嗽症状。对于不会擤鼻涕的宝宝，父母可以使用球型吸鼻器帮助宝宝清理鼻腔。如果宝宝的咳嗽和鼻塞症状持续多天仍未见好转，就有可能患上了鼻窦炎（由感冒引起的细菌性感染）或是其他一些疾病，如哮喘、过敏、肺炎或淋巴结肿大等，此时父母应该带宝宝去看医生。

流感

由喉部发出略显嘶哑的咳嗽，隔一段时间咳一下，有时候干咳，有时候带痰。宝宝感到无精打采，喉咙刺痛发痒、头痛、背部肌肉和腿部肌肉痛，同时还伴有流鼻涕、发烧、恶心。这是由流感即呼吸道病毒性感染引起的。如果宝宝出现高烧（38.6℃以上），并有呕吐、腹泻、厌食、不想喝水等症状，父母应马上带他去医院就治。

百日咳

呼吸一次猛烈而沙哑的阵咳多达25下甚至更多，用力吸气的时候会发出尖锐的吼鸣声。在咳嗽症状出现之前，曾有过1周左右的感冒症状，但是不发烧。这便是百日咳，它是一种传染性很强的喉部、气管及肺部细菌性感染所致的疾病，没有接种过此类疫苗的孩子患病的可能性较大。如果宝宝的咳嗽持续1周不见好转，父母应带他去看医生，以缓解咳嗽症状。

哮喘

持续咳嗽并常常伴有喘鸣或气喘，咳嗽时闻长达10天以上，晚上或是在运动后病情会加重，而且当宝宝接触到花粉、冷空气、动物皮屑、粉尘或是烟雾的时候，咳嗽都会加重。宝宝还会出现呼吸困难或是呼吸急促、吃力等症状。这是由哮喘引起的。哮喘是一种慢性病，是由于肺部细小的气道肿胀、变窄，为黏液所充斥并发生痉挛，从而导致呼吸困难。

轻微的哮喘病会出现慢性咳嗽的症状，父母可带宝宝去医院仔细检查以便确诊。如果家族有过敏史、哮喘病史，应该告诉医生，因为在这种情况下，宝宝患病的可能性较大。

咳嗽总不好的原因

呼吸道感染是最常见的反复咳嗽的原因。90%的呼吸道感染是病毒感染引起的。病毒的特点是它一般在细胞内生长，使细胞受到破坏，而受到破坏的细胞得到修复往往需要较长的时间。在细胞修复的过程中，上皮组织很容易受到外界刺激而咳嗽，这样咳嗽时间就会很长。

春秋季宝宝的身体处于高敏状态，很容易产生过敏反应。如以前吸入的干燥空气，相对湿度为20时宝宝没什么反应，但现在相对湿度为30，则可能会觉得不舒服，出现咳嗽。

患支原体肺炎的宝宝通常咳嗽比较厉害。支原体和病毒一样，会侵犯到细胞中，当肺炎病好后咳嗽也很可能延续几个月。

有的宝宝先天免疫力差，很容易感冒；还有的因患病继发抵抗力下降，就容易反复患呼吸道感染，反复咳嗽。

若宝宝曾经患过很严重的病，如病毒性肺炎、肺部并发症、肺部畸形或支气管扩张等，这种咳嗽则是由于器质性改变造成的，所以咳嗽时间较长。

如果病毒性感冒非常严重，咳嗽时间也会比较长。

抗生素对咳嗽一般不起作用

只有明确的细菌感染使用抗生素才有效，如咳嗽伴有发烧，有黄痰、黄鼻涕等，血液检查结果白细胞高说明有化脓性感染，可以使用抗生素。如果没有这类证明，建议不用抗生素。因为大多数咳嗽是病毒性咳嗽，抗生素对病毒不起作用。

远离咳嗽的方法

合理营养：处在生长发育阶段的宝宝，如缺乏一些营养物质，如钙、铁、锌、维生素，免疫力就会下降。因此，平时应注意给宝宝均衡的营养，必要时可请医生检查是否缺乏某种营养，并进行相应的补充。

经常锻炼：适量的运动能提高机体功能，增强宝宝心肺的代谢能力，提高他对环境的适应能力。从秋天开始，就应让宝宝穿得单薄一些，多到户外活动，呼吸新鲜空气，使他逐渐适应寒冷环境，提高御寒能力。

注意环境的整洁：宝宝的房间每天要通风换气，父母如果患呼吸道感染，应尽量减少与宝宝的接触。

细节13 正确对待宝宝说谎

对于2～5岁的宝宝来说，说谎并非完全是品德问题。但是，如果父母不加注意、不分析、不教育，宝宝便得到了不断强化与练习说谎的机会，会养成说谎的坏习惯，甚至积习难改。对于宝宝说谎，父母一方面不一心惊慌失措；另一方面要仔细分析宝宝说谎的原因及心理，然后采取相应的教育措施。

概念模糊

本阶段的宝宝由于认知水平和语言能力的局限，对于发生的事情表达不准确，或者对物品的归属概念模糊，认为自己喜欢的东西就是自己的，出于无意会造成许多说谎的假象。对于这样的宝宝，父母要帮助他分清“所有权”的概念，并告诉他不是自己的东西不要拿。

想象力丰富

本阶段的宝宝对于事实和虚构的界线还分不清楚，头脑中经常会产生出许多极其生动、逼真的想象。他喜欢夸大其词，有时会用虚构的故事来抬高自己，使虚荣心得到满足，或者用幻想的语句作为未能实现的愿望的补偿，作为克制和掩饰自己失望心理的手段。这种与想象、愿望有关的说谎具有自我陶醉的特点，能使宝宝获得象征性、代偿性的满足。

想实现某种愿望

宝宝的愿望大体可以分为两种，一种是物质的，如玩具与零食等；另一种是精神的，如希望得到父母和他人的表扬。有的宝宝会出现因为物质欲望和精神需要得不到满足而说谎的现象。

逃避惩罚

宝宝做了错事，害怕遭受体罚，害怕失去爱抚，为了消除这种心理上的恐惧，宝宝会出现说谎的行为。特别是面对性格粗暴、态度严厉的父母，宝宝往往会因不敢承认自己的过失行为而说谎。

乖宝宝症状

宝宝从小就被大人灌输什么样的宝宝才是乖宝宝，什么样的宝宝是不听话的宝宝，宝宝知道大人喜欢乖宝宝，也希望大人认为自己是个乖宝宝。因此，当宝宝做错事时很容易去想：爸爸妈妈爱我，因为我是个乖孩子，乖孩子是不会做错事的，我才没有做错事呢。于是为了不改变自己在父母面前的乖宝宝形象，宝宝出现了说谎现象。

模仿行为

现在，成人社会与大众媒体中存在着不少说假话的行为，容易被宝宝模仿。如果父母经常当着宝宝的面说些小谎话，那么宝宝很快就学会说谎。父母一句漫不经心的谎话会给一旁的宝宝造成非常不好的影响，所以作为他的第一任启蒙老师，父母应该尽量少说谎，要对自己严格要求。

了解宝宝心智的发展

此时的宝宝正处于语言学习的关键期，正确描述客观事件的能力有限；他的思维处于直觉行动阶段，即离开了具体的物体与实际的操作，将无法正确认识这个世界，因此导致宝宝的想象与事实相距甚远。另外，宝宝刚刚形成自我意识，开始具有自尊倾向，因而会用想象中的事物来满足自己无法实现的愿望。了解了这些，父母就不该轻易断定宝宝撒谎。

建立良好的亲子关系

父母与宝宝间的相互信任和理解是他诚实的前提条件。平时多关心宝宝的生活，对他的要求要切合实际。当发现他说谎时，要与他一起商量，下一次遇到类似情况用哪些更好的办法来代替说谎。另外，要让宝宝知道，即使说了谎，父母还是爱他的，也能理解他的心情。

处罚要得当

有时宝宝做错了事，父母的态度会很粗暴，甚至会体罚宝宝，宝宝由于恐惧只能在下次做错事时开始说谎。所以，父母应该克制怒气，先分析一下错误的性质。如果宝宝是出于好奇、顽皮、不当心而无意做了错事，就切忌粗暴地体罚他，而要耐心地进行指导教育。但是，也有一些错误是应该惩罚的，如损人利己的行为或旧错重犯，如果他能主动、诚实地告诉父母自己所犯的错误，那么在批评教育之前一定要对他的诚实表示肯定，并适当减轻惩罚。如果他犯了错误还说谎，则要加重处罚，并告诉他加重处罚的原因是他在第一个错误没改正的情况下，又犯了更严重的错误——说谎。

细节14 入园前的准备

这个阶段的宝宝就要离开家进入幼儿园了。宝宝入园往往是令父母非常头痛的事情，因为宝宝长期待在家中，忽然要离开家进入一个陌生的环境，肯定不适应。在最初的几天里总是哭哭啼啼，让父母心里也酸酸的。其实宝宝入园后的不适很容易减轻，只要父母提前一个月和宝宝一起做入园准备就可以。

为宝宝讲解幼儿园

宝宝并不知道幼儿园是什么，这就需要父母和宝宝讲一讲：幼儿园是一个小朋友一起玩、一起学习的地方，每个长大的宝宝都要去幼儿园；那里有玩具，有老师，有小朋友；白天把宝宝送到那里，宝宝在那里吃饭、睡午觉、和小朋友玩，晚上再把宝宝接回家。

对宝宝讲时要实事求是，不要夸大幼儿园有多好多好，免得宝宝在入园后心理落差大，反而认为父母骗他，不愿再去幼儿园。

熟悉环境

虽然在宝宝的头脑中有了对幼儿园的大致印象，但由于没有亲眼看到，这种印象往往是模糊的。因此，父母有机会应该和宝宝一起到幼儿园走一走，看看幼儿园的外观，听听孩子们的唱歌声、欢笑声，让宝宝产生愿意入园的愿望。

调整作息时间

在幼儿园里上学放学都有一定的时间，因此父母要逐渐使宝宝在家的作息和幼儿园的一致，这样宝宝进入幼儿园后才不至于感到不适应。父母可以这样为宝宝安排作息时间：早上7点前起床，活动一会儿后，8点左右吃早餐；中午12点左右吃午餐；12点半左右让宝宝睡午觉；下午2点半左右起床；上午10点及下午4点左右要给宝宝加餐，以水果、奶制品为主；晚上和家人一起进餐，晚上8~9点左右上床睡觉。

物质准备

将宝宝的被褥、洗漱用品准备好。为宝宝准备几套上幼儿园的服装，虽然只是上幼儿园，但在穿衣上也不能像在家时随随便便，应该正规些。

自理能力的培养

幼儿园老师虽然会在宝宝刚入园时喂宝宝吃饭，但毕竟孩子多，老师少，有照顾不到的地方，因此宝宝就要自己学会用勺吃饭，并要吃饱。对于还不会用水杯喝水的宝宝，父母就要加紧训练了。

有的宝宝有了大小便还不能通知大人，或者还在使用纸尿裤，因此在入园前，父母应该让宝宝学会说“我要大便，我要小便”。

在幼儿园吃完饭就要午睡一会儿，时间一般为两个小时。许多宝宝在家里往往要父母抱着、哄着才能入睡，所以入园之前父母应培养宝宝独立入睡的习惯。午休之后，一般需要宝宝自己穿衣服起床，所以，对于还不会自己穿脱衣服的宝宝也该开始训练了。

宝宝在玩耍时常常把自己的小手、小脸弄得很脏，如果宝宝自己不会简单的清洗，父母需要尽早教会宝宝。

社交能力的培养

进入幼儿园犹如进入了一个小社会，有些宝宝会认生、胆小，这时父母就要多培养宝宝的社交能力了。平时可以多带宝宝去孩子多的地方，也可以让宝宝多和邻居家的孩子们一起玩。有些父母因为害怕宝宝受欺负，就不敢让宝宝和其他人玩，这其实是一种错误的做法，父母应该多鼓励宝宝与小朋友交往，而不是阻止他们的交往。

语言能力的培养

如果宝宝语言表达能力差，对宝宝来说是一件非常苦恼的事情，因为他不会说，无法表达自己的要求，容易被老师忽略。因此，父母平时要多和宝宝说话，鼓励宝宝讲出自己的想法，尽管父母已经猜到宝宝想要什么，但也要鼓励宝宝自己说出来。

如何训练宝宝的表达能力

平时父母可有意识地让宝宝做些这方面的练习。“告诉妈妈，你想干什么？”、“你刚才玩的是什么呀，给爸爸讲讲好吗？”告诉宝宝，当自己需要老师帮助的时候就要大声地向老师说出来，特别是当身体不舒服时要说出来或用手指出具体的地方，比如头痛、肚子痛等。

细节15　如何对待孩子的不良行为

现在的孩子多数都是独生子女，所以很多父母难免会对孩子有所溺爱和娇纵，这种溺爱容易导致宝宝形成许多不良的行为习惯。在家庭这个小环境中，父母对宝宝的行为已习以为常，但一旦进入幼儿园这个社会环境后，其所暴露出来的不良行为就会引起小朋友间、家长与教师间或家长之间的矛盾。

认真对待第一次不良行为

很多父母往往意识不到孩子第一次出现的某种不良行为，因而没有及时加以纠正，这对其日后发育有危害。当父母看到孩子第一次出现不良的行为，比如打其他小朋友时，父母应该非常严肃地告诉他这样不对，同时给予小小的惩罚。比如可以让他独自站在一边或大家不理睬他一段时间，然后抱着他再次认真地讲解这样做不好的原因，应该怎样做才能达到自己的目的。孩子的不良行为第一次就被及时责罚，以后第二次出现时稍作劝阻孩子也就会听从了，出现第三次、第四

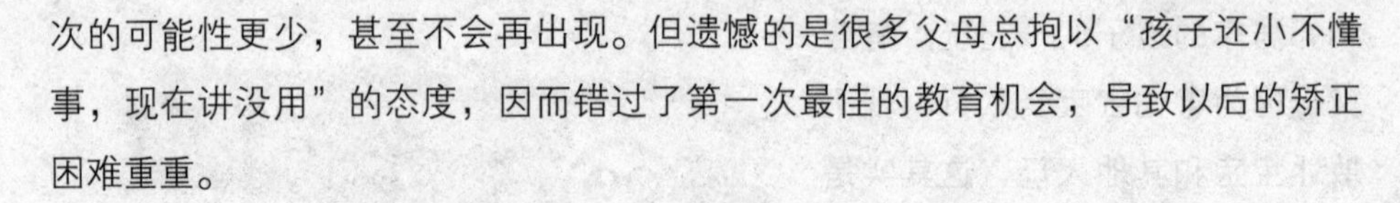

次的可能性更少，甚至不会再出现。但遗憾的是很多父母总抱以“孩子还小不懂事，现在讲没用”的态度，因而错过了第一次最佳的教育机会，导致以后的矫正困难重重。

确立家庭规则

一些生活中的规矩应早早地为孩子订立。确定家庭规则时，要清楚地、正式地告诉孩子，如果可能可以将其写下来并在家庭中公布。比如告诉孩子：“想吃糖时，应该问问父母能不能吃，这是咱们家的规矩。”如果孩子在规定时间以外打开电视，应让他及时关闭电视机，并且大声、清楚地再陈述一遍家规，这样做有助于让孩子铭记在心。

从改善关系做起

如果父母希望孩子能更好地与自己合作，首先要从关注改变孩子转变到关注改善父母自己与孩子的关系上来。有些父母一听到有人“告状”或看到孩子行为不当就会大打出手。实际上，孩子在成长过程中，每天都会有1~2次不礼貌或不良行为，此时父母若不分场合、不分情况逐一加以纠正，孩子可能会感觉自己什么事情都不能做，从而不敢尝试或产生自卑心理。

正确的做法是：每天都给孩子1~2次正面、积极的回应，或者在特定的某件事上给予表扬，并用肯定的态度爱护和关心孩子。其实，一个鼓励的眼神或一句简单的表扬胜过喋喋不休的指责或过分的物质奖励。因为孩子是爱表现的，只需轻轻一夸，他就会非常高兴，精神上就会得到满足。父母还可以每天抽出一些时间来陪孩子玩一会儿他喜欢的游戏，这对改善父母与孩子的关系非常有帮助。只有关系改善了，孩子的不良行为才容易改正。

及时惩罚

不良行为一旦出现必须立即施以惩罚，千万不要采用口头威胁，如“等你爸（或其他人）回来收拾你”等。此时，孩子的思维能力只能了解眼前的直接后果，不能想象更不能顾及将来的可能结果。相信父母一定经常会发现此年龄段的孩子前一刻还在哭，但转眼就笑。

冷处理

心理学上又称“爱的剥夺”。一旦孩子出现不良行为，在告诉他为什么受惩罚后，就让他单独处于房间中，使他深刻地体会到不被人理睬的孤独滋味。不过要注意冷处理的时限并不是越长越好，这个阶段的孩子只需处罚3分钟即可。这样既能让他认识到什么是被罚并体验孤独的滋味，又没有超过他的心理承受能力。

细节16 宝宝记忆力的训练

记忆力和人的其他各种能力一样，可以经过后天的训练而得到加强。但是宝宝记忆的过程不是一蹴而就的，它需要从简单到复杂、从少到多不停地训练而获得，所以爸爸妈妈可以采取一些有效措施来提高宝宝的记忆力。

通过游戏

“哪里没有兴趣，哪里就没有记忆。”歌德的话正好说中了宝宝的记忆特点。明智的父母绝不能命令宝宝记住这、记住那，而是让宝宝在玩中学。这种可以训练宝宝记忆力的游戏有很多，如说歌谣、讲故事、猜谜语、唱儿歌等。

明确目标

不用说宝宝，就是父母自己可能也不记得走过无数遍的楼梯有多少台阶。但是，妈妈如果跟宝宝说：“数数楼梯有多少台阶，星期天好去告诉姥姥。”宝宝准会记牢，这是因为明确了任务。明确记忆任务，可以提高大脑皮层有关区域的兴奋性，形成优势兴奋中心，因而记得牢。

真正理解

父母应充分利用宝宝已有的知识经验，使他学的新知识与脑子里的旧知识建立起联系。比如，在宝宝记“乘法口诀表”时，父母可以启发宝宝理解“乘数不变，被乘数增加‘1’，积就增加一个乘数”的道理。这样，让宝宝充分理解，他就能借助已有的加法知识很快记住乘法口诀了。

抓住时机

不同时间学的东西，记的效果不一样。研究表明，在入睡前学的东西记得就好。因为学后就入睡，不再有别的东西来干扰，使大脑有一个很好的自行巩固记忆的过程。因此，父母的故事、谜语、歌谣等不妨在宝宝临睡前讲给他听。

多种感官

实验证明，以10张画片为材料，单凭听觉记的效果为60%，单凭视觉记的效果为70%，而借助视觉、听觉和语言三者协同进行，记忆效果为86.3%。这是因为多种感官参与识记活动，可在大脑皮层中建立多种通道的神经联系。附加意义如果是有意义的内容，可以让宝宝在理解后再记。如果是没有意义的内容，可以引导宝宝给要记的内容附加上意义。比如，要记住富士山海拔12365英尺（1英尺=0.3048米），就可以把富士山假想为“两岁”的山，即前两位数想成12个月（为1岁），后三位数想成365天（1年即为1岁），这样宝宝很容易就记住了。

归类记忆

记忆应该是能记善忆。有的宝宝知道得不少，就是用的时候想不起来，他不是没有记住，而是不善于回忆。所以，训练宝宝的记忆力，不仅是让宝宝善记，还要让他善忆。可以让宝宝把记的东西系统地归类，比如，宝宝学了一定数量的字，你可以帮助他按字形或读音归类，以后再学，继续归入相应的类别，这样系统地存在大脑里就容易回忆起来。总之，“存”在大脑里的东西系统性越强，到时候就越容易“取”出来。

多和宝宝一起回忆巩固记忆

3岁前的宝宝记忆力在头脑里保存的时间很短暂。很多时候，宝宝并没有记住以前发生的事情，但是如果父母多和宝宝一起谈论以前的事情，一起念以前学过的儿歌，就能够帮助他回忆，巩固他的记忆。而且，和宝宝一起谈论以前的事情，跟他一起分享他的生活，还能够帮助他更深入地了解自己。

细节17 教宝宝有时间观念

妈妈对宝宝说半个小时后吃饭，可是到那时候他依然玩得忘乎所以；爸爸对宝宝说明天要做什么，他却对爸爸兴致勃勃地讲昨天发生的事；妈妈叫宝宝要准时起床，他却老是赖床……是宝宝调皮不听话吗？不一定，很可能是他并没有建立起一定的时间观念。

宝宝时间认知的发展

其实，宝宝从很小的时候就有时间观念了，只是他的时间观念不是和成人一样的“几点钟”这么详细确切。不过，他对时间的判断标准是随着年龄增长而变化的。

在3岁以前，宝宝几乎都活在“当下”，对于时间的流逝没什么感觉，言谈中自然很少提到过去或未来的事。他对时间的知觉，主要是依靠本身的生物时钟来提供时间讯息的。

大约3岁开始，宝宝的时间概念逐渐形成，言谈中也越来越常使用与时间有关的字眼。此阶段宝宝的时间知觉是以与事件的联系为主，他总是借助于生活中的具体事情或周围现象作为指标，包括周遭环境或大自然的变化。如日夜和季节的变化以及生活中的具体事例，如吃饭、睡觉、上幼儿园等，都是宝宝知觉时间概念变化时的主要指针，尤其是生活作息在他对时间的理解上起着决定性的作用。

用具体事件标示时间

仅仅说“时间”两个字，对于年幼的宝宝来说多少有些抽象。所以，想要教宝宝掌握时间观念，就要教宝宝从他能理解的、最熟悉的、亲身经历过的和感兴趣的事开始来认识时间。

时间看不见也摸不着，和宝宝说“3点钟我们去姥姥家”，他可能无法清楚地理解。所以，父母教宝宝认识时间或是和宝宝讨论时间时，应尽量用具体的事件来标示，比如，“早上”可以说“太阳出来的时候”、“奶奶送你去幼儿园的时候”，也可以用宝宝所熟悉的其他具体事件来表达。同理“中午”、“晚上”都可以用这样的方法来表示。所以父母不一定要宝宝知道几点钟时应该做什么事，而是可以将“早上起来要喝牛奶”、“吃过午饭要睡午觉”，“周末时爸爸妈妈都休息”等作为时间的概念传达给他，这样宝宝就很容易听懂了。

有意识地使用时间词汇

虽然宝宝的时间概念发展大都不如他对时间词汇的掌握，但是学习使用时间词汇可以增进他的时间观念。因此，父母可以有意识地在宝宝面前使用时间词汇，如“今年宝宝2岁，明年3岁了”、“明天星期六，我们要去姐姐家”，或者给宝宝念唱一些和时间有关的儿歌，如“太阳公公起得早，我们大家来做操”、“小雪花，轻轻飘，告诉我，冬天到”等。

听故事懂道理

所有的宝宝都喜欢听故事，父母可以从讲故事入手，引导宝宝树立自觉的时间意识。比如给他讲讲名人守时的故事，或是讲一些因为不遵守时间而造成严重后果的故事。

生活作息有规律

要宝宝从小就养成有规律的生活习惯，给他制定一个科学合理的作息时间表。这样，他就可以知道每天妈妈起床后他也应该起床了；吃过午饭后就应该午睡……这会加强宝宝的时间观念。相反，如果父母本身的生活没有规律，宝宝在认识时间、遵守时间方面也就会无所适从。

有效利用钟表

宝宝的思维都是具体的、形象化的，父母可以和宝宝一起把钟表上的数字形象化、具体化。父母可以做一个只有时针的大时钟，和宝宝一起动手，画一些简单的图画，如床、面包、玩具等，或者是把现成的贴纸贴在钟的相应位置上、如在7点的位置贴上面包，表示7点要吃早餐了；在3点的位置贴上玩具，表示3点是游戏时间。

养成遵守时间的好习惯

养成遵守时间的好习惯，对宝宝的一生都有益。和其他好习惯的养成一样，培养宝宝守时的好习惯父母同样要以身作则。答应宝宝的事要做到，说好6点起床绝不赖床到7点；说好5点去接他回家，就不要让他等到5点半；还可以帮助宝宝把重要的事用画图、做记号等方法记在日历上。

和宝宝约定守时

为了引导宝宝养成遵时守时的好习惯，父母和宝宝不妨做个约定，相互监督。不管是谁，没有遵守时间就应该受一点小惩罚。让空头约定有效果的关键在于，不管是惩罚还是奖励都应该及时兑现。

细节18 培养宝宝的自信

父母在给宝宝设计未来时，更应注重培养他们的自信心，使宝宝成为有足够活力、足够勇气和乐观自信的人，使他们昂首阔步地走向社会，去克服人生道路上的种种艰难险阻。

相信宝宝

不少父母总认为宝宝年纪小，认为他这也不行，那也不行，不相信宝宝。宝宝虽小却具有巨大的学习与发展潜力，因此父母要用心培养宝宝，并经常说："宝宝，你行!"宝宝是通过别人对自己的看法来认识自己的，只要父母认为他行，他就自然会产生自信。

由于宝宝是在活动中获得发展的，因此父母要为宝宝提供活动和表现能力的机会与条件，放手让宝宝进行各种活动。这样不仅能促进宝宝的身体和各种能力的发展，而且能使其产生对环境的控制感并获得成功的欢乐，从而增强自信。相反，如果父母总是把宝宝限制在狭窄的空间里或事事越俎代庖，什么都不让宝宝去做，便剥夺了他通过活动树立自信心的机会，将导致宝宝能力低下、依赖、胆怯和自卑。

多给鼓励

父母积极的教养态度对宝宝影响很大。两三岁的宝宝喜欢拿着他的"作品"给爸爸妈妈看，希望受到夸赞。做父母的应利用这种心理特点，无论宝宝做什么事，都要善于发现他的点滴进步和成功，并给予赞赏和鼓励，使他积累积极的情感体验。对于宝宝的失败与不足，父母要接纳，而不是过多否定、指责，这样容易使宝宝产生自卑心理。

标准适当

父母对宝宝发展所确立的标准要适当，应考虑自己宝宝本身的特点和能力，不能总主观地以过高标准要求他。标准过高宝宝达不到，屡遭失败，就会产生持续失败的挫折感，从而积累"我不行"的消极情感体验，容易使宝宝丧失自信心。另外，有些父母在教育宝宝时总想一步到位，急于求成，忽视了宝宝的发展是一个渐进的、曲折的过程。比如，两三岁的宝宝吃饭，开始时经常会撒得满桌子都是，这时父母应先对宝宝说："宝宝真能干，会自己吃饭了!"与此同时告诉他怎样吃才能吃得更好，而不要去责怪他。宝宝做事总是有一个从不会到会，从做不好到做得好的发展过程，父母要求过高、过急都不利于宝宝的发展。

切忌攀比

有些盼子成才的父母常常盼望自己的宝宝处处强过别人，惯于横向攀比。比如，有的父母到幼儿园去看孩子们的活动，每当发现自己的宝宝有不如别人之处，便对他说："瞧，某某比你唱得好!"、"某某画得比你强多了，瞧你画得像个啥？"……以别人的优势比自己宝宝的不足，父母的本意可能是想刺激自己的宝宝赶上别人，但这种横向攀比，比掉的恰恰是宝宝的自尊心和自信心。因为孩子们的发展速度与方向都存在着明显的个体差异，要求自己的宝宝处处强过别人是非常不实际的。

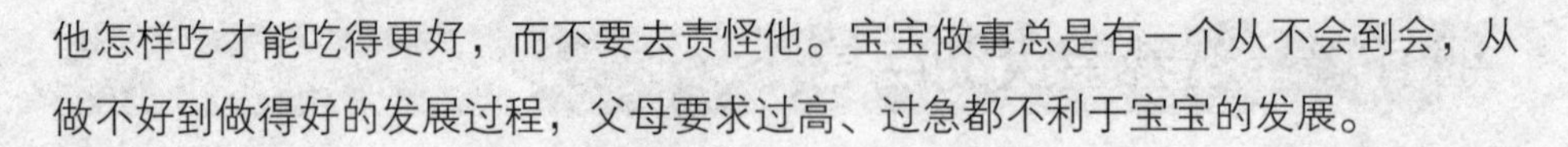

细节19 帮助孩子尽快适应幼儿园生活

孩子刚开始入园时，从熟悉的家里来到一个看不到亲人的陌生环境，会出现诸多不适应。大多数孩子在妈妈离开的时候，会疯狂地喊叫哭闹，甚至会拉着家长不让家长走。那么，父母应该如何帮助孩子尽快适应幼儿园的生活呢？

孩子哭闹难入园

孩子刚上幼儿园的时候，一般都会产生分离焦虑感，有的孩子哭天喊地，家长看在眼里，疼在心上；还有的孩子抱着家长的腿就是不让家长离去，使得家长手足无措，欲走不忍、欲留不能。有的家长听到孩子哭闹很不放心，便躲在墙角、门后、窗外看；有的则会中途来看望，结果导致孩子哭闹的时间反而延长，次数也会增多。甚至有的家长为了防止孩子哭闹，送上幼儿园"三天打鱼，两天晒网"，甚至长时间将孩子留在家里。

面对孩子哭闹的对策

家长不要怕孩子哭，在一定程度上孩子是哭给家长看的。家长送完孩子后要赶紧离开。一般家长走后孩子大多便不哭闹了，因为老师有许多平息孩子情绪的方法。另外，只要孩子不生病，家长就要坚持将孩子送到幼儿园，千万不要因为孩子的哭闹而中断。家长要明确告诉孩子："你已经长大了，该上幼儿园了，就像妈妈上班一样，这是应该的。"千万不要说"不听话就把你送到幼儿园"等负面的语言，这样会让孩子感到幼儿园是一个可怕的地方，孩子就更不愿意去了。

在送孩子去幼儿园的路上，不要反复叮嘱他要守纪律、懂礼貌，唱歌时要大声，画画时要画好等。这些过高的要求、禁令或者劝告，也会使孩子对幼儿园望而生畏，甚至产生焦虑情绪。

家长离开幼儿园时，切忌偷偷离开，要将孩子安顿好，让孩子感到放心，然后再离开。如果孩子还是不让离开，家长的态度一定要坚决。孩子刚入幼儿园，心理上可能一时接受不了。接孩子时尽可能早一点，接完孩子后抱一抱，亲一亲，肌肤之亲会给孩子一种安慰，让孩子感到“不是妈妈不要我了，妈妈还是很喜欢我的”。

回家以后发脾气

有的孩子从幼儿园回到家以后，经常发脾气、闹情绪，家长以为孩子在幼儿园里受了委屈，对此不知所措。这种情况大部分是由于孩子在家里时习惯了率性而为，初入幼儿园，对于诸多规矩难以适应，而回家后就彻底放松了，所以宣泄一下委屈的情绪也很正常。但是，如果孩子哭闹得异乎寻常，家长要主动与老师沟通，向老师了解孩子的情况，做到对症下药。对于有的孩子无原则地哭闹，家长千万不能一味迁就。

小病也要坚持上学

孩子新入园后不久很可能出现三天两头地生病，不是感冒发烧，就是拉肚子、咳嗽。父母很疑惑，一向在家里好好的孩子，为何到了幼儿园会如此频繁地生病，该如何预防呢？

从出生到进入幼儿园，孩子都在亲人的包围中成长，得到精心的呵护，很少受到病原体的侵袭，所以很少生病。幼儿园是集体生活，人群密度相对家庭要高，因此接触各种病毒、细菌的机会就会增加，相互传染的机会也随之增加，孩子很容易生病。

家长应先适应孩子入园

父母不要让自己的担心、不安、焦虑等一系列复杂的感情影响孩子，或用语言传递给孩子，过度担忧会加重孩子入园的不良反应，延长孩子入园的适应时间。父母可以关注幼儿园为每个班级的家长设置的通信栏，同老师进行配合，使孩子尽快适应幼儿园的生活。

其实如果只是一般的低热、感冒，除了必要的治疗外，家长还是应该坚持送孩子入园的。如稍有小病就放弃上幼儿园会使适应期延长，不利于孩子的发展。家长可以有针对性地采取一些措施来预防孩子生病，比如增加运动、保持清洁、多喝水、多吃水果等。

细节20 提升宝宝智能的亲子游戏31例

请你跟我这样做——语言理解能力训练

游戏时，父母边做动作边念儿歌，让宝宝也做同样的动作。“请你跟我这样做，我就跟你这样做，小手指一指，眼睛在哪里？眼睛在这里。”（用手指眼睛）“请你跟我这样做，我就跟你这样做，小手摸一摸，鼻子在哪里？鼻子在这里。”（用手摸鼻子）“请你跟我这样做，我就跟你这样做，小手指一指，耳朵在哪里？耳朵在这里。”（用手指耳朵）“请你跟我这样做，我就跟你这样做，小手指一指，嘴巴在哪里？嘴巴在这里。”（用手指嘴巴）“请你跟我这样做，我就跟你这样做，小手指一指，小手在哪里？小手在这里。”（用手摇两下）。也可以做各种各样的动作，让宝宝学说“伸伸手”、“弯弯腰”、“喂小猫”、“种种花”等短语。

小动物排排站——空间概念训练

妈妈准备5个小动物玩具：小兔、小狗、小猫、小鸭、小象以及1块盖布。妈妈用神秘的语言对宝宝说：“今天有几个小动物来我们家做客，你想知道它们是谁吗？”拿出小动物，散放在桌子上，让宝宝确认动物的名称。妈妈说：“今天小动物要和我们玩排队的游戏，咱们来给小动物排好队吧。”妈妈指导宝宝把小动物排成一横排。接着妈妈用手指着从左数起问宝宝："请你来告诉我，从这边数，小兔排在第几？"让宝宝回答并指出小兔所在位置，如果宝宝回答对了，就用小兔来亲亲他的脸。然后妈妈手指向右边："现在我们从这一边数，排在第一的是谁？""请你把排在第二的动物拿给我。""小狗排在第几？"用不同的提问方式让宝宝学会从不同的方向确认动物的准确位置。等宝宝记清动物的排列顺序后，用盖布将动物盖住，问宝宝："小动物来和我们捉迷藏；从前边数第一个动物是谁？""从后边数第一个动物是谁？"宝宝回答后揭开布检验是否正确，巩固序数概念。

可以吃的冰——动手能力训练

妈妈准备食用色素、水、制冰盒，把水注入制冰盒，在水中掺进无毒的各种颜色的食用色素，放进冰箱做成冰块。将冰块取出放在盆子里让宝宝玩，妈妈在对话中运用颜色名称如"请给我一块蓝色的冰块"或"给我一块红色的冰"，让宝宝完成相应的指令。用各色冰块堆积木，看着它们慢慢溶化，各种颜色最后混在一起，会充满乐趣，并将引出很多对话。还可以把果汁注入冰盒或冰棍儿器中，让宝宝体验自己制作食物的乐趣。

通过游戏可以帮助宝宝认识水和冰的关系和变化，增强他们对事物的感受能力，激发探索科学奥秘的兴趣。这个时期宝宝大脑中的连接急切地等待着各种新的体验，为理性思考、解决问题能力的发展做准备。

自编儿歌——语言能力训练

妈妈带着宝宝一起说一说这首儿歌："今天真快乐，大家一起唱歌，大家一起跳舞。小熊维尼有好多朋友，有小猪和跳跳虎，还有兔子瑞比和屹耳。"等宝宝熟悉了这首儿歌以后，和他一起讨论"儿歌里面都有谁？他们在一起做什么？"接着，可以引导他自己改编儿歌，如"大家一起做操，大家一起喝水，宝宝有很多好朋友，有扬扬和乐乐"等。带宝宝买水果的时候，可以和宝宝说"今年的枣大丰收"，让宝宝顺着思路说下去，"今年的橘子大丰收"、"今年的苹果大丰收"等。

自编儿歌的游戏可以提高宝宝概括能力和表达水平，掌握一种新的语言表达方式。多样化训练可以提升宝宝参与创作的乐趣，从而培育其自信心，提高自身创造力。

跳跳球——手眼协调训练

随着宝宝高级运动技巧如跳跃、模仿肢体动作、接球、跳绳等的发育和形成，你可以将简单的滚球、扔球游戏"升级"为抛接球游戏、接反弹球游戏、原地拍球抱起游戏、踢足球游戏、投篮甚至是手指转球游戏等，从而提高和培养宝宝的运动能力。

妈妈和宝宝手拿球拍，爸爸将球往空中抛去，当球落下来时，妈妈用球拍接住，同时搭配唱数游戏，"1个、2个……"爸爸调整投球的力度，让宝宝试着接落下来的球。爸爸妈妈将球往地上丢过去，宝宝手拿球套，当球触地弹起时，让宝宝把球接住，再投给妈妈。爸爸妈妈投球时可以一次丢好几个颜色的球，然后指定宝宝要接哪一个颜色的球。

这项游戏有一定的难度，宝宝不一定能接住，只要宝宝碰到球，妈妈就表扬。爸爸妈妈扔球要把握力度，以免球反弹回来砸到宝宝的眼睛。

袋鼠妈妈和小袋鼠——反应能力训练

此游戏可以训练宝宝动作的敏捷性和控制能力，培养父母宝宝之间的协调性。宝宝扮演小袋鼠站在前面，妈妈扮演袋鼠妈妈站在后面，双手搭在宝宝的肩上。妈妈喊口号"一——二——跳"，母子二人节奏一致地向前跳跃，要连续跳，边跳边数数。当爸爸扮演的大狗熊出现时，袋鼠妈妈和小袋鼠赶紧站住不动。大狗熊绕着他们转一圈，做出各种怪相，袋鼠妈妈和小袋鼠如果忍住不笑不动则胜利。

一些父母担心跳多了会损伤宝宝的大脑，其实这种担心有些多余。人在弹跳时，虽然受到很大的外力冲击，但巧妙的人体骨骼关节构造就像在人体内安装了一系列缓冲装置一样，这些装置完全能将这种冲击力化解于无形之中，以确保大脑安然无恙。因此跳跃只会起到健身、健脑的作用。

走楼梯——数学能力训练

妈妈牵着宝宝的手，边走楼梯边数台阶数。在迈一只脚时数“1个台阶”，迈另一只脚时数“2个台阶”，交替进行。也可以引导宝宝在上楼梯时一个台阶累加一个数，从“1个”数到“10个”，下楼梯时一个台阶减去一个数，引导宝宝从“10个”数到“1个”。带宝宝去爬山，也可以一边爬一边数台阶，增加爬山的乐趣。

这个年龄段的宝宝已经能够左右脚交替着灵活地走楼梯了。上下楼梯时，让宝宝数数，可以提高宝宝独立行走的兴趣，同时练习口与脚的动作一致。一一对应地数数，培养宝宝对数字的感知能力，同时还能完善身体运动协调能力，让宝宝全面均衡地得到发展。

来回倒水——手眼协调训练

妈妈准备两个带手柄的塑料杯，把它们平放在桌子上。在一个杯子里注入三分之一的凉水，然后把这杯水倒入另一个杯子里，来回倒一次。让宝宝模仿妈妈的做法来回倒水。即使倒在桌子上，妈妈也不要责备。也可以在杯子里装入一些米，然后倒入另一个空杯子里，来回倒。

扑克牌的大与小——数学、逻辑思维训练

出牌比大小：爸爸和宝宝各有一半牌，每次双方各出一张牌，都反扣在桌上，然后数一、二、三，同时把出的牌翻过来。比较这两张牌的数目，若是一样大的，就各自收回牌；若不是一样大的，小的牌被大的牌吃掉，归大牌所有者（这两张牌不能再用来出牌）。直到把双方的牌都出完，最后看谁得到的牌多谁就赢了。

翻牌比大小：先把牌都反扣在桌上，爸爸和宝宝各翻一张牌，比较牌的数目，若是一样大的，就仍翻转回原处；若不是一样大的，就大牌吃掉小牌，这两张牌都归翻大牌的人。直到把反扣的牌都翻完，最后看谁得到的牌多谁就赢了。

自己动手，变废为宝——动手能力训练

准备一个空饮料瓶，在瓶底正中用锥子扎一个孔，在瓶颈处扎另一个孔，这样玩具就做好了。告诉宝宝“这是流水器”，在地上另放一个水盆用来盛流出来的水。请宝宝帮忙把瓶子灌满水，拧好盖儿，水就会从两个孔里流出来。把瓶子竖起来，水会从瓶底的孔里流出，妈妈让宝宝用手指把颈部的孔堵上，宝宝会很惊奇地发现流水停止了。妈妈示意宝宝把手拿开，水流又出现了。把水瓶倒过来，水会从颈部的孔内流出来，堵上底部的孔，水就不流了。这个自制的玩具会让宝宝兴奋地玩几天。

你是男孩，我是女孩——抽象分类、逻辑思维训练

自知智能是八项智能中比较“神秘”却又具有重要作用的一个。它能让宝宝了解自己，更好地控制自己的行为，同时还能促进其他智能发展。最为直接的就是交往智能，因为自知智能发展好的宝宝，能够较好地理解他人，体察他人情绪，这对他们有效交往是非常有帮助的。

妈妈准备一些画册或图片，上面画有男孩、女孩、穿衣、吃饭、上学、运动等画面。请宝宝辨认图中谁是男孩，谁是女孩，谁是哥哥，谁是弟弟，谁是姐姐，谁是妹妹，注意性别的区分。让宝宝尝试说一说男孩和女孩在头发、衣着、身体特征等方面的不同。让宝宝说说自己和图中的哥哥或姐姐有哪些方面是一样的，说说自己是男孩还是女孩。

使用筷子——精细动作训练

妈妈准备一双适合宝宝使用的筷子、两个小碗、海绵、棉花、沙包、小玩具等。妈妈示范拿筷子，教宝宝正确使用筷子的方法，让宝宝模仿。把海绵、玩具等放入一个碗中，另一个碗并排挨着，让宝宝把碗中的物体夹到另一个碗中，逐渐拉大两碗的距离。也可以换一些比较难夹的小物件让宝宝夹，比如蚕豆、小纸团等，让宝宝反复练习。宝宝喜欢琢磨，只要在吃饭的时候不限制他使用筷子，他自己就能总结出用筷子把饭夹到嘴里的方法。

随着独立意识的增强，宝宝能够独立做好一些日常生活中力所能及的事情，鼓励宝宝做一些和自己密切相关的事情，也为他养成良好的生活习惯以及生活自理能力奠定基础。

赤脚任我行——语言、触觉能力训练

妈妈带宝宝去公园或铺有石子路的社区，带宝宝到小石子路、草地等不同的路面，脱掉鞋子赤脚行走。选择不同的路面，例如平坦的、直的、上坡的、高低起伏等不同的地形，让宝宝逐一体验和感受。引导宝宝说出自己的感受："草地凉吗？""是不是很滑？宝宝小心哦！""小石子在逗宝宝的脚呢，宝宝是什么感觉？”如果怕地上凉，可以给宝宝穿上一双袜子，当然，还要确定地面上没有会伤害到宝宝小脚丫的物品。

当宝宝有丰富的触觉经验的时候，便会慢慢发展出相似的辨识能力。除了头部触觉的发展外，双脚、身体的各个部分都不能疏漏。你可以选择天气比较暖和的时候，让宝宝光脚在不同的地面上行走，丰富其触觉经验，再搭配语言介绍，让他了解各种不同的感觉，如干、湿、滑等，这对宝宝的触觉发展非常有好处。

小小摄影师——精细动作、语言能力

相机是代替眼睛将观察到的事物恒久记录的最佳方式，通过宝宝自行的拍照活动，也可以提升宝宝对观察活动的兴趣。妈妈准备相机或放大镜，带着宝宝到户外散步。妈妈可以先拿着数码相机拍一些风景、人物等，把拍出来的图片给宝宝看，并手把手教给他拍照的方法。放手让他拍下任何感兴趣的事物，随时关注并参与指点评论。拿着冲洗出来的相片和宝宝一起讨论拍到了些什么，看到了什么，想到了什么，多听可以积累词汇、领会语义、熟悉语境。父母也可以经常给宝宝讲故事，让宝宝编故事，续故事，复述故事。编、续和复述故事除了锻炼语言能力外，还锻炼宝宝的逻辑能力和想象能力。因为故事的先后展开，都有内在的逻辑。

选工具——认知、逻辑思维训练

妈妈准备一些家庭常用工具模型，如小钳子、剪刀、小锤子、螺丝刀、小尺子等。先拿起每件东西让宝宝说出它的名称和用途。比如：这是小钳子，可以用来夹紧东西；这是小尺子，可以用来量长度；这是剪刀，可以用来剪东西等。当宝宝记住这些工具的名称和用途后，家长可以问宝宝："我要在墙上钉个钉子，应该用什么工具呢？"等宝宝说对后，再让宝宝把那个工具找出来。家长再问："我有一块木板，想把它分成两块，应该用什么工具呢？"或"这里有一个螺丝钉，我想把它取出来，可以用什么工具呢？"

石头、剪子、布——分析、反应能力训练

让宝宝坐在妈妈怀里，妈妈嘴里说着"石头、剪子、布"，并用自己的右手分别做出石头、剪子、布的手势。在宝宝学着做的过程中，妈妈告诉宝宝，"石头"能砸坏"剪子"，"剪子"能剪坏"布"，"布"能包住"石头"。妈妈教宝宝先学会出手，再判别输赢。赢的人可以在输的人额头上弹一下。妈妈试着和宝宝玩几次，宝宝就能掌握要领并能跟妈妈进行对决了。刚开始时为了提高宝宝的兴致，妈妈可以慢半拍故意输给宝宝，让宝宝过足瘾。妈妈还可以改变游戏规则：谁赢了就和爸爸终极对决。这个游戏不需要道具，很方便，随时随处都可以玩，跟任何人都可以玩。

输赢是宝宝不常接触的抽象概念，对宝宝而言不好理解，妈妈要耐心引导宝宝正确判断输赢，并适当加以鼓励及表扬。这个游戏还可以培养宝宝在群体中解决问题的能力，例如：大家要荡秋千，用"石头、剪子、布"的游戏来决定玩的次序，使大家都愿意服从。

学用卫生纸——如厕自理

妈妈准备一卷卫生纸与一个玩具娃娃。告诉宝宝娃娃要大便，让他替娃娃把大便，然后让他用卫生纸学习擦拭。妈妈要把整个过程示范一次：把卫生纸从卷纸的分节处撕下一节来，再把纸折叠一下，告诉宝宝"这样不容易弄脏了手"。要学会从前往后擦，将卫生纸用过的部分折向内再擦，最后扔入纸篓。多练习几次，到真正如厕时鼓励宝宝自己去，自己完成上述步骤，妈妈要检查是否都做对了。如果宝宝没有擦拭干净让他自己再做一遍，到擦净为止。

小贴士：学会如厕自理是为上幼儿园做准备的重要步骤，妈妈不可能完全包

办。告诉他擦干净的标准是什么。

训练过程中，家长的态度最重要。家长应充分尊重宝宝，强调宝宝自身的主动性，让宝宝通过学习处理大小便，体会到独立的重要性。如果对宝宝大小便问题过分关注，宝宝可能不自觉地利用这种心理，或者消极抵抗，或者屡报假情况吸引注意，达不到训练的效果。此外，要注意大小便训练只是宝宝成长过程中的一部分，每个宝宝发育程度都不同，训练过程应循序渐进，不要盲目和其他宝宝相比。

做相反的动作——逻辑思维能力训练

由妈妈说出一个词，宝宝做相反的动作。起初可以只用一对相反的词，宝宝较大时则可以用两对甚至三对相反的词重复进行。比如：妈妈说“大圆圈、小圆圈”，宝宝听到“大圆圈”用两只手比成小圆，听到“小圆圈”，用两只手比成大圆。或者妈妈可以说“大圆圈，小圆圈。长大了，变小了”，宝宝听到“长大了”就蹲下，听到“变小了”就举起双臂。由妈妈随意排列大、小顺序。“向前跑、向后跑、长长了、大圆圈、小圆圈、变矮了。”宝宝听到“前跑了”就后退，听到“向后跑”就前进。由妈妈随意调整这些词的顺序。

宝宝在正确理解反义词的基础上正确反应，正确率越高，说明听觉注意好。以上游戏可由宝宝来“发号施令”，妈妈严格按照规则来做，以增加游戏的趣味性，发展宝宝的学习能力。

大山，你好——空间、运动能力训练

爬山并不是目的，带宝宝走进自然，欣赏大自然之美，呼吸新鲜空气，锻炼身体才是真正的目的。与大自然的亲密接触，有助于培育宝宝的积极情感，使他们思维更加开阔，心胸更加宽广。选一个好天气，爸爸妈妈带着宝宝一起去有山的郊区游玩。爬山时，要选择有石阶的路段上行，要让宝宝紧紧地拉着爸爸妈妈的手。爬到山腰的空旷处，爸爸妈妈用双手在嘴边圈一个喇叭状，向着有山的对面大喊："大山，你好。"宝宝也会很开心地模仿，跟着一齐喊。山里会传出回声"大山，你好——大山，你好——"全家人接着再去回应这个声音，山里一片欢声笑语。

宝宝还小，要选择低矮的小山来爬，爬山的全程都要特别小心地照看。随行要带消毒包扎用具及防蚊虫叮咬的药品。鼓励宝宝多听、多看、多发现自然的不同面貌。

我们一起跳跳跳——肢体协调、人际训练

让宝宝先学会儿歌，再做动作，按照节奏来跳。跳跳跳，跳跳跳，我学小兔双脚跳。向前跳，向后跳，向左跳，向右跳。跳跳跳，跳跳跳，我学小鹿双脚跳。向前跳，向后跳，向左跳，向右跳。跳跳跳，跳跳跳，我学小马双脚跳。向前跳，向后跳，向左跳，向右跳。

这个时期的宝宝对前后左右概念还不是很清晰，通过这个游戏一方面可以锻炼宝宝的跳跃技巧，同时还能促进宝宝对空间方位的认识。动作可以表达思想感情，每个宝宝的气质类型不同，生活环境和接触的人群不同，会形成不同的性格，欢快的情绪体验可以让宝宝感知自己的幸福，表现自己的情绪，逐渐养成良好的性格。

找朋友——人际交往训练

在户外，妈妈带着宝宝与另外几个年龄相当的小朋友及其家人一起玩。妈妈们带头，和小朋友们蹲着围成一圈，妈妈唱："找呀找呀找朋友，找到一个好朋友，敬个礼，握握手，你是我的好朋友，再见。"由一个小朋友来找，找到后做敬礼、握手、再见这些动作。再换另一个小朋友来找。爸爸也可以加入，跟小朋友一起唱歌，一起做游戏。这个游戏有蹲、有走、有敬礼、有握手等多种动作，可以训练宝宝肢体动作的技巧和整体运动能力。集体性游戏可以让宝宝体会到和爸爸妈妈在一起所体会不到的乐趣，树立朦胧的集体意识。

荡秋千——空间、平衡能力训练

在院子的大树下或房屋梁上吊两根绳子，挂上一块木板或一张板凳做成秋千。城市里的宝宝在游乐城或幼儿园也可以找到秋千。先让宝宝坐在上面双手握紧绳子，由妈妈帮忙推动秋千前后晃动。宝宝习惯了后，再让宝宝练习站在木板上，由妈妈推着，慢慢由宝宝用自己的腿和全身的力量，蹬着秋千自由晃动。当秋千随着惯性来回荡时，宝宝会感到如同飞翔在空中，使宝宝会更加用力让秋千荡得再高些。妈妈要随时监护，让宝宝在适当的高度停止用力，让秋千停下来。

每次玩之前，妈妈应仔细检查，尤其户外的秋千常因风雨、霉变、生锈等原因不牢固，事前的防范可以使宝宝避免发生伤害。宝宝在公共场所荡秋千之前，妈妈也应检查有无安全隐患，确保安全。

小熊生病了——交际能力训练

妈妈把小熊维尼的毛绒玩具放在宝宝的小床上，说："维尼生病了，宝宝去看望它吧。"妈妈可以先示意宝宝："去看望病人，我们给它带些什么东西呢？"到了宝宝的小床前，看看宝宝对维尼说些什么，妈妈可以代替小熊和宝宝互动、交谈。

这个游戏可以通过妈妈和宝宝的互动，让宝宝初步了解看望他人的方式，学习相关的礼仪和规则。

遇到危险怎么办——生活能力训练

妈妈准备救护车、消防车、警车的图片或玩具，并制作"119"、"110"、"120"三个卡片。妈妈把救护车的图片或玩具与"120"的卡片摆在一起，对宝宝说："宝贝，这个是急救电话号码，妈妈或者宝宝得了急病就得打这个电话，请医生阿姨来帮忙。"接着要指导宝宝认识电话机上的数字，并告诉他拨打电话的方法。用同样的方法给宝宝讲解110与119的用途。妈妈还要设计生病了、被盗窃、失火了的情景，与宝宝一起完成整个游戏过程。妈妈要提醒宝宝，只有真正遇到危险时才能打救援电话。不可无故拨打这三个电话。

这个游戏需要在平日教育的基础上进行，要让宝宝不仅认识还要能够区分三个电话的不同用途。现代社会存在太多安全隐患以及各种各样可能造成的伤害，有意识地培养宝宝树立安全防范意识可以减少灾难的发生和将伤害程度降到最低。

拍皮球——肢体、手眼协调训练

选择一片空阔的场地，准备两个皮球，妈妈和宝宝每人一个。两人一起拍皮球，一边拍一边数数，看谁拍得多。宝宝开始练习时总是随便乱拍，皮球反弹没有规律，宝宝跑来跑去也拍不多。妈妈要给宝宝示范并讲解，如何才能把球拍得反弹起来；怎样才能正好拍下去。每次拍球时手一定向着地面，垂直拍下的球也会垂直地反弹起来，就在原地等着接球，不必跑来跑去。每次拍球的力量一样大，就可以使球反弹时的速度一样，就更容易继续拍下去。有了妈妈的正确指导，宝宝会越拍越多。妈妈还可以拍几个花样球，给宝宝欣赏。

练习拍球可以学会专注和提高耐力，对宝宝以后的学习有帮助。一边拍一边数数，或者每次都可以累计往上数，对宝宝学习数学有帮助。这个游戏还能锻炼宝宝手眼的协调性，提高宝宝的右脑肢体协调能力。

金鸡独立——肢体平衡训练

爸爸右手手掌向前弯曲放在头上做鸡冠，左手手掌放在身后向上翘做鸡尾巴，形成金鸡的形状。一只脚站稳，另一只脚抬起来，脚尖向下垂直。引导宝宝先用一脚站稳，再慢慢抬起另一脚。如果宝宝左右摇晃没办法站稳，爸爸要出手援助，帮助宝宝站稳。让宝宝模仿爸爸的样子，只要有一点像的模样就表扬。比赛看谁能立得久，可以数数，1、2、3、4……谁立不住就喊停，从而知道站立了几秒钟。

练习时如果宝宝做不到，可以先一手扶人或物，然后抬起一只脚。等宝宝能单脚站稳以后，可以练习单脚跳跃。宝宝单脚站稳，说明能将身体重心放在单脚上，用金鸡独立来数秒数，能站稳半分钟就可以练习单脚跳了。

踩“地雷”

在妈妈与宝宝的左脚上各拴一个气球。拉着宝宝的手，让宝宝踩妈妈脚上的气球。踩一会儿后，妈妈接着踩宝宝脚上的气球，要防止宝宝绊倒。互相踩对方的气球，同时要躲避对方踩自己的气球。最后一定要让宝宝踩到，并且最好踩爆了，以增加游戏的趣味性。

射进球门——肢体协调训练

妈妈准备一个彩色皮球，找一块空旷的场地。爸爸将两个木杆立起，当做球门，先拿着球，告诉宝宝训练规则并示范把球踢进球门。让宝宝把球再踢回给爸爸，并鼓励宝宝把球踢进球门。让宝宝站在离球门1米处的位置开始踢球，踢偏了可以继续尝试，直到踢进去为止。当宝宝把球踢进球门时，爸爸要欢呼庆祝，举起宝宝原地转几个圈并亲亲宝宝，以激发宝宝的兴趣。

爸爸要有耐心地教宝宝如何踢球，让宝宝产生兴趣。可以将球门设置的大一些，使宝宝容易进球。如果宝宝一开始不明白，爸爸可以先做个示范或者和宝宝一起踢球，和他配合完成。即使宝宝采用推、滚等方法将球送入球门，也应鼓励。

百变手影——形象思维、创造性训练

妈妈只需准备手电筒或者点上蜡烛（家里的吊灯都是散光的，在墙上的影子会很模糊），爸爸掌着手电筒，把光束打到墙面上，妈妈就在光束之前用手摆出各种动物的轮廓来，让宝宝看墙上的影子，妈妈可以做出静止的与动态的动物来。让宝宝跟着学，把自己的手影也投影在墙上，不时调整，直到很像为止。爸爸让手电筒的光束倾斜着向上下、左右转圈，手影会拉长变形。爸爸后退，手影则变大。

婴幼儿生活中主要的活动就是玩，宝宝的动手操作能力是其成长的基础，同时也是他身心和谐发展的一种保证。宝宝动手实践是激发创造力的必要前提。宝宝动手不仅有助于表达他潜在的创造能力，更能促进其创造力的进步发展。

岛和湖——创造性思维能力训练

寻找一块石块，搁置于盘中央，让宝宝用器皿盛水，慢慢地把水灌入盘内。石块上可用小玩具或橡皮泥布置小屋、崎岖弯道等情景。水上漂浮着船只，告诉宝宝“四面被水围着的陆地叫岛”。让宝宝玩石子、沙，堆堆、灌灌，并进行观察。当水灌得较多时就会发现，原本是相连的“陆地”部分被“海水”淹没而分隔成岛。在另一盘内铺一层沙，中间挖一个坑，让宝宝用器皿盛水，慢慢地往盘内灌水，宝宝将发现凹处会积满水，告诉宝宝“陆地上大面积聚积的水就叫湖”。引导宝宝注意自然界千变万化的事物，帮助他们逐步认识自然界，去探索大自然的奥秘。

石头小动物——想象力

将平日收集的形状各异的小石块洗净晾干，再准备几只水彩笔。妈妈与宝宝一起把这些石块摆在地板上玩一会儿。妈妈拿起一块扁扁长长的石块，问宝宝：“这块石头像什么？”宝宝想一想后可能会回答：“像树叶。”妈妈再提醒：“还像什么？宝贝看这个尖尖的地方像不像嘴巴？是什么嘴巴呢？”宝宝看出来了，“是小鱼。”与宝宝一起用水彩笔在石头小鱼身上涂抹不同的颜色。画出鱼鳞、眼睛、嘴巴和尾巴等部位。

特别篇

防止宝宝意外伤害，细节做到家

第一章 注意家中危险细节

细节1 从床上掉下

宝宝稍微大一点，会翻身了，如果没有采取保护措施，就容易从床上翻滚坠落。所以，应该在宝宝的床边安装一个防护栏，在床边和床脚放一个柔软的垫子，以防止宝宝不小心翻落时直接撞击地面。

要定期检查宝宝床的接合处是否牢固，特别是有金属外框的床，螺丝钉很容易松脱；再看看床周有没有突出或凹陷的部位；如果床是顺墙摆放，床沿与墙壁之间最好不留缝隙。

若发生意外，首先检查宝宝身体着地部位有无外伤，关节是否活动自如，并对宝宝进行心理安慰，不让他对床产生恐惧，必要时送医院救治。

矮床方便宝宝上下，若是把床垫直接放在地板上，则会更安全，而且万一不小心从床上滚落，也不会受到严重伤害。

细节2 误服药物

给宝宝服药没按照说明书或者因为疏忽导致宝宝服用了过期药物，或因为药物随便乱放导致宝宝误服药物都可能造成宝宝药物中毒，甚至危及生命。

要避免这些，家长应该做到：过期和不用的药品要及时处理；在给宝宝服药时，要严格依据说明书和医嘱；家人不要在宝宝的面前服药；在使用药品时要注意看护好宝宝；药品使用完后要收好，放在宝宝接触不到的地方。

喂宝宝吃药时，家长哄骗宝宝药物是糖果或其他好吃的东西，或强行灌药，或打骂恐吓甚至把药物混入牛奶中喂服等行为都是不对的。家长应该柔声哄宝宝、夸奖宝宝，告诉宝宝生病后吃药的重要性。

如果是宝宝因好奇误服药物时，父母不要进行恐吓或者打骂，要平和耐心地询问宝宝服药情况。如果情况很严重的话，要立即拨打120急救电话，同时给宝宝服些淡盐水或加了少量肥皂的水，反复催吐。送宝宝去医院时要带上所误服的药物（检查宝宝身边是否有打开的药瓶）。

细节3　被锋利的刀具割伤

锋利的刀具若是没有收好，宝宝拿到后就有可能被割伤。因此，每次用完刀具后，都要把刀具收藏在宝宝拿不到的地方。平时要注意不要让宝宝玩弄刀类物品，以防失手割伤自己或小伙伴。

对于轻微的割伤，可以首先用清水充分洗净伤口，然后用过氧化氢（或1/1000新苯扎氯氨）消毒伤口。用消毒纱布涂抹抗生素软膏（或洒上云南白药）后，将伤口包扎固定。再用手指压迫止血，凝固后涂抹碘酊或红药水。

对于重度割伤，则可以用消毒棉或消毒纱布按住伤口止血，直至血液不再流出，然后换一块干净的消毒棉或消毒布将伤口包牢，然后带宝宝到医院接受缝合，注射破伤风抗毒素。

宝宝伤口出一点血是有益的，但要将伤口内的细菌冲掉，对于持续的或量较大的出血应立即止血。创可贴并不是在任何时候使用都能对伤口有好处的，有毛发、关节活动的地方最好不要使用创可贴；另外，炎热、潮湿的夏季也不宜使用创可贴。

宝宝伤口好点的时候会结痂，这样可以防止脏东西污染，叮嘱宝宝不要把血痂抠下来，告诉宝宝伤口痊愈时血痂会自动剥落。

细节4　在浴室（缸）滑倒

宝宝的好奇心十分强烈，喜欢湿滑的浴室或浴缸，而这可能导致宝宝跌倒、坠落。所以，家中应该注意保持浴室的地面干燥，进入浴室要换穿防滑拖鞋；浴室（缸）里，备有防滑垫并装设扶手，并教育宝宝跌倒的危险。当然，最好的防范方法还是避免将宝宝单独留在浴室（缸）内。

如果宝宝在浴室（缸）内跌倒，首先要判断其严重程度。如果只是擦伤，消毒后擦上红药水即可。如果是骨折及脑震荡，或是手、脚、关节疼痛、哭叫不休，或昏迷、头昏、恶心、呕吐，则必须立刻送医院仔细检查。在搬动时要先把宝宝颈部固定好，这样才不会对宝宝造成二度伤害。

浴缸里的水深即使只有10厘米，也可能会导致使宝宝溺水。因此，最好不要将宝宝单独留在浴室内。在不洗澡的时候，一定要保证浴缸里没有水，而且要注意随手关上浴室（缸）的门。

细节5 玻璃

如果宝宝不留神弄碎了书柜、大衣柜、镜子的玻璃，或把小玻璃瓶、玻璃杯等掉到地上摔碎，玻璃会瞬间变成利器，划破皮肤，造成伤害。

家长应该教育宝宝推门时要推门框，不推玻璃；客厅不要放玻璃茶几和玻璃水杯，防止破碎后玻璃片扎伤宝宝；家具上不要有大面积的玻璃或镜子；玻璃门和落地玻璃窗最好选用安全玻璃或者钢化玻璃；在玻璃上贴透明安全膜和有颜色花纹纸，让宝宝注意到玻璃的存在。

一旦宝宝被玻璃碎片扎伤，不要强行拔出，如果伤口上有玻璃，应在两侧加纱布，这样不至于使玻璃更深入伤口，然后抱着宝宝到医院诊治。

如果眼睛内进入玻璃颗粒，切忌揉搓或来回擦拭眼睛，尤其是黑眼球上有嵌入物时，应让宝宝闭上眼睛，然后用干净的酒杯扣在有异物的眼上，再盖上纱布，用绷带固定好后去医院，让宝宝尽量不要转动眼球。

一些假冒伪劣不符合标准的钢化玻璃也可能出现爆裂，而宝宝天生好动，多次碰撞会加大玻璃爆裂的可能，因此尽量少用或者不使用玻璃。

细节6 钉子

家具的底部可能会有钉子尖露出，而宝宝喜欢往桌子底下钻，这时可能就会被钉子扎伤；或者家中散落的钉子被宝宝发现后被当成玩具来玩因此造成伤害，所以家长应把家中的大小钉子收集好，不让宝宝拿着玩耍，还要检查家具上的螺丝钉等是否牢固，并拧紧每一根钉子。

如果宝宝不慎被钉子扎伤，拔出钉子后要轻轻挤压宝宝的伤口，让少量的出血减少伤口感染的机会，然后到医院打破伤风针，预防破伤风。

如果宝宝跌倒碰到钉子或铁器上，虽然伤口可能不严重，仅仅是扎了一个小口子或破了一点皮，但是家长也不能掉以轻心，因为如果钉子或铁器上生锈，宝宝的伤口就有被破伤风杆菌污染而诱发破伤风的危险。

细节7 垃圾桶

宝宝看到父母把好多东西扔进垃圾桶后会到里面找“宝藏”，这时垃圾桶可能成为家里最危险的东西。扔弃的电池可能成为宝宝的玩具，丢弃的碎玻璃、破碗可能划伤宝宝小手，或者宝宝将丢弃的塑料袋套在头上可能导致窒息等。

所以，家里的垃圾桶一定要有密封盖；不用的东西要丢到室外的垃圾桶内；不论是蔬菜或水果的透明塑胶包装，还是垃圾袋或购物的塑料袋，如需保存应放在隐蔽处，以免宝宝蒙在脸上引发窒息；教育宝宝垃圾桶里的东西是不能再用的东西，不能从中取物。

平时在处理垃圾时应注意分类处理，以减少污染：如废电池等要作为有害废物品进行处理；生活垃圾应倒掉其中的水后再进行处理。垃圾箱要固定，而且不要让宝宝够到，以免他乱翻垃圾。

细节8 体温计

当给宝宝拿体温计玩时，他可能会不小心把体温计咬断，或咽下玻璃碎渣和水银（汞）。如不及时排出，可能导致宝宝中毒，还可造成胃肠穿孔，严重的可能导致心力衰竭。因此，体温计应放在宝宝够不着的地方，用完及时收妥。

宝宝误咬断体温计时，父母不要惊恐，让宝宝也不要心慌，要诱导宝宝自己吐出，并立即用清水漱口，以免碎玻璃刺破口腔。也可以服用300毫升奶或两只生鸡蛋清，使奶或蛋清中的蛋白质和水银结合，然后催吐。体温计破碎后，掉在地上的水银应及时处理，若处理不及时会很快挥发到空气中，并通过呼吸道进入神经系统，可能导致人中毒。如果不小心碰到皮肤上，也能进入人体，危害更大。

细节9 剪刀

家长可以给宝宝使用顶端圆头的安全剪刀，并教给宝宝正确使用剪刀的方法，用后让宝宝自己把剪刀放在安全的地方。

宝宝使用剪刀时经常会不小心把手划破出血，如皮肤破损后出血，应及时为宝宝止血、清创、消毒、包扎。

细节10 窗台

窗户外面的世界对宝宝充满诱惑力，所以很多宝宝都爱爬到窗台上看风景。如果窗户上没有护网，宝宝就容易扑空摔下，那么后果不堪设想。所以，家长平时要教育宝宝不爬窗台、扒窗户。日常生活中要检查窗台边有没有可攀爬的凳子、桌子；要在窗台上安装栏杆，并且是宝宝不易开启的，空隙不超过5厘米；另外，还要把所有不用的窗户锁上。

如果窗户需要经常开着，最好安装一个比较结实的纱窗，也同样可以起到保护的作用。发现宝宝有想爬上窗台的举动时，应及时加以阻止。另外，也不要让宝宝站在窗台上往外看，更不要伏在窗台上向外取物。

宝宝若从窗台上摔下后往往是头部先着地，头部损伤是最常见的。若宝宝发生此类情况，即使当时无任何症状，也应让宝宝安静休息，并观察24小时以上。

头皮起包是由皮下出血所致，一般无大碍，可自行消肿。用手摸宝宝的颅骨有局部凹陷的，为颅骨受外力冲撞而破裂或下陷，将有可能刺伤脑膜或脑实质，应立即送往医院检查。

宝宝若摔后出现出奇安静、反应迟钝的，有可能有脑实质性损伤；摔落后若有呕吐现象，则相当危险，很可能是颅内出血，须立即送往医院急救，延误会造成生命危险。

细节11 楼梯

宝宝上下楼梯容易滑倒、踩空或被楼梯的尖角刺破手指。所以，家长要注意检查楼梯扶手的表面是否平滑，以没有木刺或尖角为佳。宝宝会爬楼梯时，要教他头向上倒退往下爬楼梯，以免跌倒；楼梯上有水或鞋底有水时要提醒宝宝小心滑倒；教育宝宝行走时手不插在衣兜里，要扶着栏杆上下楼梯；要保证楼梯间有良好的照明。

若从较高处滚落并碰到头部就要小心了，首先要检查宝宝头部、四肢有无外伤，然后观察宝宝精神状态有无异常，必要时送医院检查是否有颅内损伤。家中楼梯以35度左右为最安全的。

细节12 阳台

宝宝很爱钻越栏杆，只要他的头部能伸出去，他的身体也一定可以伸出去。所以要确保家中阳台栏杆间的宽度不让宝宝钻越，否则宝宝一不小心从阳台坠落，就会发生伤亡事故。有宝宝的家庭最好封闭阳台或者在阳台安装护栏，并且栏杆的高度要足够高，并使用纵向的栏杆，以防止宝宝攀爬。

妈妈不要让宝宝单独在阳台玩耍，绝对不可在阳台上有垫脚的东西，防止宝宝从杂物上攀爬翻过栏杆而坠楼。

宝宝一旦从阳台坠落，发生任何异常表现都应引起父母的注意。如宝宝在跌倒后能自主活动，一般没有什么严重损伤，但父母要观察宝宝24小时，防止头部损伤症状延后出现，头部重击会导致脑震荡。若伴有头痛、瞳孔放大、语言和平衡能力下降、呕吐、昏昏欲睡或混乱等行为时，应立即拨打医院急救电话120，必要时可就地进行心肺复苏、止血；有呕吐或颈部有损伤时，让宝宝身体保持侧卧，在等待救护车到来前除非必要否则不要移动宝宝。

细节13 空调

宝宝的体温调节中枢不灵活，在有空调的室内待得时间长了，会导致对外界的高温环境不适应，极易引起发热、咳嗽、胸闷、气急、头痛等呼吸道感染疾病。因此，家里可以放置一些绿色植物，以帮助净化空气；或让宝宝多喝水，多吃水果、蔬菜，少吃辛辣。适当午睡和运动，也有助提高宝宝的抗病力。另外，还应注意保持室内空气新鲜，注意通风换气。但是，在打开门窗时，不要将宝宝放在对流风（俗称穿堂风）直接吹到的地方，以免着凉。

冬季应根据室内温度高低决定开或关空调，开空调时要避免温度过高，以鼻腔不干燥为宜。由于室内外温差大，离开空调制热环境时应给宝宝添加衣服，以防寒气侵袭而致病。

夏天进入空调室内时要用毛巾拭干宝宝身上的汗水，并适当增加衣服。当宝宝睡着时，应该停用空调或将调整温度。在空调室内1～2小时后，要让宝宝到室外活动一下，这样有助于提高抗病力。

一般来说室内降温的简单做法是加大空气湿度，通过水分蒸发来吸收热量。所以可以适当把宝宝置于一些高温环境中，使其通过自身出汗或排尿来调节体温，提高自身对热的耐受能力，这样可以有效地预防中暑。

细节14 电风扇

许多宝宝对电扇非常感兴趣，看见它不停地转动送出凉风禁不住想摸摸，一旦养成了手摸电扇的习惯，宝宝可不管电扇开着没开着呢。妈妈一定要教育宝宝不要把手指伸进电风扇的保护网内，要让宝宝知道电扇的极高转速会把手指打断；同时妈妈要抱宝宝远离电扇，即使是电扇关闭时，也会在不经意间酿成惨祸。

此外，宝宝睡眠时被电扇强风对吹，均可导致风、寒、湿邪侵袭机体而引发“阴暑”，出现身热头痛、无汗恶寒、关节酸痛、腹痛腹泻等症。所以使用电扇时，不可直吹宝宝机体，最好是使扇叶固定，用其吹墙后用返回的微风取凉。

另外，为防止空气污染和空气干燥，灰尘较多的室内使用电扇前，最好经常在地面洒些水。宝宝最好不用或少用电扇降温。

细节15 电视

在婴儿期给宝宝看电视，可能会让宝宝对自己父母的声音变得没有反应，而且长时间看电视还可能会导致视力急剧下降，甚至影响宝宝的睡眠，导致生长激素分泌减少，妨碍宝宝身体健康，从而使宝宝更容易患上儿童电视孤独症。此外，电视发射的电磁波还可能影响宝宝大脑的发育，造成免疫力、注意力低下，以及情绪不稳定等。

宝宝看电视时间：1岁，忌看；2岁，30分钟内，3岁以上，不超过1小时。

宝宝观看电视时距离至少要1米以上，电视画面的高度应比宝宝的双眼高度稍低一些，同时开灯以减少光亮对眼睛的刺激。

如果宝宝太小，父母要减少看电视时间，最好常和宝宝待在一起，或给宝宝讲讲故事，或和宝宝多做游戏，或带他到户外进行活动，以此来转移宝宝对电视的依恋。

过早看电视的宝宝到了2~3岁时，容易出现下列情况：不会说话；不能注视母亲的视线；活动剧烈，无法安静；喜欢电视中的广告，爱哼唱广告音乐；独立能力差，日常生活不能自理；不知道什么是危险的事情；喜欢机械类的东西，能较早地学会操作；显示出很广的知识面。

细节16 电脑

现在家庭都离不开电脑，很多宝宝2岁左右就知道自己开关电脑了，家长不能因为宝宝爱玩电脑就听之任之，因为宝宝长时间在电脑前容易出现精神不振、视力模糊、头痛等电脑综合征，也会导致宝宝出现感情冷漠、生活热情下降、自闭倾向。

当周围环境相对较暗时，若宝宝看电脑，最好要把室内的灯打开，防止眼睛疲劳，且时间不能过长。

细节17 电源插座

宝宝好奇心强，从会爬行开始，满屋子乱转，到处探险，看见小洞就用小手、铁钉、小棍去捅，甚至学习父母用镊子等金属器具插入电插座双孔里“修理”，还有不少宝宝喜欢帮助父母给手机充电，这些都容易发生触电事故。

家中的电流插座要选用有保护装置的，市场上有卖安全插座和插座挡板或者专门用来封堵插座孔的安全绝缘盖，有宝宝的家庭可考虑更换。

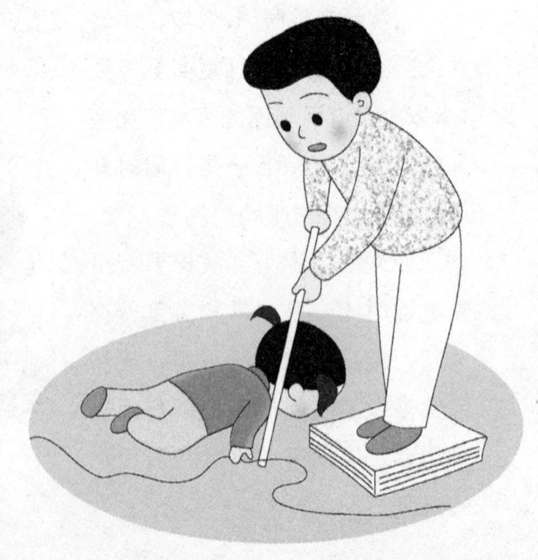

要检查各种插座是否漏电或装设漏电保护器，不要乱接乱拉电源线，过长的电线或延长线也应妥善收藏，或固定于墙面、地面，以免绊倒或缠绕宝宝身体。各种电器用的移动插座，要放在宝宝不易摸到的地方，尤其是金属部位。

如果宝宝不小心触电，要以最快的

速度关闭电源或总闸断电，使宝宝脱离电源或者用干燥木棍、竹竿或塑料物品将电源拨开或将接触宝宝的电线拉断或移开。

轻度灼伤者，可在受伤部位涂甲紫，用消毒纱布、棉花包扎；重度灼伤者，应由医生扩创处理。

若宝宝面色苍白或青紫，且意识丧失，要立即触摸心脏，观察呼吸动作，注意宝宝胸部是否随之起伏，如无起伏则用手把宝宝下颌托起，使头向后仰，使气管伸直，但不能过度，以免气管塌陷。吹气时要使宝宝的胸部连续起伏，直到恢复自主呼吸为止。对较小的宝宝吹气时不可用力过猛，以免肺泡破裂，尽快用简易呼吸器代替，在抢救同时将宝宝送往医院抢救。

现场施行人工呼吸时最好能两人分别进行，人工呼吸1次，心脏按压5次；如仅有1人，则人工呼吸2次，心脏按压15次。如此交替进行，即使送往医院途中也不能停止。

心脏按压时对于较小的宝宝位置在胸骨中1/3处；儿童在胸骨下1/3处；对10岁以上宝宝可用双手按压，使胸骨下陷3～4厘米。频率为60次/分，学龄前宝宝频率为80次/分。

细节18　化妆品

有的父母给宝宝涂口红、抹指甲油，把宝宝打扮得特别“漂亮”，但是这些化妆品中含有铅等有害物质，尚未发育成熟的宝宝经常接触化妆品容易引起过敏、铅中毒，因此，绝对不能把父母的化妆品拿给宝宝使用。

宝宝特别是小女孩，父母要适时引导，不能较早的让他（她）注意化妆品并对化妆品感兴趣，告诫他（她）等到长大后才可以使用。

如果宝宝演出需要化妆，可以给宝宝买儿童专用产品，如果在宝宝使用化妆品的过程中发现宝宝的眼睛充血、流泪，一定要停止使用。

宝宝的化妆品是宁愿不用也不要乱用，选择儿童化妆品时要慎之又慎，一定要买好的，别贪图便宜。

夏季用的花露水最好选择不添加酒精的，婴儿用沐浴用品性能要温和，对皮肤和眼睛无刺激性，以不洗去皮肤上固有的皮脂为宜。大人的化妆品有营养的，有提取物的，有激素的，有增白的，任何一种都不能给宝宝用。

细节19 微波炉

微波炉的电磁辐射可导致儿童智力残缺。另外，如果父母将食物在微波炉里加热太久，宝宝胡乱地打开包装，可能会被蒸汽烫伤。

所以在选购微波炉时，首先要挑选合格的正规产品，并将微波炉安置在宝宝不易触摸到的地方，安全型微波炉加锁后宝宝不能随便打开，可避免危险。

细节20 煤气

教育宝宝父母不在场时不要自己开关煤气，不要让宝宝玩弄煤气开关，每次用过煤气关上总开关，以免宝宝玩弄煤气开关而发生中毒。家长向宝宝反复讲明玩煤气灶具的危险性，经常检查管道接头处及软管有无泄漏、老化现象，家用燃气热水器要安装在通风处，不擅自接煤气管道。

如果发现宝宝煤气中毒，要立即关闭煤气阀门，打开门窗，将宝宝抱到户外。冬季时要注意保暖，给宝宝穿好衣服，或用被子包好，以防继发呼吸道感染。离开泄漏房屋后及时拨打120急救电话；对呼吸心跳停止的宝宝要进行心肺复苏，并送往医院接受高压氧舱治疗。

煤气中毒在医学上称为一氧化碳中毒。煤气中毒轻者可用绿豆汤化解；较严重的煤气中毒者可损害大脑，导致智力发育明显滞后，以至造成终生残疾。煤气漏气在空气中浓度较大时，遇明火或电流即可发生爆炸。

细节21 筷子

宝宝要自己拿筷子吃饭了，可小小的筷子也会带来不安全。在让宝宝学用筷子吃饭时，妈妈要给宝宝使用专用筷子，同时要注意不要让宝宝嘴里叼着筷子跑，防止万一摔倒被筷子扎伤。另外，也不要让宝宝之间争抢筷子，以免一方松手，一方在惯力下遭受损伤。

筷子最好存放在通风干燥的地方，以防真菌污染；放筷子的盒子要经常清洁。木制筷子使用时间长了，容易被腐蚀，筷子的强度也会降低，表面还会变得不光滑，容易留住杂质，为细菌的滋生提供温床，因此筷子最好半年更换一次，防止交叉感染。

在家里要采用“分筷制”，让宝宝使用安全无毒的原木制或竹制筷子，不要用前端过细的或者涂漆的筷子，因为宝宝对油漆等化学物质特别敏感，对苯、铅等有害物质的承受力很低。

细节22 热液

宝宝最容易被家中的热水瓶、刚出锅的饭菜等热液烫伤，热液烫伤的发生率居宝宝意外伤害前列，而且几乎都是由于父母疏忽造成的。

在日常生活中家长应注意不要拿刚煮沸又太重的热汤、热锅，以免不慎打翻而烫伤自己或宝宝；端热汤、热水时，最好先大叫“小心不要靠近”等警告语；如果只是告诉宝宝水或汤很烫，不能接触，反而会激发宝宝的好奇心理，需要教会宝宝在接触水或汤之前用手或嘴轻轻测温。

若宝宝不慎被烫伤，要立即用冷水冲洗烫伤部位约30分钟，或用冷水浸泡（不能用冰块），直到没有痛感为止。在伤口冷却后剪开或脱去衣裤，烫伤较轻的可在创面涂上烫伤药膏或用土豆皮贴敷伤处，水泡既可以让其自行吸收；也可以将针在火上消毒后将水泡挑破，帮助愈合。烫伤部位局部应暴露，千万别捂着，烫伤严重或出现感染、尿少、气喘、发热、不愿进食等异常情况应立即送往医院进一步治疗。

烫伤面积计算：宝宝一个手掌大小占1%，面积越大伤情越严重，在整个过程中应对烫伤宝宝进行心理安慰，而不是斥骂、责怪。

细节23 猫、狗咬伤

现在许多家庭都喜欢养狗、猫。宝宝天生喜欢小动物，爱与小动物一起玩耍，可是也很容易被猫抓伤，被狗咬伤。

有了宝宝，家里最好不养狗、猫，把危险的可能性减至最低，如果实在要养，也要按时给狗、猫接种疫苗。同时要教会宝宝保护狗、猫等小动物，与它们友好相处。

即便最温顺的动物被激怒时也是会咬人的，如果宝宝不慎被咬伤，要让宝宝保持平卧位，不要让宝宝活动，以免毒素扩散。将宝宝的伤口暴露，用流水（矿泉水或肥皂水）冲洗20分钟以上，同时机械地挤压伤口，将污染的血液和毒素挤出。擦干后用碘酒烧灼伤口，以清除或杀灭病毒，然后包扎伤口，并在最短的时间内将宝宝送往附近医院注射狂犬疫苗以及破伤风抗毒素，以预防可能感染的破伤风杆菌。再服用抗生素3天左右，并将狗、猫带到动物医院做检查。

猫咬伤比狗咬伤更容易出现伤口感染，而出现化脓性关节炎和化脓性骨髓炎，特别是在小手上的伤口时，会留下后遗症。在猫咬伤后，可能只有数个小时就会出现伤口感染、疼痛加剧、红肿、流脓等反应。

另外，猫、狗等宠物身上的寄生虫如弓形虫，可在人身上潜伏多年，一旦时机成熟，容易诱发疾病。

细节24 蚊、蠓叮咬

蚊、蠓等昆虫最爱宝宝细嫩的皮肤。蠓是比蚊子小的黑色飞虫，常在空中成群飞翔，叮咬宝宝面部、颈部等部位。蚊子叮咬宝宝皮肤后，不仅引起局部红肿，而且还可能将疟疾、丝虫病、流行性乙型脑炎（简称乙脑）等疾病传染给宝宝，给宝宝的健康带来很大威胁。

宝宝被蚊、蠓咬伤或叮伤几乎是无法避免的事。父母该为宝宝婴儿床配上纱帐；室内每日打扫干净并常换盆栽之水，以免滋生蚊虫，传播疾病；外出玩耍时避开蚊、蠓出没的草丛、树下等处。

一旦被蚊虫叮咬，要用香皂清洗局部，并涂抹虫咬水等止痒药，以减轻炎症反应及皮肤瘙痒。同时要避免宝宝抓挠，以免引起继发感染。局部反应较重或出现全身症状时应及时去医院，乙脑流行地区的宝宝要按时接种乙脑疫苗。

细节25 牙膏

宝宝使用含氟牙膏可能会引起氟中毒，损害神经系统，引发骨质疏松症，长期使用含氟牙膏就会造成氟斑牙。所以应该给宝宝使用品质好的牙膏，提醒宝宝每次用量不要超过黄豆粒大，7岁以下宝宝每次用量不超过1厘米。同时教育宝宝刷牙后吐尽牙膏并彻底漱口。

细节26 充气玩具

乳胶气球对宝宝具有潜在危险，宝宝很可能在学吹气球时把气球吸入嘴里，导致喉咙被堵住，而碎了的乳胶片则更容易堵住喉咙。

充气水上玩具所使用的软塑料在压力大的情况下极易造成破裂的现象，使宝宝发生溺水的危险。所以父母带宝宝使用充气水上玩具时应先检查：

软塑料厚度是否达到标准要求：充气水上玩具最大长度不大于760厘米，塑料膜厚度应不小于0.25厘米，而最大长度大于760厘米的塑料膜厚度应不小于0.30厘米。低于标准的容易破裂。

结构是否合格：宝宝脚可以伸入的水上充气玩具，应有不易颠覆的结构，即其前部与后部的大小比例规定为55：45。

气室数量是否足够：水上充气玩具最大长度大于670mm时应有2个或2个以上的独立气室。

气嘴和气塞的连接强度是否合格：有的宝宝在开启气塞时有用牙齿咬住后拉开的习惯，一旦拉断，气塞有可能进入气管，造成窒息的危险。

宝宝在玩耍任何一种充气玩具时，父母都要在一旁，以确保安全。如乳胶气球破碎，应立即从宝宝手中取走，确保宝宝不吞入碎片。充气水上玩具发生漏气等不安全情况时，要立即离开水域，不再使用。

细节27 毛绒玩具

毛绒玩具深受各个年龄层次的宝宝喜欢，由于它质地柔软，刚出生的宝宝也可以玩。但许多毛绒玩具没有标明生产厂商，如果玩具上的鼻子、眼睛、扣子等小零件承受不住拉力而松动，当宝宝咬、啃、抠这些小零件时，它们极易脱落而被生性好奇的宝宝吞食，从而造成生命危险。

有些毛绒玩具内部的填充物是些工业边角料（海绵、纤维等），不但是碎屑，颜色也都发黑发暗，对宝宝身体健康会造成影响。若玩具里填充了金属碎屑、钉、针、碎玻璃等不安全物品，宝宝玩时则有可能被扎伤。所以，给宝宝选购毛绒玩具时要提高安全意识。

挑选毛绒玩具时应注意：小零件边缘摸一摸有无尖刺，拉一拉是否牢固固定；聚酯纤维是否容易脱落；用手捏一捏玩具，感受一下质感，凡感觉坚硬或有节块的填充物则不合格。

有过敏体质的儿童最好不要玩毛绒玩具。长毛绒玩具最容易隐藏细菌，即便是合格产品也会存在这类问题。此外，“黑心棉”并不单指黑色或有污迹的棉花，而是包括纤维性工业下脚料、医用纤维性废物、再生纤维性物质等的一切不符合国家标准的物质，有时它们看上去甚至是雪白干净的。如果填充物闻上去有味道，手摸质地粗糙，这时也千万不要购买。

玩具买回来后要定期清洗消毒毛绒玩具。起码1周洗1次，并在太阳底下曝晒，同时要经常用吸尘器吸去上面的灰尘。

细节28 漆制或塑料玩具

玩具需要细心照顾，即使一款玩具在质量上是安全的，但是它仍然可能由于人为的原因而成为宝宝身边的“安全隐患”，如玩具长期不清洗，容易堆积灰尘，滋生细菌。另外，玩具基本上都要用到喷漆，可能导致宝宝铅中毒。

购买玩具时要检查玩具的安全检验合格证，闻一闻玩具，看它是否有异味，使用的油漆是否达到安全无毒的标准。在打开玩具包装后，你要注意：扔掉所有的塑料袋和泡沫塑料，因为宝宝可能会把头塞进塑料袋里造成窒息，或者把泡沫塑料咬下来并吞到肚子里去。

价格低廉的玩具没有安全保障，父母给宝宝买玩具应去正规的、信誉好的大商场。安全合格的玩具，它的商标上应该有生产厂家的名字、厂址、生产日期、制作材料、适合年龄段、安全警示语、执行标准号、产品合格证等。

细节29 玩具手枪

有的玩具手枪能上子弹夹，打出的子弹是彩色的塑料珠子，子弹能打二三十米，打出的声音比较响，打出后的出口速度比较快、射程过远或者弹射能力过强。宝宝在玩这类玩具的时候如果不小心，则有可能受到伤害，如果是打在脸上、眼睛上则就更为危险了。

父母应根据宝宝的年龄特征选择购买，尤其不要买那些十分像真枪的玩具手枪。选购的时候还应摸摸枪的外面有没有毛刺，以避免宝宝在玩时不小心把手划破了。

宝宝刚刚能拿东西时，最好是选用八音枪等，色彩要比较鲜艳，这样可以避免很多危险。八音枪只是一种玩具枪，声音不是很大，不会损伤宝宝的听力。

玩具手枪的冲击力不要太强太猛，如果非要给宝宝买会发子弹的玩具手枪，最好买橡胶头的、软头的、软体的等。看“子弹”打在什么地方都能粘住，这样的“子弹”基本上都是安全的。

有些宝宝玩的枪在10厘米之内噪声会达到80分贝以上，当噪声经常达到80分贝时，儿童会产生头痛、头昏、耳鸣、情绪紧张、记忆力减退等症状。所以，在购买玩具枪时应注意噪声是否超过标准。

细节30 学步车

在学步车里，宝宝滑行速度很快，父母往往猝不及防。宝宝坐上学步车常常会在房间里横冲直撞，磕头碰脑，甚至从楼梯口摔落。头部受伤、手指夹伤等事件时有发生。50%以上发生在父母看护的情况下。

一般情况下不建议宝宝使用学步车，因为一旦跌倒可能造成头部外伤或四肢骨折。而过早或过多使用学步车，则违背了宝宝生长规律，对宝宝的发育会产生不良影响，容易形成前脚掌触地的欠脚走路姿势。另外由于宝宝骨骼中含钙少，胶质多，骨骼较软，承受力弱，且足弓的小肌肉群发育尚未完善，所以使用学步车易长成高平足。

细节31 儿童自行车

有的儿童自行（电动）车上有危险的锐边，并有毛刺，因此有碰伤、划伤宝宝的可能。而有的车上有可拆卸的小零件，宝宝如果把小零件放入口中吞咽，会造成窒息。同时车上有可触及的挤夹点，容易夹伤宝宝的小手指。个别车闸把尺寸过大，宝宝在刹车时无法握住闸把，骑行中遇到危险时不能制动，容易造成人身伤害。

宝宝的自行车车座应该适合宝宝屁股，车座与脚踏板之间的距离适合宝宝的腿长，否则宝宝在座位上扭来扭去，对他的发育不利，小车后轮应有辅轮，这样才不会让宝宝跌倒。

父母要定期检修自行车，以免因车闸失灵等原因发生事故。如果车子螺钉旋紧后的外露部分过长，也容易使宝宝被刮住而造成伤害。

细节32 果冻

宝宝吃果冻的时候，往往是边挤边使劲吸，经常是整块突然吸入口中，由于果冻较光滑，稍不留神容易呛入气管，引起剧烈呛咳，严重者甚至可以卡在气管中堵塞气道，引起窒息，若抢救不及时可危及生命。

父母选购果冻时，应尽量到一些信誉比较好的大商场、大超市购买，以保证买到质量较好的产品。给宝宝吃果冻时应把果冻切成小块后再喂给宝宝。若宝宝不慎被呛，要立即拨打急救电话，同时开始现场抢救。对1岁以下的宝宝，可以一只手把宝宝倒提摇晃，另一只手拍两肩胛骨中间，动作要急促有力。对1岁以上的宝宝，所以进行腹部冲压，在后面抱住宝宝，一手握拳或采用桌子边角抵住腹部上方剑突部位，猛地向腹内与头部方向冲击。如宝宝不能呼吸，应立即向宝宝肺部吹气，进行复苏扩张，不断重复，直至急救人员到场。

目前市场上出售的果冻大多数并非用水果制成，而是用凝胶剂加人工色素、香精、甜味剂及防腐剂配制而成的，没有什么营养价值，而且里面的添加剂对人体有一定的毒性，有害健康，所以建议父母不要给宝宝购买。

细节33 冷饮

宝宝消化系统还不完善，一旦受到冷饮刺激，宝宝稚嫩的胃肠道会使各种消化酶减少，蠕动发生紊乱，出现胃痛、食欲缺乏、大便失调等情况。另外，冷饮里大量的糖分还会影响宝宝食欲，降低呼吸系统的抵抗能力。

如果宝宝特别爱吃冷饮，妈妈也要做到有节有制，和宝宝约定吃冷饮的时间和次数。妈妈千万不要在冰箱里存放许多冰棍、冰淇淋等，以免宝宝经常食用。

在宝宝想吃的时候，可以到商场、超市、大的冷饮店去购买名牌企业生产的冷饮食品，在选购时认真查看生产日期和保质期，尽量选择出厂日期较近的产品。

不宜在饭前或饭后吃冷饮。饭前吃冷饮会影响食欲，导致营养缺乏；饭后立即吃冷饮，会使胃酸分泌量减少，消化系统免疫功能下降，从而导致细菌繁殖，引起肠炎等肠道疾病。

细节34 饮料

偶尔给宝宝喝喝饮料是可以的，但不要因为好喝、爱喝就让宝宝养成喝饮料的习惯，因为市面上我们所见到的饮料，基本上都含有色素和防腐剂。

可乐饮料中的咖啡因，对儿童尚未发育完善的各组织器官危害较大；功能饮料中有些成分不适合儿童，若大量、长期饮用功能饮料，容易对身体发育构成威胁；碳酸饮料中的碳酸与食物中的钙发生反应，形成碳酸钙，而碳酸钙又不易被人体吸收，从而降低胃酸浓度，影响钙吸收，导致缺钙。

长期过量饮用饮料可能带来的后果有营养失衡、肥胖、身材矮小、缺钙、维生素中毒、食饵性糖尿、性早熟等。

最安全、最解渴的饮品就是白开水。家长还可以自制果汁和蔬菜汁，既不加色素、香精、糖精，又能使宝宝获得维生素、矿物质和微量元素。

细节35 “垃圾”食品

高糖、高热量、高脂肪、含色素、防腐剂、各种添加剂的食物，如糖果、饼干、薯条、方便面等，被称之为“垃圾”食品。宝宝若长期食用较多的“垃圾”食品，势必会对其生长发育造成负面影响。年龄越小，受到的伤害越大。所以要尽量让宝宝少吃快餐，特别是不要用快餐作为晚餐。

父母关心宝宝成长不能无限制地满足宝宝对这些食物的欲求。为了宝宝的健康，父母可以以智取胜。尽量买小包装的零食，目的在于满足他的好奇心，而不是给他当饭吃；或者转移宝宝注意力，将食物收起来，不断灌输“垃圾”食品的害处，让宝宝增强分辨能力和自制能力；给宝宝变换各种花样、口味制作水果、蔬菜等含丰富维生素和矿物质的食物，让宝宝不受“垃圾”食品的诱惑。

细节36 食品干燥剂

食品包装袋中常会有食品干燥剂，虽然干燥剂包装袋上一般都有“请勿食用”、“儿童勿碰”等字样，但对宝宝来说形同虚设。若宝宝误拆食品干燥剂，粉状的干燥剂容易喷入眼中，烧伤眼睛。

如果单单是恐吓宝宝食品干燥剂不能碰，这样反而会激起宝宝好奇心，让他更想触碰。所以最好的办法是在给宝宝食品时，提前取出干燥剂，不要让宝宝把食品干燥剂当玩具玩。

若有干燥剂溅入眼睛，要尽快用清水、生理盐水从鼻侧往耳侧冲洗，冲洗15分钟。皮肤污染者要用大量清水冲洗干净，严重者可按化学烧伤处理，送医院治疗。

细节37 食品添加剂

现代食品加工中经常使用各种添加剂，如甜味剂、防腐剂、抗氧剂、发色剂、漂白剂、酸味剂、凝固剂、保鲜剂、疏松剂、增固剂、消泡剂、着色剂、乳化剂、香料剂等。许多添加剂都存在安全系数问题，儿童患紫癜可能与多种食品添加剂有关。

应该给宝宝选择绿色健康的食品，并控制宝宝吃过多的零食，偶尔食用一点彩色食品，同时告诉宝宝多食含食品添加剂食品的危害。

合理使用食品添加剂，对丰富食品生产和促进人体健康有一定好处。但也必须看到，食品添加剂毕竟不是食品的天然成分，如使用不当，或添加剂本身混入一些有害成分，就可能给人体健康带来一定危害。

细节38 甜食

多吃甜食会影响宝宝生长发育，导致营养不良、龋齿、“甜食依赖”、精神烦躁、加重钙负荷、降低免疫力、影响睡眠以及内分泌疾病。

要培养宝宝的口味，让宝宝享受食物天然的味道，给宝宝提供多样化的饮食，保证营养的均衡，控制宝宝每天吃的甜食的量。

饭前饭后以及睡觉前最好不要给宝宝吃甜食，吃完甜食后要让宝宝漱口。父母榜样的力量是无穷的，想让宝宝少吃甜食，父母首先要控制自己吃甜食的量。

细节39 有毒食品

宝宝吃了某些带致病菌或毒素、毒质的食物会发生中毒反应。毒蕈、皮蛋、四季豆是较为常见的可能引起中毒的食物，其他如某些果仁、未腌透的青菜、发芽马铃薯、某些鱼、贝类等都有可能含有毒素。

发现宝宝有食物中毒的现象时，如未发生呕吐，可用手指或筷子或牙刷柄等包上软布，压迫宝宝的舌根，或轻搅他的咽喉部，促使其发生呕吐，把毒物尽快吐出，反复催吐并立即送往医院治疗。早一分钟把毒物从胃里清洗出来，对宝宝的生命和治疗效果有极大的好处。

父母一定要记住:

- 不要吃变色、变味、发臭等腐败食物。
- 残剩饭必须在食后煮沸保存，在下次食用前再煮一次。
- 菇类应彻底清洗及煮熟才可进食。
- 腌菜必须腌透，不要吃腌制10天以内的腌菜。夏天吃凉拌菜时，必须选择新鲜的菜，要用水洗净，开水烫泡以后加盐、酒和醋等拌好食用。
- 不要吃不认识的野菜和蘑菇。
- 不要给宝宝吃较多果仁。

第二章
外出时不容忽视的危险细节

细节1　晒伤

宝宝的皮肤很娇嫩，容易被晒伤。所以带宝宝出门的时候要给宝宝戴遮阳帽，并使用儿童专用防晒液。一些粗心的家长不注意防暑，如果宝宝的皮肤被晒得又红又痛，则容易出现发烧、头痛等症状。晒伤对宝宝来说相当危险，尤其受伤部位比较大的时候。

如果宝宝被轻微晒伤，只是皮肤发红，没有起泡，可用冷水或冷的、干净的布盖在伤处，降低皮肤的温度，用浸湿的冷毛巾敷在头部，并快速扇风，或擦一点减轻疼痛的乳液，服用一些藿香正气水、绿豆汤等解暑。如果伴有头痛、呕吐、打寒战等现象时，晒伤则较为严重，应立即送往医院。

需要注意的是，不能因为宝宝易被晒伤就让宝宝远离阳光，因为适当进行日光浴有利于宝宝骨骼发育。

细节2　冰面

冬天在冰面上玩耍很有趣，但由于不知道冰下的水有多深，冰层有多厚，在冰面上玩耍时，宝宝不小心会掉入破裂的冰窟，落入冰凉的水中，从而产生危险。

应该让宝宝远离结冰的池塘、河流，如宝宝到冰面上玩耍，家长首先要检查场地，划定范围，做好保护工作。若走在冰面时听脚下有破裂声，应立即上岸。

发现宝宝掉进冰窟窿中，父母的抢救方法要得当，要尽量利用木棒、绳索等工具施救，切勿匆忙跳入冰水中，应确保每个人的安全。

细节3 雷雨、闪电

雷鸣夹带着闪电，还有倾盆大雨，这样的天气会让宝宝产生恐惧，对宝宝的情感发展造成负面影响。天气变化总是会有雷、雨、闪电，应该告诉宝宝这是自然现象，不必害怕。父母首先可以给予宝宝一定的心理安慰，帮助宝宝克服恐惧心理，然后关闭门窗，切断电源，拔掉电线，让宝宝尽量在室内活动，与宝宝做一些感兴趣的游戏，分散注意力。

另外，在这种天气下如果防护不当，也会产生一些不必要的危险。所以恶劣天气里外出时，要做好防雨、防滑、防电击准备，以保证宝宝的安全；在户外遇雷电时头发竖起或头、手等处有蚂蚁爬走感觉，应让宝宝立即蹲下，双手抱膝，或趴在地上；被雷击中后如身上着火，应立即灭火，严重击伤者应送医院急救。

切记，户外尤其要注意雷电安全，雷电容易击中高树、电杆、旗杆、尖塔等高物，雷雨时不要在大树下、高大的建筑物下或电线杆旁避雨，以免发生雷击；也不要在雷雨天看电视，或在雷电交加时用喷头沐浴，以免雷电沿着水流至身上。

细节4 沙尘

沙尘能吸附一些有害物质及病菌，使各种急慢性呼吸道疾病的发病率增加，也会对宝宝的身体造成一定的伤害。沙尘会迷住宝宝眼睛，如果处置不当则有可能造成眼睛不适，甚至会发生结膜炎、视网膜脱落等。

在大风天气里不要在建筑物、大树下行走，避免东西被吹落砸伤；没有特别重要的事尽量不要让宝宝在沙尘天气里出门，如果必须出门的话要戴口罩或用纱巾蒙头，防止沙尘吸入肺和伤害眼睛。

沙尘吹过来时，要让宝宝立即转向背对风沙；当沙尘迷住眼睛时，不要揉搓眼睛，要立即领宝宝到背风处进行处置：用两个手指头捏住上眼皮，轻轻向前提起，往宝宝眼内吹气，刺激流泪冲出沙尘，或翻开眼皮查找，用干净的纱布或手

绢轻轻擦出沙尘。如沙尘已粘在眼球上，一定要到医院让医生处理，切不可用力揉擦，否则会使内眼受到更大的伤害。

细节5 雪

冬雪过后，宝宝喜欢打雪仗、堆雪人，还喜欢到滑雪场滑雪。但是阳光中的紫外线在雪地上的反射量增强，强烈的紫外线会对角膜造成损伤，长时间在雪中，有的宝宝会感到眼睛痛、怕光而不敢睁眼睛、流眼泪等，从而导致“雪盲症”。

应该告诉宝宝雪会伤到眼睛，不要让宝宝长时间在雪地里玩耍。另外，在雪地里玩时要注意宝宝的保暖，给宝宝戴手套，穿高筒棉靴。告诉宝宝不要把雪扔到小朋友的脸上和脖子里，更不要把小朋友往雪堆里推。

有积雪的山区还可能发生雪崩，在积雪山区时不要高声吼叫、放鞭炮、打枪等，这些会因震动引发雪崩，所以还应了解应对雪崩的常识，避免在发生雪崩时无所适从。

细节6 花粉

花粉主要在春秋季多，春季以树木花粉为主，秋季以草类花粉为主。花粉的传播程度跟温度、湿度和风速有很大关系。有些宝宝可能对花粉过敏，出现打喷嚏、流大量清水鼻涕和鼻塞、头痛、流泪等症状，就像得了重感冒一样。还有些宝宝可能会伴有上腭、外耳道、鼻、眼等部位发痒，严重者可出现胸闷、憋气、哮喘等，久而久之，还会发展成肺气肿和肺心病等慢性病。

因为花粉的季节性，所以在春天花粉扩散高峰期，特别是在风大或天气晴好的日子，这时家长应尽量少带宝宝外出，且避免去草木茂盛的地方，需要外出时应给宝宝戴上口罩和眼镜。

下面介绍一下与花粉相关的疾病。

花粉性鼻炎：鼻子特别痒，突然间连续不断地打喷嚏，喷出大量鼻涕，鼻子堵塞。

花粉性哮喘：阵发性咳嗽，呼吸困难，有白色泡沫样的黏痰，突发哮喘，越来越重，过一会儿又好了。

花粉性结膜炎：眼睛发痒，眼睑肿起来，有水样或黏液脓性分泌物出现。

细节7 蝎子、蜂

在郊外时，宝宝发现蝎子、蜂类很少知道避开，甚至上前逗弄，导致被蝎子、蜂蜇伤。如果宝宝被一群蜜蜂或黄蜂蜇伤，后果则更加严重。蜇伤后局部会出现疼痛、奇痒、红肿或发生荨麻疹样改变，如为毒蝎蜇伤则会有头晕、头痛、出汗、少尿、嗜睡、肌肉痛、抽搐、胃肠道出血和呼吸中枢麻痹的症状。严重者心脏及呼吸麻痹，可于数小时内死亡。

如果宝宝被蝎子或蜂蜇伤，应该让宝宝静卧，拔出断刺，吸出毒液，局部可用3%氨水或小苏打水涂抹。如伤口肿胀，可用小刀切开引流，然后涂抹10%氨水或用食醋调制的胆矾溶液，严重中毒者应去医院。

因为宝宝被蜇伤后躁动或哭闹会使毒液在体内扩散更快，所以应尽量安抚宝宝。另外，被蜇伤后切忌入浴，以免奇痒或留下痕迹。

细节8 蛇咬伤

蛇在清晨或较冷天气里喜欢在阳光下照晒，热天会在石头下或枯叶里草丛中找寻遮阳处或钻进洞中，蛇类在晚间特别活跃。宝宝在草丛中玩耍时可能被蛇咬伤。

以存在危险为由恐吓或限制宝宝的正常活动是不可取的。如果感觉到可能存在危险，父母可以在可能有蛇出没的草地用棍棒等“打草惊蛇”，在遇到蛇时应保持镇定，尽量不要主动攻击。

如果宝宝被蛇咬伤，要是家在附近，家长可用肥皂水或冷水（如有高锰酸钾，用千分之一的高锰酸钾溶液）反复冲洗伤口表面，在蛇咬过的牙痕上划“十”字形切口，将毒液挤出，然后在伤口上覆盖4~5层纱布，用嘴隔纱布用力吸吮，尽量将伤口内的毒液吸出，之后服用解蛇毒药，并将药粉抹在伤口上，抱着宝宝送到最近的医院。

要是外出宝宝被蛇咬伤，应该让宝宝躺下来，安抚宝宝情绪，保持镇定，尽量不要动，防止毒液随血液流动更快。如果咬伤的部位是手或腿，要保持低于心脏的高度，然后打电话给当地的急救中心（120/999），并遵照他们的指示去做。

细节9 球类运动

宝宝玩球时容易摔伤膝盖，导致骨折；不小心有球飞过来时，容易砸到头部甚至眼睛等等。所以在宝宝玩乐的时候可别忘记危险也会出现。

在时间和条件允许下，父母应尽量和宝宝一块运动，以增进感情交流和家庭的乐趣。在运动过程中，父母要注意保护宝宝，指点宝宝如何击球、躲球。

有的家长认为球类运动较危险，不让宝宝接触，认为宝宝踢足球、打篮球等不好，疯疯癫癫的“不雅观”，这些都是不对的。因为球类运动对宝宝有诸多好处，宝宝从小开始进行球类运动，可以满足宝宝好动的愿望，也可以促进宝宝神经系统和各种运动机能的协调发展，增进朋友间的友谊。

细节10 游乐场

游乐场所可以给宝宝带来极大的快乐，但由于这些设施自身存在安全隐患，或由于宝宝使用不当，都会导致宝宝意外受伤。

父母让宝宝进入任何游乐场之前，先要观察场内是否都是安全设施，检查有无栓扣脱落现场。

家长一定要看清游乐项目适应的年龄，如果不适合宝宝，千万不要认为有成人陪着就没事，比如过山车、宇宙飞船等。一旦出现危险，后果不堪设想。

细节11 秋千

荡秋千是宝宝童年活动中最快乐的一项活动，宝宝可以像鸟儿一样在空中飞翔，然而在翻飞时摇摆幅度太大，宝宝则可能从秋千架上滑落摔伤，甚至危及生命。

在宝宝玩秋千前，妈妈要检查绳索是否结实，手扶部位是否有刺，秋千架离地面是否合适宝宝上下，地面是否有石子等硬物。

检查秋千安全的同时也要教育宝宝在玩耍前主动检查，做好自我防护，玩耍时父母一定要时刻守护在秋千架旁。

要选择专门为宝宝设计且有保护装置的秋千，让宝宝抓牢架上的防护绳索或栏杆，注意幅度不可太大，应在父母控制的范围内，从秋千上下来时要扶住秋千架，停止后再让宝宝站起离开。

细节12 蹦蹦床

很多宝宝在一起玩蹦蹦床，你跳起我落下，快乐无比。大多数情况下，宝宝受伤的原因并非因为在蹦床上蹦跳，而是因为被其他宝宝碰撞等，在蹦床上玩的宝宝越多，这种受伤的可能性就越大。如果有一两个宝宝跳起，那对于正在下降的宝宝来说，蹦蹦床就像水泥地一样坚硬，这种情况下，宝宝着陆的时候就有可能造成胳膊或腿骨折。

跳蹦蹦床受伤的宝宝通常是骨折、脊椎损伤，有些则是严重的头部受伤。因此，发现有很多宝宝在蹦蹦床时，应让自己的宝宝等待一下或离开，不要拥挤在一块玩耍。若宝宝从蹦蹦床上摔落，应及时检查宝宝的四肢是否有骨折。

人拥挤时最好不要玩蹦床

细节13 鞭炮

燃放鞭炮炸伤宝宝手眼的事例很多。有宝宝自己拿着鞭炮燃放炸伤手眼的，有宝宝看到鞭炮未燃上前检查时发生爆炸的，有别人在燃放鞭炮飞过来炸伤宝宝的等等。每年都有不少小孩因鞭炮发生意外。

要教育宝宝不要靠近燃放中的鞭炮，不捡鞭炮或将鞭炮放在口袋中，父母以身作则，遵守城市鞭炮禁放、限放规定。

过年放鞭炮时要到指定的地点按正确的方法操作，要远离麦草、纸张、木材等可燃物堆垛，以及加油站、煤气站、液化石油气站等易燃易爆危险场所。

若宝宝被鞭炮炸伤，如为皮肤损伤，要及时清理皮肤伤口内的残留物，防止伤口感染；若为眼部灼伤，应立即送往眼睛专科医院接受专业治疗，以免宝宝视力遭受永久性损坏。

由于爆炸产生的冲击力很强，可造成眼组织挫伤、挤压伤；产生的碎粒可造成穿通伤；碎粒存留在眼内又可造成异物伤；产生的热能还可造成眼部烧灼伤，致盲率明显高于其他眼外伤，所以为了宝宝一生的幸福，请远离鞭炮！

细节14 自行车

父母用自行车带着宝宝外出，有的让宝宝侧坐在横杠上，有的让宝宝坐在后座上，有的甚至让宝宝蹲在车筐里，这样很容易发生宝宝手被夹伤、脚被绞伤、摔落等危险。自行车前、后轮均有绞伤危险，但以后轮绞伤多见。宝宝在自行车上发生意外多是因父母考虑不周造成的，所以父母外出骑自行车带宝宝要加倍注意。

脚被绞伤轻则皮下淤血、水肿、表皮擦伤，重则会损伤脚部的韧带。如发生意外，造成表皮损伤的，可用红药水涂擦，然后敷上消毒纱布；如有青紫的血肿，但皮肤没有破损，应马上用冷水做局部冷敷，使局部毛细血管收缩。

为了宝宝的安全，家长应做到：

- 及早准备好自行车护网。
- 给宝宝在自行车后座上配备正规厂家出品的座椅，检查座椅的各种螺丝是否安装牢固。
- 把安全带系上，让宝宝扶着座椅把手、脚放在安全且合适的位置，并提醒宝宝注意手脚的安全。
- 骑车时速度不可过快，要和宝宝说说话，防止宝宝睡着。一旦宝宝出现睡意，要马上回家。

细节15 私家车

父母带着宝宝乘坐私家车外出已日趋平常，但是父母在开车时候往往忽略宝宝的安全问题，总是用想当然的方法“保护”宝宝。一旦发生意外，往往已铸成大祸！

千万别以为抱着宝宝就是在保护他。宝宝在车内的安全马虎不得，安装在副驾驶上的安全气囊在关键时刻能够救司机一命，但对小孩就会变成“杀手”，安全气囊瞬间弹开的张力会击碎小孩稚嫩的颈椎。宝宝若使用成人的安全带，发生车祸时会造成致命的腰部挤伤或脖子脸颊的压伤。所以宝宝最好坐在后排座，并有人陪伴；关车门前检查宝宝手、脚、胳膊是否在安全的地方，防止夹伤；车启动前将车门锁上，避免好动的宝宝扣动了车门开关；车速不宜太快，并尽量避免急刹车。

父母必须时刻记得把车锁起来，哪怕是停在自家的车道上或车库里的时候，并且要把车钥匙放在宝宝找不到的地方，因为宝宝很有可能偷偷地溜进车里玩耍。

千万记住别把宝宝单独留在车里，哪怕只是一小会儿。

细节16 飞机

宝宝搭乘飞机外出的机会越来越多，但宝宝因为中耳、耳咽管等比较敏感，乘飞机时易造成耳朵不适、晕机等。所以宝宝乘飞机时的安全问题也不容忽视。

在飞机上不要抱着宝宝一起系在安全带中，可使用飞机上能够固定的专用婴儿座椅；要经常适量地给宝宝喝水；在起飞和降落过程中让较小的宝宝吸吮奶嘴以减轻宝宝的不适；发生耳朵不适时父母可引导宝宝鼓气、吞口水等方式适应。

飞机最易发生危险是在起飞和降落的时候，因此起飞时应该花几分钟仔细观看安全须知录像或乘务人员的演示，以保证碰到紧急情况时，心中有数。意外发生时，要听从乘务人员的指示。

另外，不少航空公司规定婴儿必须出生满14天后才能登机，以免呼吸器官无法适应。

细节17 地铁

地铁站内的轨道一般都较低，宝宝如果一不小心跌落到站台下，或被人群挤下站台，往往不能及时爬上来。这时一旦列车即将到站，后果不堪设想！

若宝宝不小心跌落站台下，应立即请求站内工作人员的救援，不能轻易跟着跳下站台。要通知站台安全员按下停车按钮，由车控室通知即将进站的列车马上停下，然后下去将宝宝抱上站台。

带着宝宝乘坐地铁时要不厌其烦地告诫宝宝可能会遇到的危险，时刻保证宝宝在父母身边，防止站内人群拥挤。地铁上下台阶一般较高，父母应拉着宝宝的小手，不让其在站台内跑动。在地铁候车时一定要站在黄线外，不能超过，否则不安全。

地铁车厢内一般没有乘务员，遇到困难时可以请求周围人的帮助。

细节18 过马路

宝宝过马路看似小事，但影响着宝宝对于生命的态度和认识，对社会规范的态度和认识。而交通意外伤害，无论是发生率还是死亡率均为意外伤害中的第一位原因！

应告诉宝宝没有父母带领时不能自己过马路，尽早告诉宝宝过马路时的安全守则，告诉宝宝过马路时必须走人行横道线；绿灯时注意左边没有车辆再过马路；注意有无特种车辆（如警车、救护车等）急行通过路口；如果有过街天桥或地下通道，一定要走过街天桥或地下通道。

发生车祸时最重要的一点是要沉着应对。应立即向110和122报警，并获得

120或999的急救，不要移动受伤的宝宝，尤其是不要扭曲宝宝的身体。要检查宝宝的心跳和呼吸，如无心跳和呼吸要立即进行心肺复苏，如宝宝有出血，应尽快止血，嵌入玻璃时不能轻易取出。

■ 平时教宝宝认识红、绿灯等交通安全标志。

■ 车祸时，无论伤势多么轻微，也一定要到医院检查。

■ 宝宝受伤后，决不能把宝宝交给素不相识的司机拉走。

■ 受到交通事故伤害的宝宝常忍受着精神上的压力，父母要设法去帮助他们，克服因事故而导致失眠、心跳和精力不易集中等。